Laser in der Materialbearbeitung
Forschungsberichte des IFSW

H. Rohde

Qualitätsbestimmende Prozeßparameter beim Einzelpulsbohren mit einem Nd:YAG-Slablaser

Laser in der Materialbearbeitung
Forschungsberichte des IFSW

Herausgegeben von
Prof. Dr.-Ing. habil. Helmut Hügel, Universität Stuttgart
Institut für Strahlwerkzeuge (IFSW)

Das Strahlwerkzeug Laser gewinnt zunehmende Bedeutung für die industrielle Fertigung. Einhergehend mit seiner Akzeptanz und Verbreitungwachsen die Anforderungen bezüglich Effizienz und Qualität an die Geräte selbst wie auch an die Bearbeitungsprozesse. Gleichzeitig werden immer neue Anwendungsfelder erschlossen. In diesem Zusammenhang auftretende wissenschaftliche und technische Problemstellungen können nur in partnerschaftlicher Zusammenarbeit zwischen Industrie und Forschungsinstituten bewältigt werden.

Das 1986 begründete Institut für Strahlwerkzeuge der Universität Stuttgart (IFSW) beschäftigt sich unter verschiedenen Aspekten und in vielfältiger Form mit dem Laser als einer Werkzeugmaschine. Wesentliche Schwerpunkte bilden die Weiterentwicklung von Strahlquellen, optischen Elementen zur Strahlführung und Strahlformung, Komponenten zur Prozeßdurchführung und die Optimierung der Bearbeitungsverfahren. Die Arbeiten umfassen den Bereich von physikalischen Grundlagen über anwendungsorientierte Aufgabenstellungen bis hin zu praxisnaher Auftragsforschung.

Die Buchreihe „Laser in der Materialbearbeitung – Forschungsberichte des IFSW“ soll einen in Industrie wie in Forschungsinstituten tätigen Interessentenkreis über abgeschlossene Forschungsarbeiten, Themenschwerpunkte und Dissertationen informieren. Studenten soll die Möglichkeit der Wissensvertiefung gegeben werden. Die Reihe ist auch offen für Arbeiten, die außerhalb des IFSW, jedoch im Rahmen von gemeinsamen Aktivitäten entstanden sind.

Qualitätsbestimmende Prozeßparameter beim Einzelpulsbohren mit einem Nd:YAG-Slablaser

Von Dr.-Ing. Hansjörg Rohde
Universität Stuttgart

B. G. Teubner Stuttgart · Leipzig 1999

D 93

Als Dissertation genehmigt von der Fakultät für Konstruktions- und Fertigungstechnik der Universität Stuttgart

Hauptberichter: Prof. Dr.-Ing. habil. H. Hügel
Mitberichter: Prof. Dr.-Ing. F. Aßmus

Die Deutsche Bibliothek – CIP-Einheitsaufnahme

Rohde, Hansjörg:
Qualitätsbestimmende Prozeßparameter beim Einzelpulsbohren mit einem Nd:YAG-Slablaser / von Hansjörg Rohde. –
Stuttgart ; Leipzig : Teubner, 1999
(Laser in der Materialbearbeitung)
Zugl.: Stuttgart, Univ., Diss.
ISBN 978-3-519-06243-1 ISBN 978-3-322-96733-6 (eBook)
DOI 10.1007/978-3-322-96733-6

Kurzfassung

In verschiedenen industriellen Branchen, wie z. B. bei der Faserherstellung (Spinndüsen) oder im Motorenbau (Einspritzdüsen), werden Durchgangsbohrungen mit einem Durchmesser kleiner als 80 µm benötigt. Dies führt dazu, daß bisherige "konventionelle" Bohrverfahren an ihre Grenzen stoßen bzw. deren fertigungstechnischer Aufwand erheblich ansteigt. Wiederum wird durch moderne Festkörperlaser mit hoher Strahlqualität die Herstellung von Mikrobohrungen ermöglicht, wobei die wesentlichen Vorteile des Laserstrahlbohrens in der kurzen Bearbeitungszeit, der Flexibilität der Lochdurchmesser, dem Einbringen von Bohrungen in schräge Flächen, dem kräfte- und verschleißfreiem Prozeß liegen. Andererseits bestehen beim Laserstrahlbohren von Mikrolöchern immer noch einige ungelöste Probleme. So werden Lochdurchmesser erreicht, die im Vergleich zur geometrischen Größe des Laserstrahls wesentlich größer sind. Bei kleinen Durchmessern wird der Austrieb der Schmelze erschwert, so daß die Bohrung auf Grund der entstandenen Schmelzschicht verschlossen bleibt. Die konische Lochform, Gratbildung am Austritt und Unrundheit der Bohrung sind weitere qualitätsreduzierende Merkmale beim Laserstrahlbohren.

Ausgehend von dieser Sachlage wurde im Rahmen dieser Arbeit ein Nd:YAG-Slablaser hoher Strahlqualität verwendet, der speziell für die Mikrobearbeitung konzipiert ist. Um ein detailliertes Verständnis über den Entstehungsprozeß von Durchgangslöchern zu erhalten, wurde ein Meßaufbau eingerichtet, der eine Beobachtung des Bohrprozesses erlaubt. Zielsetzung ist es, Hinweise über die verschiedenen Prozeßparameter zu erhalten, die sich negativ oder positiv auf die Qualität der Bohrung auswirken.

Die Bohrversuche zum Einzelpulsbohren in Stahl für Materialstärken zwischen 0.08 und 1.5 mm zeigten, daß in den meisten Fällen die Zeit zum Durchbohren einer vorgegebene Dicke weitaus kürzer ist, als die eingestellte Pulsdauer am Laser. Dies führt zu einem Überschuß an Energie, der eine verstärkte Schmelzbildung und eine Vergrößerung der Bohrung verursacht. Infolgedessen wurden Bohrungen mit einer Pulsdauer hergestellt, die mittels einer Modulationseinheit außerhalb des Resonators an die Durchdringzeit angepaßt wurde. Dadurch wird eine erhebliche Verringerung der Schmelzschicht und ein wesentlich kleinerer Lochdurchmesser erreicht. Außerdem bleibt durch die Anpassung der Pulsdauer außerhalb des Resonators die Strahlqualität erhalten und beeinflußt somit den Bohrprozeß nicht. Aus der Korrelation der experimentellen Werte zum Einzelpulsbohren mit bestehenden Modellbetrachtungen kann ein qualitatives Modell zur Beschreibung des Bohrprozesses von Durchgangslöchern erstellt werden und die Definition der optimalen Bohrparameter für die Praxis erfolgen.

Inhaltsverzeichnis

Formelzeichen und Abkürzungen

a	Abstand vom Strahlmittelpunkt	m
A	Absorptionsgrad	
c	Spezifische Wärmekapazität	J/g×K
c_0	Lichtgeschwindigkeit	m/s
d_A	Austrittsdurchmesser der Bohrung	m
d_D	Düsendurchmesser	m
d_E	Eintrittsdurchmesser der Bohrung	m
d_F	Fokusdurchmesser	m
D	Strahldurchmesser auf der Fokussierlinse	m
E	Energiedichte	J/m^2
f_L	Brennweite der Fokussierlinse	m
f_P	Pulsfrequenz	Hz
F	Fokussierzahl	
g_1	Resonatorparameter	
g_2	Resonatorparameter	
h	Lochtiefe	m
I_0	Intensität	W/m^2
I_z	Intensität entlang der Koordinate z	W/m^2
k	Absorptionsindex, Imaginärteil des komplexen Brechungsindex	
k	Wärmeleitfähigkeit	W/m×K
K	Laserstrahlkennzahl	
l_D	Thermische Eindringtiefe	m
l_{opt}	Optische Eindringtiefe	m
L	Resonatorlänge	m
L_m	Spezifische Schmelzwärme	J/g
L_v	Spezifische Verdampfungswärme	J/g
n	Brechzahl, Realteil des komplexen Brechungsindex	
N_f	Fresnelzahl	
p_G	Gasdruck	MPa
p_V	Dampfdruck	MPa
P_H	Pulsleistung	W

P_{av}	Mittlere Laserleistung	W
Q	Pulsenergie	J
R	Reflexionsgrad	
R_a	Mittenrauhwert	m
R_1	Spiegelradius, Auskoppelspiegel	m
R_2	Spiegelradius, Endspiegel	m
s	Materialdicke	m
t	Zeit	s
t'	Konizität	
t_G	Gesamtzeit	s
t_m	Schmelzzeit	s
t_O	Offsetzeit	s
t_P	Durchdringzeit	s
t_{S1}	Zeit bis zum ersten Maximum	s
t_v	Verdampfungszeit	s
T	Transmissionsgrad	
T	Temperatur	K
T_0	Anfangstemperatur	K
T_m	Schmelztemperatur	K
T_v	Verdampfungstemperatur	K
U_L	Lampenspannung	V
v	Geschwindigkeit	m/s
v_D	Bohrgeschwindigkeit	m/s
v_M	Schmelzgeschwindigkeit	m/s
v_V	Verdampfungsgeschwindigkeit	m/s
V_A	Abtragsrate	m^3/s
V_L	Volumen der Bohrung (Kegelstumpf)	m^3
w_F	Taillenradius des fokussierten Laserstrahls	m
z	Werkstückkoordinate, Oberfächennormale	m
z_D	Düsenabstand zur Werkstückoberfläche	m
z_F	Fokuslage	m
z_{RF}	Rayleigh-Länge, Schärfentiefe	m

α	Absorptionskoeffizient	1/m
η_B	Bohreffizienz	m^3/J
κ	Temperaturleitfähigkeit	m^2/s
λ	Wellenlänge	m
Θ_0	Divergenzwinkel	mrad
ρ	Dichte	g/m^3
τ_H	Pulsdauer	s
τ_{HM}	Adaptierte Pulsdauer	s
τ_{HM^*}	Adaptierte Pulsdauer	s
τ_{HV}	Verzögerungszeit	s
ω	Kreisfrequenz des Laserlichts	1/s

Abweichend von den aufgeführten Basiseinheiten werden im Rahmen der Arbeit oft praxisübliche Einheiten verwendet.

1 Einleitung

Schon wenige Jahre nach der Vorstellung des ersten funktionierenden Lasers im Jahr 1960 wurde ein Nd:YAG-Festkörperlaser zum Bohren von Uhrenlagersteinen industriell eingesetzt [1], [2]. Trotzdem ist das Laserbohren heute gegenüber dem Laserschneiden und -schweißen im industriellen Bereich wenig vertreten [3]. Die wesentlichen Ursachen für die geringere Verbreitung des Laserbohrens liegen in der zu ungenauen Reproduzierbarkeit der Bohrungsdurchmesser und der großen Konizität der Bohrungen. Auch Schmelzablagerungen an den Bohrungen machen speziell bei Mikroanwendungen oftmals weiterhin eine Nachbearbeitung notwendig. Um diese Nachteile beheben zu können, ist sowohl ein vollständiges Verständnis der physikalischen Prozesse beim Bohrvorgang notwendig als auch die Entwicklung von neuen Strahlquellen mit entsprechend hoher Strahlqualität erforderlich. Um bei Festkörperlasern eine gute Strahlqualität bei gleichzeitiger Erhöhung der Laserleistung zu erzielen, müssen die unerwünschten optischen Effekte, wie die thermische Linsenbildung und die thermischen Spannungen, im Lasermedium kompensiert werden [4]. Lösungsmöglichkeiten bestehen entweder in der Verwendung eines instabilen Resonators [5] oder im Einsatz von einer Kristallgeometrie in Forme einer Platte (eng.: Slab) gegenüber dem bisher verwendeten zylinderförmigen Laserstab (eng.: Rod) [6].

Auf Grund des Trends zur Miniaturisierung von Bauteilen, wie Siebe, Kühlrohre, Einspritz- und Ziehdüsen, gewinnt die Herstellung von Mikrobohrungen mit Durchmessern kleiner als 80 µm immer mehr an Bedeutung. In diesem Bereich stoßen auch die "konventionellen" Bohrverfahren an ihre Grenzen. So nimmt bei mechanischen Verfahren die Lebensdauer der Spiralbohrer für Lochdurchmesser kleiner als 1 mm stark ab. Mit den nichtmechanischen Verfahren "Funkenerosives" und "Elektrochemisches Bohren" können zwar sehr kleine Durchmesser mit guter Qualität erreicht werden, jedoch wird für diese Verfahren eine sehr lange Bearbeitungszeit benötigt. Die Stärken des Laserstrahlbohrens liegen wiederum in der kurzen Bearbeitungszeit bei ähnlichen Qualitätsanforderungen wie für die anderen Verfahren und in der kontaktfreien Bearbeitung ohne Krafteinwirkung und Werkzeugabnutzung.

In der vorliegenden experimentellen Arbeit werden Untersuchungen zur Herstellung von Durchgangsbohrungen mit dem Einzelpulsbohrverfahren in Stahl für eine Dicke von 0.08 bis 1.5 mm vorgestellt. Die Bohrungsdurchmesser liegen im Bereich von 20 bis 80 µm. Ziel dieser Untersuchung ist es, den Einfluß der einzelnen Bearbeitungsparameter auf den Bearbeitungsprozeß und die Qualität der Bohrung darzulegen. Darüber hinaus ist ein wichtiger Aspekt die genauere Analyse des Entstehungsprozesses von

Durchgangsbohrungen zu klären und die Ergebnisse mit bestehenden theoretischen Modellen zu vergleichen.

1.1 Konventionelle Bohrverfahren

Fein- und Mikrobohrungen mit Durchmessern kleiner als 80 µm werden heute in den verschiedensten Bereichen der Wissenschaft, Technik und Industrie benötigt. Dies führt dazu, daß konventionelle Bohrverfahren, wie z. B. das Bohren mit Spiralbohrer, aufgrund der steigenden industriellen Anforderungen an ihre Grenzen stoßen. Andererseits ergeben sich durch die Vielzahl von Anwendungen immer neue Bearbeitungstechniken bzw. werden bestehende Techniken verbessert. In der Tabelle 1 sind alle Bohrverfahren gegenübergestellt. Die wichtigsten werden, auch im Hinblick als Konkurrenz zum Laserstrahlbohren, in den folgenden Kapiteln detailliert erläutert.

Bezeichnung der Verfahren		Physikalisch/Chemischer Prozeß	Werkzeug	Umgebung
Chemical Machining	CHM	Chemische Auflösung	Maske	Ätzmittel
Electron Beam Machining	EBM	Schmelzen und Verdampfen	Elektronenstrahl	Vakuum
Electro Chemical Machining	ECM	Elektro-chem. anodische Auflösung	Elektrode	Elektrolyt
Electro Discharge Machining	EDM	Schmelzen und Verdampfen	Elektrode	Dielektrikum
Ion Beam Machining	IBM	Schmelzen und Verdampfen	Ionen Strahl	Atmosphäre
Laser Beam Machining	LBM	Schmelzen und Verdampfen	Laserstrahl	Luft
Plasma Beam Machining	PBM	Schmelzen und Verdampfen	Plasmastrahl	Plasma
Twist Drilling Machining	TDM	Spanende Abtragung	Bohrer	Luft
Ultra Sonic Machining	USM	Reibung	Sonotrode	Abras. Schlamm

Tabelle 1: Vergleich verschiedener Bohrverfahren

1.1.1 Elektronenstrahlbohren (EBM)

Das Verfahren des Elektronenstrahlbohrens ist wie das Laserbohren ein berührungsloses Verfahren. In der industriellen Anwendung sind heute Lochdurchmesser im Bereich von 0.1 bis 1.0 mm bei Bohrungstiefen bis zu 5 mm möglich. Allerdings muß bei diesen Tiefen mit einer schlechten Qualität hinsichtlich der Konizität und der Rundheit gerechnet werden. Die Reproduzierbarkeit der Durchmesser liegt im Toleranzbereich von ±5 µm. Das Werkstück kann während des Bohrvorgangs bewegt werden, so daß eine sehr hohe Produktionsrate von bis zu 10000 Löcher pro Sekunde erreicht wird. Deshalb ist dieses Verfahren besonders wirtschaftlich, wenn hohe Stückzahlen oder viele gleiche Bearbeitungsvorgänge am gleichen Werkstück, wie z. B. bei der

Perforation von Blechen, vorliegen. Ein Nachteil dieses Verfahrens, vor allem bezüglich der Kosten, liegt in der Notwendigkeit eines Vakuums während der Bearbeitung [7], [8], [9], [10], [11], [12].

1.1.2 Elektrochemisches Abtragen (ECM)

Das elektrochemische Abtragen beruht auf der anodischen Auflösung der Legierungsbestandteile des metallischen Werkstoffs in einem elektrisch leitenden Medium. Dies geschieht mit Hilfe einer äußeren oder inneren Spannungsquelle. Es existieren vier Verfahren zur elektrochemischen Herstellung von Bohrungen:

- Electro Stream Drilling (ESD)
- Elektro-Chemisches Feinbohren (ECF)
- Shaped-Tube-Electrolytic-Machining (STEM)
- Elektro-Jetverfahren (EJ)

Mit dem elektrochemischen Bohren lassen sich sehr hohe Aspektverhältnisse (Verhältnis von Lochdurchmesser zu Lochlänge) bis 200 erzielen. Die minimalen erzielbaren Durchmesser variieren im Bereich von 150 bis 500 µm. In jedem Fall bestimmt der Kapillardurchmesser, durch die der Elektrolyt strömt, den Lochdurchmesser. Problematisch bei diesen Verfahren ist die Verwendung von Säure, in der Regel Schwefelsäure, wodurch nur bestimmte Metalle gebohrt werden können. Die Wiederholgenauigkeit wird durch Temperatur- und Durchflußschwankungen des Elektrolyts nachteilig beeinflußt. Das elektrochemische Bohren ist weitgehend gratfrei, jedoch tritt immer eine Verrundung an den Ein- und Austrittskanten auf [8], [13], [14], [15], [16].

1.1.3 Funkenerosives Bohren (EDM)

Das funkenerosive Bohren ist wie das Elektronenstrahl- und Laserstrahlbohren ein berührungsloses Verfahren. Neueste Anwendungen zeigen, daß minimale Lochdurchmesser von 50 µm erzielbar sind. Dabei kann die Wiederholgenauigkeit der Lochdurchmesser bis zu ±2 µm betragen. Außerdem wird eine sehr gute Oberflächenqualität in den Bohrungen bei gleichzeitig großer Lochtiefe erzielt. Andererseits wird die Form der Bohrung durch die Elektroden begrenzt. Der größte Nachteil dieses Verfahrens liegt aber in der niedrigen Bohrgeschwindigkeit. Zusätzlich wird der Produktionsprozeß durch den häufigen Austausch der Elektroden verlangsamt. Angesichts der sehr langen Bearbeitungszeiten liegt der Einsatzschwerpunkt bei der Funkenerosion im Bereich der Einzel- und Kleinserienfertigung. Um die Prozeßgeschwindigkeit zu erhöhen, werden Maschinen mit mehreren Elektroden zur parallelen Bearbeitung eingesetzt, das wiederum eine Miniaturisierung der Elektroden erfordert [8], [17], [18].

1.1.4 Bohren mit Spiralbohrer (TDM)

Die mit Spiralbohrer erzielbaren Bohrtiefen liegen je nach Werkzeug- und Zerspanungsbedingungen zwischen 1 bis 20×d. Sie können in einzelnen Fällen auch 30×d erreichen. Gebohrt werden heute nahezu alle industriell eingesetzten Werkstoffe bis zu einem minimalen Durchmesser von 30 µm. Allerdings besitzen die Spiralbohrer für Durchmesser kleiner als 1 mm eine sehr begrenzte Lebensdauer. Die Schneiden der Bohrer müssen ständig scharf sein. Dabei ist es schwierig sicherzustellen, daß alle Schneiden des Bohrers gleich sind und der Schärfungsprozeß von einem Bohrer zum nächsten wiederholbar ist [19], [21], [22].

1.1.5 Bohren mit Ultraschall (USM)

Beim Bohren mit Ultraschall werden die Körner in der wäßrigen Suspension mittels eines schwingenden Formwerkzeugs in Schwingungen versetzt. Diese bewirken feinste Risse und Abplatzungen des Werkstücks. Infolge des Abtragsmechanismus eignen sich für dieses Verfahren nur spröde Werkstoffe, wie z. B. Saphir, Graphit und Keramiken. Es lassen sich Durchmesser unterschiedlichster Größe realisieren, wobei der minimale Durchmesser bei etwa 150 µm liegt. Die Materialdicken variieren ebenfalls sehr stark und liegen im Bereich von 0.1 bis 50 mm. Allerdings ist die Bearbeitungsgeschwindigkeit sehr niedrig [7], [23], [24], [25], [26].

1.2 Laserstrahlbohren

Beim Laserstrahlbohren wird die Laserstrahlung mittels einer Linse der Brennweite f_L lokal definiert auf die Oberfläche oder in das Werkstück fokussiert. Die absorbierte Strahlungsenergie wird in Wärme umgewandelt und heizt die Oberfläche des Werkstücks auf. Anschließend wird das Material örtlich aufgeschmolzen oder verdampft. Meistens treten beide Phasen mehr oder weniger gleichzeitig auf. Nach dieser Startphase bewegt sich die Verdampfungsfront in das Werkstück hinein. Um den für den Materialaustrieb erforderlichen Dampfdruck zu erzielen, werden typische Schwellintensitäten im Bereich einiger 10^6 bis 10^9 W/cm^2 benötigt. Solche Werte lassen sich vor allem mit gepulsten Nd:YAG Lasern erreichen [4]. Ein zum Laserstrahl koaxial geführter Gasstrahl unterstützt den Schmelzaustrieb aus dem entstehenden Loch und schützt gleichzeitig die fokussierende Optik vor spritzendem Material.

Das Laserstrahlbohren wird in 3 unterschiedliche Verfahren unterteilt, die in Bild 1 schematisch dargestellt sind. In der Praxis werden heute die einzelnen Verfahren je nach Anforderung an die Qualität, Größe, Form und Prozeßgeschwindigkeit angewandt.

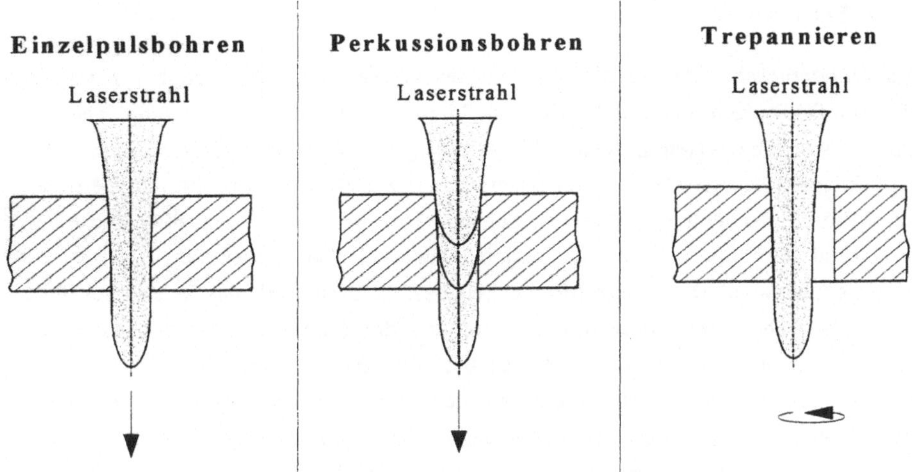

Bild 1: Schematische Darstellung der Laserstrahlbohrverfahren.

1.2.1 Einzelpulsbohren

Mit dem Verfahren des *Einzelpulsbohrens* wird mit einem Laserimpuls ein Loch in das Material gebohrt. Dabei kann der Durchmesser der Löcher je nach Parameterwahl größer oder kleiner als der fokussierte Laserstrahl sein. Besonders wichtig ist bei diesem Verfahren, daß der Laserstrahl eine gute Strahlqualität besitzt, um eine maximale Fokussierbarkeit des Laserstrahls zu erreichen. Außerdem ist die Wellenlänge des verwendeten Lasersystems von entscheidender Bedeutung, da der Strahldurchmesser im Fokus bei gleicher Optik proportional zur Laserwellenlänge ist. Dies bedeutet, je kürzer die Wellenlänge ist, um so kleiner läßt sich der Laserstrahl bei gleicher Optik und Strahlqualität fokussieren.

1.2.2 Perkussionsbohren

Beim *Perkussionsbohren* werden mehrere Laserpulse auf die gleiche Stelle im Material eingebracht. Dies ist erforderlich, wenn eine größere Lochtiefe gegenüber dem Einzelpulsbohren erzielt werden soll. Auf diese Weise lassen sich Löcher mit Bohrungstiefen von mehreren Millimetern erreichen. Dabei kann ein Aspektverhältnis von bis zu 1:65 erzielt werden. Sowohl beim Perkussionsbohren, als auch beim Einzelpulsbohren wird die Form und der Durchmesser der Bohrung wesentlich durch die Strahlqualität des Laserstrahls bestimmt [27], [28], [29].

1.2.3 Trepannieren

Das *Trepannieren*, oder auch Kreisschneideverfahren genannt, wird zur Herstellung größerer Bohrungen angewandt. Für das Trepannieren existieren verschiedene Techniken, die nach bewegtem Laserstrahl oder bewegtem Werkstück unterschieden werden. Bei bewegtem Laserstrahl wird der Laserstrahl durch Rotation um die Symmetrieachse der Bohrung nachgeführt. Diese Bewegung wird bei einer Drehoptik durch einen Laserstrahl hervorgerufen, der exzentrisch zur optischen Achse der fokussierenden Linse geführt wird. Die zweite Möglichkeit besteht darin, daß das Werkstück mittels eines x-y-Tisches kreisförmig bewegt wird und der Laserstrahl beziehungsweise die Laseroptik in Ruhe ist. In beiden Fällen bestimmt die Bewegung die Größe und die Präzision des Bohrungsdurchmessers und nicht der Laserstrahl. Die Bohrzeit wird im wesentlichen durch die Verfahrgeschwindigkeit bestimmt. Für den Verfahrweg gibt es verschiedene Strategien. In den meisten Fällen wird zuerst ein Loch mittels des Einzelpuls- oder Perkussionsverfahrens in die Mitte der zukünftigen Bohrung gebohrt. Anschließend wird der Laserstrahl entsprechend nach außen auf die Kontur des Kreisdurchmessers bewegt, um danach den Kreis zu fahren. Durch mehrfaches Fahren des Kreises auch entgegen der vorherigen Fahrtrichtung, kann die Konizität, die Rundheit und die Rauhigkeit der Bohrung verbessert werden [30], [31]. Mit dem Trepannieren sind zur Zeit minimale Durchmesser von 0.1 mm möglich. Mit einer Drehoptik können je nach Durchmesser der Optik maximale Durchmesser von einigen Millimetern hergestellt werden [32], während mit einem x-y-Tisch beinahe unbegrenzt große Durchmesser möglich sind.

Mit allen drei Verfahren lassen sich sowohl senkrechte, als auch Bohrungen unter anderen Winkeln zur Werkstückoberfläche realisieren. Der minimale Winkel wird durch das Material und der geforderten Bohrgeometrie bestimmt. Sacklöcher können nur mit dem Einzelpuls- und dem Perkussionsbohren in das Material eingebracht werden, während Durchgangsbohrungen mit jedem dieser Verfahren möglich sind.

1.3 Zielsetzung und Vorgehen

Die Motivation für diese Arbeit liegt in den Anforderungswünschen der Industrie nach immer kleineren Bohrungen in Materialdicken bis 1.5 mm. Die Herstellung der Bohrungen wurde mit dem eigens hierfür entwickelten gepulsten Nd:YAG-Slablaser FM015 mit einer sehr guten Strahlqualität durchgeführt, um die geforderten Bedingungen nach zylindrischen, grat- und schlackefreien Durchgangsbohrungen im Mikrometerbereich erfüllen zu können. Denn eine Grundvoraussetzung für die Mikrobearbeitung mit dem

Laser ist eine Strahlqualität, die möglichst nahe dem gauß'schen Grundmode liegt und gleichzeitig eine hohe Puls-zu-Puls Stabilität aufweist.

Die Hauptproblematik bei der Herstellung von Mikrobohrungen liegt in dem Austrieb des flüssigen Materials. Vor allem bei hochlegierten Chromnickel-Stahlsorten nehmen die Schwierigkeiten beim Austrieb, ab einer Dimensionen kleiner als 60 µm, auf Grund der hochschmelzenden Oxide erheblich zu. Neben der Problematik des Schmelzaustriebs zeigte sich in Vorversuchen, daß die Bohrungsdurchmessers immer wesentlich größer sind, als die jeweilige geometrische Größe des Strahldurchmessers. Um beide Probleme lösen zu können ist es für diese Laseranwendung sehr wichtig, detaillierte Kenntnisse über die grundlegenden Vorgänge zur Bildung einer Durchgangsbohrung beim Einzelpulsbohren für Pulszeiten von 100 bis 500 µs zu erlangen.

Dem Autor ist bekannt, daß in diesem Zusammenhang auch Untersuchungen zum Bohren mit ultrakurzen Laserpulsen im Bereich von Pikosekunden bis Femtosekunden durchgeführt werden, um eine Schmelzbildung generell verhindern zu können [33]. Ob diese Strategie insbesondere auch bei Bohrungen im Tiefenbereich um 1 mm erfolgreich sein wird, müssen noch weitere Untersuchungen zeigen. Denn mit einem solchen Laserpuls wird nur eine geringe Materialschicht von einigen hundert nm abgetragen, so daß sich der Bohrprozeß für Materialdicken zwischen 0.1 und 1.5 mm stark verlängert. Zum anderen muß das Werkstück während diesem Pulszug festgehalten werden. Weiterhin hat sich sowohl in ersten experimentellen Untersuchungen [34] als auch in theoretischen Beschreibungen [35], [36] gezeigt, daß sich mit solch kurzen Pulsen die Bildung von Schmelze nicht verhindern läßt und es nach wie vor zu einer Ablagerung von wiedererstarrtem Material in der Bohrung kommt.

Das vorrangige Ziel der vorliegenden Arbeit ist es, anhand von reproduzierbaren Messungen Daten zum Bohrvorgang des Einzelpulsbohrens von Mikrodurchgangsbohrungen zu liefern und diese mit bestehenden theoretischen Modellen und Vorstellungen zu vergleichen. Zu diesem Zweck ist zunächst eine geeignete Meßeinrichtung entwickelt worden, um den Bohrprozeß beobachten zu können. Mit dieser Einrichtung kann sowohl die Zeit gemessen werden, die der Laserpuls benötigt, um eine bestimmte Materialdicke zu durchdringen, als auch die Dynamik der Lochgeometrie vom ersten Durchdringen bis zum Bohrende verfolgt werden. Außerdem wird versucht, die beobachteten Effekte des Bildungsprozesses einer Durchgangsbohrung mit physikalischen Erkenntnissen zu erklären, um hieraus ein Bohrmodell für die Herstellung von Durchgangsbohrungen zu entwickeln.

2 Physikalische Prozesse beim Laserstrahlbohren

Die Materialbearbeitung mit Laserstrahlung wird durch das Zusammenwirken von zahlreichen physikalischen Prozessen und Einflußfaktoren bestimmt. Folglich existieren heute einige theoretische Modelle und experimentelle Untersuchungen, die in guter Näherung einzelne Wechselwirkungsmechanismen von intensiver Laserstrahlung mit fester Materie beschreiben. Bei den theoretischen Modellen werden in den meisten Fällen die beteiligten komplexen physikalischen Prozesse in einzelnen Vorgängen beschrieben. Zielsetzung dieses Kapitel ist es, anhand von ausgewählten theoretischen Beschreibungen und Modellen die relevanten Einflußgrößen zu erfassen, die zur Interpretation der experimentellen Ergebnisse notwendig sind.

2.1 Absorptionsmechanismen bei Metallen

Eine möglichst effiziente Übertragung der Energie des Laserlichtes auf das zu bearbeitende Material ist die Grundlage für die Materialbearbeitung mit Laserlicht. Bei opaken Materialien, wie z.B. Metalle, wird die Energie des Laserlichts an der Oberfläche absorbiert, und die Bereiche etwas entfernt von der Oberfläche werden mittels Wärmeleitung erwärmt. Die vom Material aufgenommene Energie wird durch den Absorptionsgrad A gekennzeichnet. Beim Auftreffen der Laserstrahlung wird ein Teil der Energie auch reflektiert und transmittiert. Daraus folgt die allgemein gültige Gleichung

$$R + T + A = 1 \quad , \tag{1}$$

wobei R den Reflexionsgrad und T den Transmissionsgrad des Laserlichtes darstellt. Der Reflexionsgrad R wird durch die beiden Brechungsindizes n_1 und n_2 bestimmt. Dabei ist n_1 der Brechungsindex des Umgebungsmaterials und n_2 der des Substratmaterials. Für ein gleichzeitig leitendes und absorbierendes Material muß n_2 durch den komplexen Brechungsindex $n_2 \equiv n - ik$ ersetzt werden. Befindet sich das Material in Luft oder Vakuum, so kann der Brechungsindex n_1 näherungsweise gleich 1 gesetzt werden. Bei dem Sonderfall des senkrechten Einfall des Laserlichtes läßt sich der Reflexionsgrad R an der Metalloberfläche mit Hilfe des realen Brechungsindex n und des imaginären Absorptionsindex k des komplexen Brechungsindex wie folgt ausdrücken [37], [38], [39]:

$$R = \frac{(1-n)^2 + k^2}{(1+n)^2 + k^2} \quad . \tag{2}$$

Im Allgemeinen sind n und k für metallische Materialien Funktionen der Wellenlänge und der Temperatur. Für reines Eisen ist n=3.23 und k=4.35 bei einer Bestrahlung mit der Wellenlänge von 1 µm [40]. Dies ergibt einen Reflexionsgrad von ungefähr 0.65.

Die eigentliche Einwirkung der Laserstrahlung auf das Metall wird mit der Drude-Theorie beschrieben. Hierbei tritt eine Wechselwirkung zwischen der elektromagnetischen Welle des Lichtes mit den frei beweglichen Elektronen des Metalls im Leitungsband auf. In einem realen Metall wird das einfache Verhalten von freien Elektronen noch durch eine Anzahl von weiteren Effekten verändert. So verursachen Interbandübergänge zwischen nicht aufgefüllten Elektronenschalen eine Abweichung von der Drude-Theorie [41].

Infolge der Wechselwirkung der Laserstrahlung mit den Elektronen klingt das elektromagnetische Feld exponentiell über die optische Eindringtiefe l_{opt} ab. Nach dem Beer'schen Gesetz gilt für die Intensitätsabnahme entlang des Weges z:

$$I_z = I_0 \times A \times \exp(-\alpha \times z) \quad . \qquad (3)$$

Dabei ist I_0 die Intensität an der Materialoberfläche und I_z die Intensität, die in der Materialtiefe z noch vorhanden ist. Der Absorptionskoeffizient α stellt somit den Quotient aus der Reduzierung der Lichtintensität pro Wegeinheit für Licht dar, das sich in einem bestimmten Material ausbreitet. Der Absorptionskoeffizient kann auch als die optische Eindringtiefe l_{opt} in eine Schichtdicke interpretiert werden, an dem die Intensität auf 1/e (≈37 %) ihres ursprünglichen Anfangswertes an der Oberfläche des Materials abgefallen ist. Es gilt nach [37] mit der Kreisfrequenz ω und der Wellenlänge λ des Laserlichtes:

$$l_{opt} = \frac{1}{\alpha} = \frac{c_0}{2 \times \omega \times k} = \frac{\lambda}{4 \times \pi \times k} \quad . \qquad (4)$$

Für reines Eisen ergeben sich typische optische Eindringtiefen zwischen 8×10^{-7} cm $\leq l_{opt} \leq 10 \times 10^{-7}$ cm für einen Temperaturbereich zwischen 20°C ≤ T ≤ 1535°C und einer Nd-Laserstrahlung [42]. Metalle werden bei einer Materialdicke von $s >> l_{opt}$ für die elektromagnetische Strahlung undurchsichtig (T≈0). In diesem Fall vereinfacht sich die Gleichung (1) zu

$$R + A = 1 \quad . \qquad (5)$$

Die Bestrahlung von Metallen mit intensiver Laserstrahlung verändert die optischen Eigenschaften der Metalle. Dadurch ist die Einkopplung der Strahlung in das Metall nicht länger durch statische Funktion charakterisiert, sondern der gesamte Absorptionsmechanismus wird ein dynamischer Prozeß. So kann der Absorptionsgrad mit der Erwärmung des Materials größer oder kleiner als bei Raumtemperatur werden [38], [39], [43].

2.2 Wärmeleitung und Aufheizvorgang

Zu Beginn des Bohrprozesses fällt die Laserstrahlung kreis- und gaußförmig auf die Oberfläche des Materials. Ein bestimmter Anteil der Energie der Laserstrahlung wird absorbiert und heizt das Werkstück auf. Das entstehende Temperaturprofil T(x,y,z,t) ist räumlich und zeitlich veränderlich und kann im Prinzip durch Lösen der dreidimensionalen Wärmeleitungsgleichung für ein homogenes und isotropes Material berechnet werden:

$$\rho \times c \times \frac{\partial T}{\partial t} = k \times \nabla^2 T + A \times q(x,y,z,t) \quad . \qquad \textbf{(6)}$$

Darin ist ρ die Dichte, c die spezifische Wärmekapazität, k die Wärmeleitfähigkeit und $A \times q(x,y,z,t)$ die Menge an Wärme, die dem Material pro Zeiteinheit und pro Volumeneinheit zugeführt wird. Diese eingebrachte Wärme entspricht der absorbierten Intensität nach Gleichung (3). Insgesamt ergibt sich eine Differentialgleichung, die im allgemeinen nur näherungsweise und mit großem Aufwand zu lösen ist. Unter stark vereinfachenden Annahmen und bestimmten Randbedingungen, z. B. materialspezifische Parameter, die zeit- und temperaturunabhängig sind, lassen sich analytische Lösungen der Wärmeleitung angeben, die hilfreich für das physikalische Verständnis sind. Einige dieser analytischen und vor allem für das Bohren wichtigen Lösungen werden in den nächsten Abschnitten behandelt. Weitere Beispiele, Diskussionen und ausführliche Herleitungen werden zum Beispiel in Carslaw und Jaeger [44], Ready [45], Duley [46], [47], Charschan [48], Bass [49], Cohen [50] und Prokhorov [39] gefunden.

Wird ein halbendlicher Körper mit einer zeitlich konstanten und über eine ebene Fläche gleichmäßig verteilten Wärmequelle beaufschlagt, so ist die Temperaturverteilung in der Materialtiefe z senkrecht zur Oberfläche zur Zeit t gegeben durch [39], [44], [46]:

$$T(0,z,t) = \frac{A \times I_0}{k} \times 2 \times \sqrt{\kappa \times t} \times \mathrm{ierfc}\left(\frac{z}{2 \times \sqrt{\kappa \times t}}\right) \quad , \qquad \textbf{(7)}$$

ierfc ist das 1. Integral der Fehlerfunktion erfc [51] und κ die Temperaturleitfähigkeit. Seitliche Wärmeleitungsverluste existieren bei dieser Lösung nicht. Das Werkstück kann in z-Richtung als unendlich angesehen werden, wenn die Wärmeeindringtiefe oder auch Diffusionslänge l_D sehr viel kleiner als die Werkstückdicke s ist

$$l_D \ll s \quad , \qquad \textbf{(8)}$$

l_D wird als der Wert definiert, indem das Argument in der ierfc-Funktion zu 1 gesetzt wird. Es ergibt sich

$$z = l_D = 2 \times \sqrt{\kappa \times t} \quad . \qquad \textbf{(9)}$$

An Hand des Arguments ierfc(1)=1/e ist zu entnehmen, daß die Temperatur nach dem Weg l_D zu irgendeiner Zeit t auf den Betrag 1/e der Temperatur an der Oberfläche gesunken ist.

Die Lösung von Gleichung (7) liefert die Temperatur für z=0, das heißt die Temperatur, die an der Oberfläche des Materials herrscht, in Abhängigkeit von der Bestrahldauer t

$$T(0,0,t) = \frac{A \times I_0}{k \times \sqrt{\pi}} \times 2 \times \sqrt{\kappa \times t} \quad . \qquad (10)$$

Bei endlichen Strahlradien spielen allerdings die seitlichen Wärmeverluste eine Rolle. Dies muß bei der Berechnung der Temperaturverteilung mitberücksichtigt werden. Dabei wird über die kreissymmetrische Fläche mit Radius w_F wieder eine gleichmäßige Verteilung der Intensität angenommen. Die Oberflächentemperatur im Strahlzentrum ist nach [46], [39]:

$$T(0,0,t) = \frac{A \times I_0}{k} \times 2 \times \sqrt{\kappa \times t} \times \left[\frac{1}{\sqrt{\pi}} - \mathrm{ierfc}\left(\frac{w_F}{2 \times \sqrt{\kappa \times t}}\right)\right] \quad . \qquad (11)$$

Wird eine lange Bestrahlzeit ($t \to \infty$) angenommen, so stellt sich an der Oberfläche eine maximale Temperatur von

$$T(0,0,\infty) = \frac{A \times I_0 \times w_F}{k} \qquad (12)$$

ein [46], [39]. Ist allerdings der Strahlradius w_F wesentlich größer als die thermische Diffusionslänge l_D, so reduziert sich das Problem wieder auf die Gleichung (7) mit einer eindimensionalen Temperaturverteilung. Carslaw [44] gibt eine Lösung der Gleichung (6) für eine ringförmige Quelle an. Durch eine weitere Integration [45] dieser Lösung kann für eine kreisförmige Wärmequelle mit einer während der Bestrahlungszeit konstanten gauß'schen Intensitätsverteilung die Temperaturverteilung gefunden werden [45], [46], [39]. Die Oberflächentemperatur im Zentrum der Wärmequelle ist

$$T(0,0,t) = \frac{A \times I_0^{max} \times w_F}{k \times \sqrt{\pi}} \times \tan^{-1}\left(\frac{2 \times \sqrt{\kappa \times t}}{w_F}\right) \qquad (13)$$

für eine gauß'sche Intensitätsverteilung von

$$I(r,t) = I_0 \times e^{\left(-\left(\frac{r}{w_F}\right)^2\right)} \quad . \qquad (14)$$

Für Gleichung (13) können für zwei Extremfälle Lösungen angegeben werden, die sich aus dem Argument der arctan-Funktion ableiten lassen. Ist für sehr kurze Pulszeiten t oder respektive sehr große Strahlradien w_F die Bedingung

$$t << \frac{w_F^2}{4 \times \kappa} \qquad (15)$$

erfüllt, kann die arctan-Funktion durch ihr Argument angenähert werden. Aus der Gleichung (13) resultiert die eindimensionale Lösung der Temperaturverteilung mit

$$T(0,0,t) = \frac{A \times I_0}{k \times \sqrt{\pi}} \times 2 \times \sqrt{\kappa \times t} \quad . \tag{16}$$

Diese Lösung, für den Extremfall von sehr kurzen Pulsen, entspricht der Lösung aus Gleichung (10). Der zweite Extremfall liegt für eine genügend lange Bestrahlzeit t vor. In diesem Fall besitzt das Argument der arctan-Funktion die Lösung $\pi/2$. Somit folgt aus Gleichung (13) die zeitunabhängige Oberflächentemperatur

$$T(0,0,t \to \infty) = \frac{A \times I_0 \times w_F \times \sqrt{\pi}}{2 \times k} \quad . \tag{17}$$

Anhand der Gleichungen (12) und (17) wird deutlich, welcher Unterschied für die Temperatur im Zentrum des kreisförmigen Spots zwischen einer räumlich rechteckigen und gaußförmigen Intensitätsverteilung besteht. Die Temperatur für eine gaußförmige Verteilung ist um den Faktor $\sqrt{\pi}/2 \cong 0.885$ größer, als die Temperatur für eine rechteckige Verteilung.

Die bislang erzielten Lösungen setzen eine zeitlich konstante, rechteckige Pulsform voraus. Diese Annahme ist für Pulse, die eine Länge größer als 100 µs haben, näherungsweise richtig. Für kürzere Pulse verändert sich der Wärmefluß als Funktion der Zeit. Die Lösung wird ausgehend von einem konstantem Wärmefluß unter Verwendung des Duhamel Theorems in [45] und [39] beschrieben. Für kürzere Pulszeiten τ_H als 100 µs kann der zeitliche Verlauf in einfacherer Näherung durch

$$I_0(t) = \frac{I_0 \times t}{\tau_H} \tag{18}$$

beschrieben werden. Mit diesem zeitlichen Verlauf und der Gleichung (14) verändert sich nach [47] und [39] die Lösung in der Gleichung (13) für $t \leq \tau_H$ zu

$$T(0,0,t) = \frac{A \times I_0 \times w_F}{k \times \sqrt{\pi}} \times \left(\frac{w_F^2}{4 \times \kappa \times \tau_H} \right) \times \left[\left(\frac{4 \times \kappa \times t}{w_F^2} + 1 \right) \times \tan^{-1}\left(\frac{2 \times \sqrt{\kappa \times t}}{w_F} \right) - \frac{2 \times \sqrt{\kappa \times t}}{w_F} \right] . \tag{19}$$

2.3 Materialabtrag durch Verdampfung und Schmelze

Wenn ein Laserpuls hoher Intensität auf ein festes Werkstück fokussiert wird, laufen eine Vielzahl von Prozessen gleichzeitig ab. Für Pulszeiten von 10^{-3} bis 10^{-6} s gibt Bild 2 einen Überblick über den Wechselwirkungsmechanismus zwischen den beteiligten Prozesse in Form eines Blockdiagramm. Der gesamte Wechselwirkungsmechanismus zwischen Laserstrahl und Metall wird zusätzlich von der Pulsdauer und Pulsform, von dem räumlichen und zeitlichen Intensitätsprofil des Laserstrahles, von der Art des Prozeßgases, der Prozeßgasströmung und dem Prozeßgasdruck stark beeinflußt.

Nur ein Teil der Laserenergie wird infolge von Verlusten, wie Reflexionen an der Metalloberfläche oder Streuung des Laserlichtes an den ausgetriebenen Schmelzpartikeln und an der Dampfwolke, vom Material absorbiert und in thermische Energie umgewandelt.

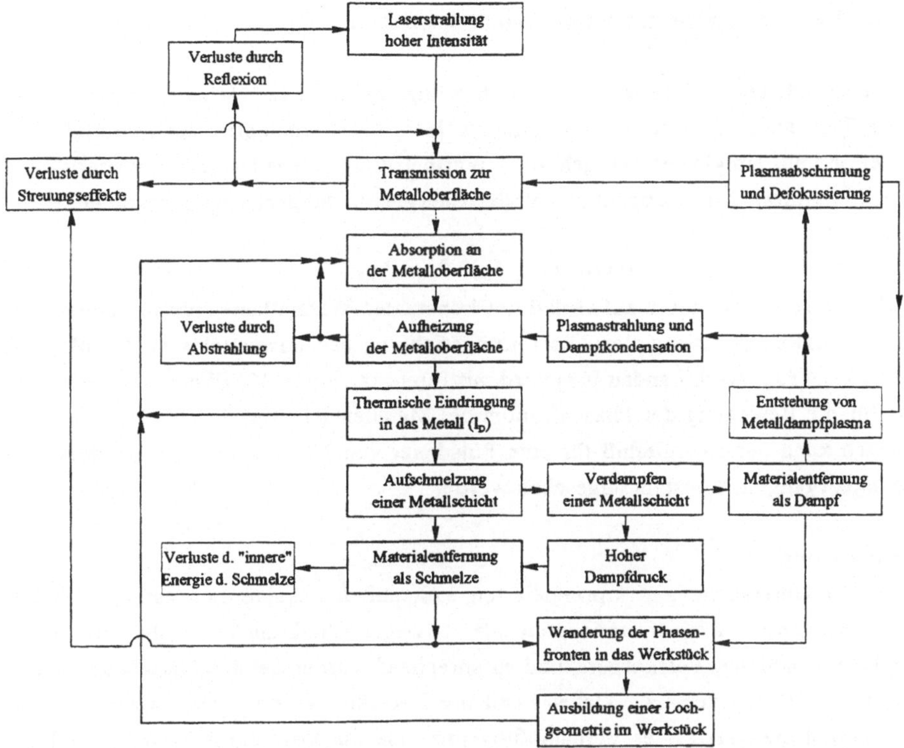

Bild 2: Blockdiagramm über die Einzelprozesse beim Materialabtrag und deren wechselseitige Beziehungen für Pulszeiten von 10^{-3} bis 10^{-6} s und Intensitäten von 10^6 bis 10^{10} W/cm^2.

Die in Kapitel 2.2 aufgestellten Gleichungen zur Temperaturverteilung beschreiben diesen Erwärmungseffekt im Material bis zu der Ebene, wo noch keine Phasenübergänge fest-flüssig und flüssig-gasförmig auftreten bzw. bis zum Beginn dieser Phasenänderung. Für kurze Bestrahlzeiten kann mit der Gleichung (16) die Zeit bestimmt werden, die notwendig ist, um das Material auf Schmelz bzw. Verdampfungstemperatur zu bringen.

$$t_{v,m} = \frac{T_{v,m}^2 \times k^2 \times \pi}{4 \times \kappa \times A^2 \times I_0^2} \quad . \qquad \textbf{(20)}$$

Diese Zeit verhält sich umgekehrt proportional zum Quadrat der Intensität und hängt auch von den Materialeigenschaften ab. Nach Erreichen dieser Zeiten entsteht sowohl eine Schmelzschicht als auch Dampf. Durch die Expansion des Dampfes wird ein Druck erzeugt. Es beginnt der Materialabtrag durch Verdampfen und der Austrieb des geschmolzenen Materials durch den Einfluß des Dampfdrucks.

Bei einem schnellen Materialabtrag durch Schmelze und/oder Verdampfung wird der größte Teil der Laserenergie zum Aufschmelzen und Verdampfen des Materials verwendet und nur ein kleiner Teil geht über Wärmeleitung an das Umgebungsmaterial verloren. Der Abtrag wird maßgeblich von der Energieerhaltungsgleichung bestimmt:

$$v = \frac{A \times I_0}{\rho \times (c \times (T_v - T_0) + L_m + L_v)} \quad . \tag{21}$$

Die Phasenfronten wandern auf Grund des konstanten Wärmeflusses mit der konstanten Geschwindigkeit v entlang der Ausbreitungsrichtung des Laserstrahls in das Material hinein [52], [53]. Nach Landau [53] wird mit Intensitäten von 10^7 W/cm^2 ein konstanter Wert für die Bewegung der Phasenfronten bei Metallen schon nach 1 bis 2 µs erreicht. Demnach kann der Energiefluß für eine Pulsdauer von 100 bis 500 µs nach dem Einschwingvorgang als konstant angesehen werden.

Wärmeleitung

Die ersten Untersuchungen konzentrierten sich auf die exakte Lösung des Wärmeleitungsproblems von einer stationären oder bewegten Punktquelle auf der Oberfläche eines halbunendlichen Festkörpers, und entsprechend wurden bei den Phasenübergängen einfache Annahmen gemacht. Dabei stand die Berechnung von Temperaturprofilen im Material und die Kinetik des Verdampfungsprozesses im Vordergrund [52], [54], [55], [56], [57], [58]. Eine der Kernaussagen ist, daß die Temperaturprofile dem räumlichen und zeitlichen Verlauf der Energieverteilung im Laserstrahl entsprechen. An Hand dieser Aussage wird die Lochtiefe h als proportional zur Energiedichte E des Laserstrahls nach [52] und [58] angesehen:

$$h = \frac{E}{\rho \times (c \times T_v + L_v)} \quad . \tag{22}$$

Dabei wird die Spitzentemperatur im Material kurz nach dem Pulsmaximum erreicht [52]. Die Temperatur folgt dem Verhalten der anharmonischen Schwingungen beim Einschaltvorgang, die auch als Spikes bezeichnet werden. Die Temperatur weist generell einen ansteigenden Trend auf, sofern die Abfallszeit zum vorhergehenden Spike kurz ist. Ein kürzerer Laserpuls mit höherer Leistungsdichte führt folglich zu einer höheren Spitzentemperatur als ein längerer Laserpuls mit niedrigerer Leistungsdichte bei gleicher Pulsenergie. Andererseits verursacht der längere Puls eine gleichmäßigere Temperaturverteilung und somit wird eine tiefere Einbringung der Wärme in das Material am Ende des Laserpulses erreicht [52]. Die Temperaturprofile sind je nach Materialdicke sehr unterschiedlich, wobei die steilsten nach den Berechnungen von Paek und Gagliano [59] in einer Materialtiefe von 0.3 mm bis 0.55 mm erreicht werden. Weiter Verfeinerungen wurden durch die verschiedenen räumlichen und zeitlichen Intensitätsformen der Punktquelle erreicht [45], [59]. Eine Zusammenstellung von verschiedenen Formen von Wärmequellen wird in [46] und [47] aufgestellt.

Eine andere Lösung des Wärmetransports kann in Form einer gesamten Energiebilanz angegeben werden, die alle Wärmeleitungsverluste und die latente Schmelz- und Verdampfungswärme berücksichtigt. An Hand dieser analytischen Modelle lassen sich zum Beispiel die Bohrgeschwindigkeit, die Bohreffizienz, Lochform usw. vorhersagen [52], [57], [60], [61], [62].

Wechselwirkung und Einkoppelmechanismen
Ein weiterer Kernpunkt ist bis heute die Untersuchung der Wechselwirkung zwischen dem laserinduzierten Plasma und dem einfallenden Laserstrahl. In diesem Zusammenhang werden auch die vom abströmenden Plasma ausgehenden verschiedenen Schockwellen und deren Einfluß auf den Bearbeitungsprozeß diskutiert. Diese Thematik wird in einer großen Vielzahl von Untersuchungen behandelt [63], [64], [65], [66], [67], [68], [69], [70], [71], [72], [73], [74], [75].

Auf die exakte Bestimmung der Reflexions- bzw. Absorptionsänderung des Materials während intensiver Laserbestrahlung konzentrieren sich ebenfalls einige Untersuchungen [43], [76], [77], [78], [79], [80], [81], [82], die eine Abnahme der optischen Reflexion der Metalloberfläche beobachteten. Wiederum ist die Höhe des Absorptionsgrads der Laserstrahlung für den Materialabtrag und die Temperaturprofile im Material von grundlegender Bedeutung. Allerdings sind Informationen über Absorptionswerte von verschiedenen Metallen bei Prozeßtemperatur nur sehr vereinzelt zu finden. Weiterhin gelten die meisten Literaturdaten nur für reine Metalle und nicht für Stahl.

Chun und Rose bestimmen das zeitabhängige Reflexionsvermögen mittels einer Ulbrichtkugel für Pulszeiten bis 1 ms und einer Intensität von 10^7 W/cm^2 [43]. Nach ihrer Ansicht wird die Reflexion nicht so sehr von der Temperatur des Materials bestimmt, sondern die Form der Bohrung und die dadurch bedingte Absorption der Strahlung an den Bohrwänden beeinflussen entscheidend das Reflexionsverhalten. Von Allmen et al. [82] geben als entscheidende Ursache für die Reflexionsabnahme die Zunahme der Temperatur an der Metalloberfläche und die Entstehung einer Plasmawelle mit einer Ausdehnungsgeschwindigkeit von $4 \div 5 \times 10^4$ cm/s an. Die Untersuchungen wurden mit einem rechteckförmigen Laserpuls im Intensitätsbereich von 10^7 W/cm^2 bis 6×10^8 W/cm^2 durchgeführt und zeigen, daß nach einer Aufheizphase der Reflexionsgrad innerhalb einer kurzen Übergangszeit auf 20 % des Anfangswertes abnimmt. Diese Zeit ist umgekehrt proportional zu der Laserintensität.

Die Abnahme der Reflexion bei verschiedenen Metallen (Kupfer, Stahl, Silber) wird auch bei Bonch-Bruevich [76] auf die Temperaturerhöhung zurückgeführt. In dieser Untersuchung werden die Reflexionsänderungen während eines Laserspikes mit der Dauer von 1.1 µs ermittelt. Es stellt sich heraus, daß minimale Reflexionswerte von 20 % für alle Metalle mit dem Maximum des Laserpulses erreicht werden. Bei Basov [78] verringert sich der Reflexionswert sogar auf 10 % des Anfangswertes. Begründet wird dies mit der Bildung eines Plasmas bei Intensitäten $\geq 10^9$ W/cm^2.

In den meisten theoretischen Modellen zum Bohren wird der Absorptionsgrad als unabhängig von der Temperatur angesehen und mit dem ermittelten Wert bei Raumtemperatur gleichgesetzt. Die thermischen Materialeigenschaften werden als konstant über alle Temperaturbereiche angenommen. Erst neuere theoretische Modelle berücksichtigen auch die nichtkonstanten Eigenschaften des Materials, wie z. B. [83], [84].

Bohrgeschwindigkeit und Materialaustrieb

Viele der theoretischen Modelle werden durch experimentelle Untersuchungen bestätigt. Zu diesem Zweck wird am häufigsten eine Hochgeschwindigkeitskamera eingesetzt, um den Bohrprozeß und die Entstehung von Plasma zu beobachten [57], [59], [62], [72], [85], [86], [87], [88], [89], [90]. Daraus resultieren Ergebnisse über die Bohr- und Partikelgeschwindigkeit, die Art des Materialauswurfs, die Entstehung von Plasmadampf und die Höhe der Plasmageschwindigkeit. Nach [87] existiert ein explosiver Austrieb auf Grund der Vorheizung des Materials. Ein solche Form des Austriebs wird auch von Anisimov [85] ab einer Intensität von 10^9 W/cm^2 erreicht, der allerdings nicht zur Steigerung der Abtragsrate führt sondern zur Abnahme unterhalb der reinen Verdampfungsrate, da ein großer Anteil der Energie als "interne" Energie in den Abtragsprodukten enthalten ist. Außerdem erreicht der Massenabtrag bei allen untersuchten Metallen ab einer bestimmten Energiedichte einen Sättigungswert, der je nach Metall im Bereich zwischen 0.15 mg/J und 0.27 mg/J liegt. Eine andere Form von Störungen, wie Überhitzung des Dampfes und explosiver Austrieb der Schmelze, wird nach Ansicht von Kocher [57] in dem Vorhandensein von Spikes gesehen, die vor allem bei Strahlung im Grundmode zu Beginn des Laserpulses auftreten. Die Spikes verursachen ein schnelles Verdampfen mit einem entsprechend hohen Dampfdruck. Durch das unregelmäßige Auftreten der Spikes werden im expandierenden Dampf Störungen verursacht, die zur Überhitzung des Dampfes führen. Dadurch ergibt sich ein explosives Abtragsverhalten. Auch Prokhorov [66] findet in Abhängigkeit der Intensität und Metall ein Maximum, bei dem der Massenabtrag am größten ist.

Die Bohrgeschwindigkeit wird bei Sackbohrungen häufig mit Hilfe der Lochtiefe ermittelt, in dem die gemessene Lochtiefe in Relation zur Einstrahlzeit gesetzt wird [61], [67], [72], [91], [92], [93], [94], [95]. Dieses Prinzip wird sowohl für das Einzelpulsbohren als auch das Perkussionsbohren angewendet. So stellt z. B. Yilbas [94] bei Stahl EN58 fest, daß die Bohrgeschwindigkeit einerseits mit größerer Pulslänge abnimmt und andererseits mit steigender Pulsenergie und Materialdicke zunimmt. Die Änderung der Fokusposition beeinflußt die axiale Struktur des Laserstrahls, wodurch wiederum die Bewegungsfunktion der Verdampfungsfront im Material stark beeinflußt wird [92]. Dadurch ändert sich sowohl die Geschwindigkeit der Verdampfungsfront als auch die Bearbeitungstiefe. Die größte Lochtiefe wird für eine Fokusposition 1 mm unterhalb der Oberfläche erreicht. Bei von Allmen [96] existiert bei Stahl eine Schwellintensität von 5×10^6 W/cm^2, oberhalb der die Bohrgeschwindigkeit linear mit der Intensität ansteigt. Dabei nähert sich diese Geschwindigkeit der reinen Verdampfungsgeschwindigkeit an. Unterhalb der Schwellintensität nimmt die Bohrgeschwindigkeit innerhalb von 2×10^6 W/cm^2 von 1 m/s auf 0.1 ms/s ab. Auch bei Batanov [91] existiert für Aluminium eine Schwellintensität bei 9×10^6 W/cm^2, ab der der lineare Anstieg der Abtragsrate mit der Intensität um etwa den Faktor 10 erhöht wird. In den Untersuchungen von Murthy [90] wurde festgestellt, daß sich die Abtragsrate während des Bohrens ändert. Bei einer Intensität von 3×10^8 W/cm^2 wurde in Titan eine Anfangsgeschwindigkeit von bis zu 14 m/s gemessen, die aber innerhalb der ersten 100 µs bei einem 500 µs langen Puls auf 1 m/s abfällt und anschließend bis zum Ende des Laserpulses konstant bleibt. Diese Beobachtung steht im Widerspruch zu von Allmen [61], der schon nach einer Zeit von 0.1 µs eine konstante Geschwindigkeit beobachtete.

Andere experimentelle Untersuchungen setzen sich vor allem mit dem Materialaustrieb bezüglich der Art und Menge auseinander [43], [66], [87], [88], [97]. So hängt nach Chun [43] der Austrieb der Schmelze im wesentlichen von den Eigenschaften des Laserpulses, wie der durchschnittlichen Leistungsdichte und der Spitzenleistung der Spikestruktur, ab. Der Anteil der Schmelze am Materialabtrag wird dabei mit einer längeren Pulsdauer und größeren Lochtiefe gesteigert. Über die Größe der Schmelztropfen existieren sehr unterschiedliche Angaben. So erreichen nach Uglov [88] die Tropfen etwa die Größe des Bohrkanals, während bei von Allmen [96] die Tropfen die Größe der Schmelzfilmdicke besitzen.

Genauigkeiten

Gemeinsamkeiten in der Interpretation bestehen in der Auswirkung der Pulsenergie auf den Lochdurchmesser. Mit Zunahme der Pulsenergie entsteht vor allem bei Metallen ein Lochdurchmesser, der erheblich größer als der Fokusdurchmesser ist [97], [98]. Verhindern läßt sich dieser Effekt in Stahl nach Ansicht von Uglov [88] nur durch die Verkürzung der Pulsdauer und einer möglichst gleichmäßigen und symmetrischen Energieverteilung im Laserstrahl. Auch nach Treusch [72] wirkt sich eine zu intensive Bestrahlung negativ auf den Lochdurchmesser aus, da die Schmelze den Durchmesser verkleinert. Der Bohrungsdurchmesser an der Werkstückoberfläche kann als Funktion der Bestrahlzeit beschrieben werden, wenn der Rand der Bohrung der Verdampfungsisotherme entspricht:

$$d(t) = \sqrt{2 \times r_F^2 \times \ln\left(\frac{T_V \times \rho \times c \times \sqrt{\kappa \times \pi}}{2 \times A \times I_0 \times \sqrt{t}}\right)} \quad . \tag{23}$$

Ursachen für die Locherweiterung sind nach Anisimov et al. [85] sekundäre Prozesse: Erwärmung der Bohrwände durch den Dampf in der Bohrung und durch Streustrahlung, woraufhin eine Aufschmelzung und ein hydrodynamischer Abtrag durch den Gasstrom erfolgt.

Einfluß der Strahleigenschaften

Anfangs wurden für die Bohruntersuchungen hauptsächlich Rubin und Nd:Glas Laser eingesetzt, die sowohl im Q-Switch Betrieb als auch gepulst arbeiteten. Ab etwa 1974 wurden dann auch vermehrt Nd:YAG und CO_2-Laser für Bohruntersuchungen verwendet, während gleichzeitig der Anteil an Rubin-Lasern abnahm. Bezüglich den Betriebsdaten beschränken sich die Angaben in den meisten Fällen nur auf die Intensität und die Pulsdauer. Nur in wenigen Fällen wird eine Aussage über die Strahlqualität, die Größe des Fokusdurchmessers oder sogar der Rayleighlänge gemacht [82], [86], [95], [99], [100], [101], [102]. Zusammenhänge zwischen der Laserleistung und Strahlqualität fehlen völlig. Dies ist insofern bemerkenswert, weil die meisten theoretischen Modelle eine konstante oder gaußförmige Intensitätsverteilung annehmen. Außerdem können die erzielten experimentellen Ergebnisse durch die fehlenden Angaben über die Strahleigenschaften nur sehr schwer direkt miteinander verglichen werden. Denn allein die Angabe über Intensität und Pulsdauer reicht für die Beschreibung des Bohrvorgangs nicht aus, wie in der vorliegenden Arbeit noch gezeigt wird.

Untersuchtes Werkstoffspektrum

Bei den verwendeten Werkstoffen handelt es sich in den meisten Fällen bei den Metallen anfänglich um reines Aluminium und Kupfer und später auch um Titan. Bei den Keramiken kommt fast ausschließlich Aluminiumoxid (Al_2O_3) zum Einsatz. Wenn Stahl als

Versuchswerkstoff verwendet wird, sind die Legierungselemente nur bei neueren Untersuchungen angegeben, z. B. [100], [103]. Die Legierungsbestandteile können auf Grund ihrer unterschiedlichen Eigenschaften, wie z. B. der Zähigkeit der Schmelze oder der Schmelz- und Verdampfungstemperatur, durchaus einen merklichen Einfluß auf den Prozeß besitzen [104]. In neueren Untersuchungen zur abtragenden Bearbeitung mit gepulsten Nd:YAG Lasern werden ebenfalls die Auswirkungen der Materialeigenschaften von verschiedenen Metallen und Keramiken diskutiert [105], [106].

Modellvorstellung

In Bild 3 sind einfache und ältere Modellvorstellungen zum Bohren skizziert. Das Schema im *Modell A* basiert auf einem Phasenübergang flüssig-gasförmig, der durch intensive Laserstrahlung verursacht wird. Das Schema zeigt einen bestimmten Moment, wo sich ein Teil des flüssigen Metalls in ein flüssiges und transparentes Dielektrikum verwandelt und so die Schmelze und vom Dampf trennt [66], [107]. Für Pulszeiten von 10^{-3} bis 10^{-6} s tritt dieser Effekt ab einer bestimmten Intensität $I_{cr}= 10^7 \div 10^8$ W/cm^2 auf, an der sich das Material auf eine kritische Temperatur T_{cr} erhitzt hat und somit zur Herabsetzung der Dichte in der Schmelze führt. Dadurch erhöht sich die Menge des Dampfflusses nicht länger mit der Intensität. Eine Erhöhung der Intensität oberhalb der Schwelle von 10^8 W/cm^2 führt nur zur Vergrößerung der Geschwindigkeit der transparenten Welle, die sich zwischen Schmelze und "kaltem" Material bildet. Über diese Modellvorstellung kann die plötzliche Abnahme des Reflexionskoeffizienten und die merkliche Veränderung der Geschwindigkeit der Verdampfungsfront in Abhängigkeit der Intensität erklärt werden. Außerdem nimmt der Rückstoßimpuls für eine Intensität $I>I_{cr}$ auf Grund des Dielektrikums wieder ab und ebenso der Materialaustrieb.

In dem *Modell B* wird die Laserenergie nach dem Lambertschen Gesetz absorbiert. Es findet eine Erwärmung des Werkstücks unterhalb der bestrahlten Fläche statt. In einer dünnen Materialschicht bewirkt diese Erwärmung eine Temperatur, die oberhalb der Verdampfungstemperatur des Materials liegt. Diese kritische Überhitzung erzeugt große Drücke unterhalb der Oberfläche, die zu einem explosionsartigen Materialaustrieb führen. Diese Art des Materialabtrags ist effizienter als die durch reine Verdampfung und ist außerdem verantwortlich für einen Materialabtrag auch nach dem Ende des Laserpulses. Das explosive Verhalten wurde bei Pulszeiten von 0.3 bis 1.5 ms und einem Intensitätsbereich zwischen 0.7×10^7 und 7×10^7 W/cm^2 beobachtet [87].

In der *Modellvorstellung C* wird mit steigender Intensität die Verdampfungsrate und damit auch die Dampfdichte erhöht. Dadurch tritt eine Absorption der Laserstrahlung im Metalldampf auf, und aufgrund der Leistungseinkopplung bildet sich ein laserinduziertes Plasma. Die dafür notwendige Intensität liegt für Nd:YAG-Laser im Bereich von $10^8 \div 10^9$ W/cm^2. Bei freier Expansion des Plasmas wird dann ein nahezu konstanter Wert der Laserstrahlung absorbiert und die Bohrgeschwindigkeit steigt nicht weiter an. Mit zunehmender Bohrungstiefe wird eine freie Expansion verhindert und das Plasma tritt in Wechselwirkung mit den Bohrungswänden. Die Wärme des Plasmas wird isotrop an das Werkstück abgegeben, was zur Aufschmelzung an den Bohrungswänden führt. Dieser Vorgang verursacht eine Vergrößerung des Bohrungsdurchmessers gegenüber dem Strahldurchmesser [108].

Im *Modell D* findet die Absorption der Laserenergie nur am Bohrungsgrund statt. Dadurch bildet sich aufgrund der Wärmeleitung eine entsprechende Schmelzschicht aus, die anschließend zu verdampfen beginnt. Durch den an den Phasengrenzen herrschenden Dampfdruck wird die Schmelze zunächst in radialer Richtung nach außen getrieben. Im Anschluß wird die Schmelze entlang der Bohrungswand nach oben ausgetrieben. Die Wandneigung bestimmt den Auswurfswinkel der Schmelze. Diese Form des Materialaustriebs entspricht dem sogenannten "Kolben"-Mechanismus. Die Schwelle für den Materialabtrag wird durch die Oberflächenspannung der Schmelze bestimmt, die von dem radialen Druck aufgebracht werden muß. Anhand der Massenerhaltung und Energieerhaltung kann die Abtragsrate und die Strömungsgeschwindigkeit näherungsweise berechnet werden [58], [91], [96], [109].

Die hier gezeigten Modellvorstellungen hängen sowohl von den Materialeigenschaften als auch von dem verwendeten Lasersystem ab. So ist ein explosionsartiger Materialaustrieb bei Keramiken aufgrund ihrer Neigung zu verdampfen vorstellbar. Für die meisten Metalle wiederum, die nur eine kurze Absorptionslänge aufweisen, ist ein Materialaustrieb in Form von Schmelze und Dampf näher liegend [110]. Mit den Modellen wird letztendlich versucht, experimentelle Beobachtungen, wie die starke Abnahme der Reflexion, die helle Flamme während der Bearbeitung, den plötzlichen Unterbruch der Bearbeitung, den ringförmigen Schmelzaustrieb oder den Auswurf von großen Partikeln, mit theoretischen Mitteln zu erklären.

Eine umfassende theoretische Beschreibung aller Einzelprozesse beim Bohren bzw. ein ganzheitliches Modell, das alle auftretenden Effekte berücksichtigt, liegt bis heute, erschwert durch die Vielzahl konkurrierender Einflüsse, nicht vor. Viele Untersuchungen wurden deshalb schon durchgeführt, um das Zusammenspiel der dynamischen Vorgänge beim Bohren zu beschreiben. Eine Zusammenfassung von einigen weiteren Untersuchungen und deren Ergebnisse ist im Anhang in Tabelle 7 aufgelistet.

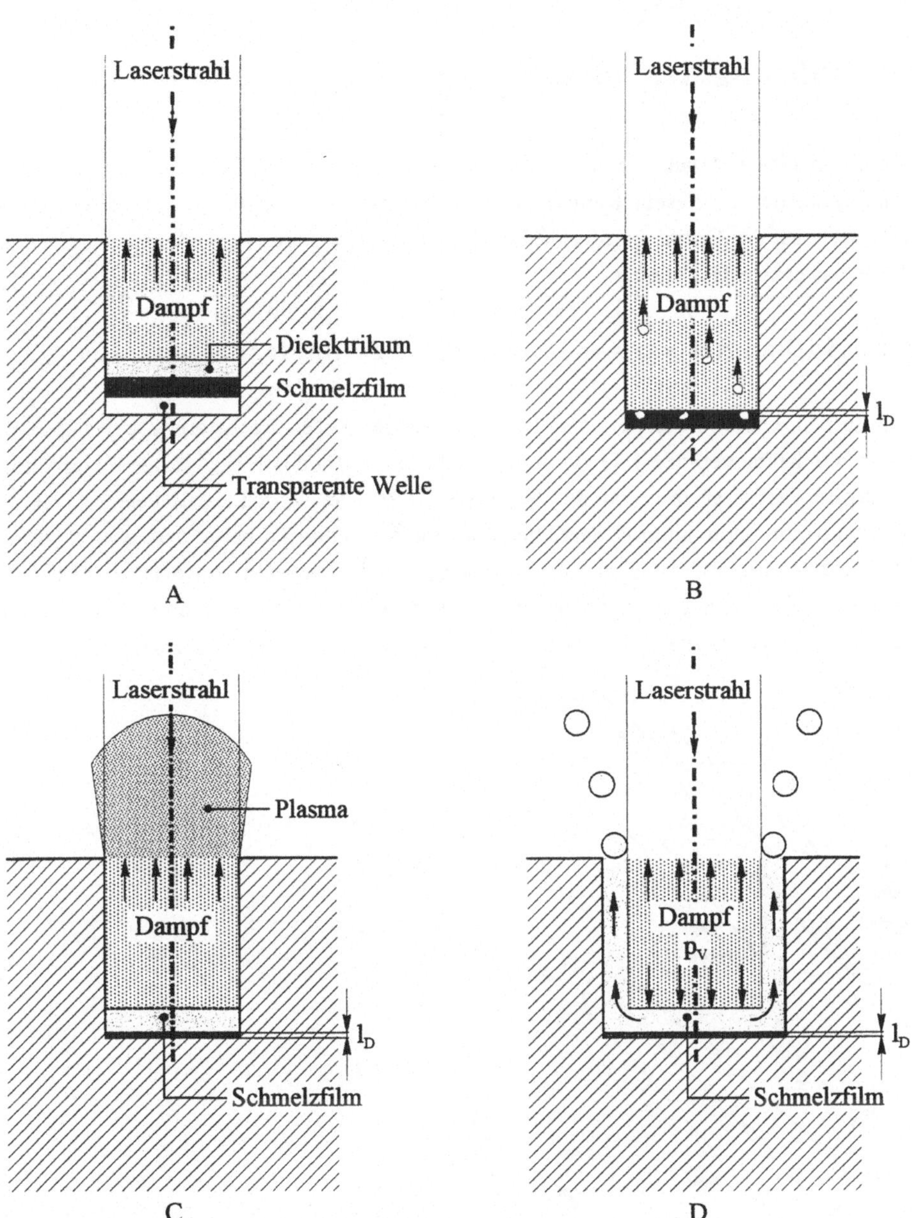

Bild 3: Schema für verschiedene Verfahrensprinzipien zum Bohren

3 Experimentelle Versuchseinrichtung und Durchführung der Versuche

Um die in dieser Arbeit erzielten Ergebnisse auch mit anderen Lasern vergleichen zu können, werden in diesem Kapitel die wesentlichen Eigenschaften und Merkmale des Lasersystems, der Optik zur Strahlführung und -formung, der Prozeßgasdüse sowie des Versuchswerkstoffs erläutert.

3.1 Aufbau des verwendeten Nd:YAG-Slablasers

Der Aufbau eines Festkörperlasers hat sich seit der ersten Realisierung eines Rubinlasers 1960 kaum verändert [111]. Der heute für die industrielle Materialbearbeitung wichtigste Festkörperlaser ist der Nd:YAG-Laser. Der Wirtskristall besteht hier aus einem Yttrium-Aluminium-Granat, bei dem im Kristallgitter etwa 1 % der Y^{3+}-Ionen durch Nd^{3+}-Ionen ersetzt sind. In den heutigen Industrielasern werden am häufigsten Kristalle in Form eines zylindrischen Stabes verwendet. Zum Pumpen des Kristallstabes werden in Abhängigkeit der Betriebsart, gepulst oder kontinuierlich, Blitz- oder

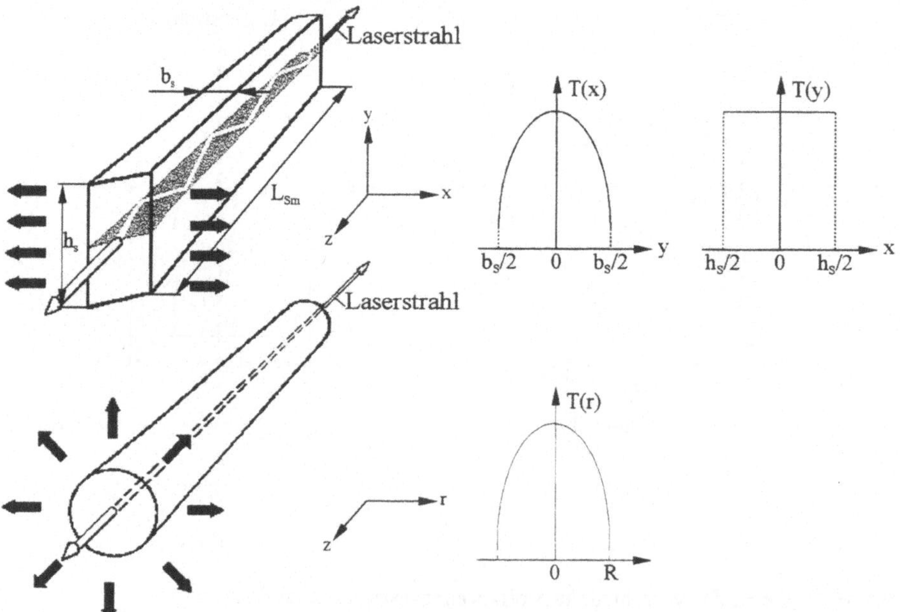

Bild 4: Kühlungsinduzierte Temperaturprofile bei Platten- und Stabgeometrie (die schwarzen Pfeile symbolisieren die Wärmeabfuhr).

Bogenlampen eingesetzt. Das breitbandige Pumplicht gelangt teils direkt und teils durch Reflexionen von den Reflektoren auf den Kristall. Zur Erzeugung der Inversion wird jedoch nur ein geringer Anteil von ca. 10 % des Blitzlichtes genutzt. Der Rest der Energie des Pumplichtes erwärmt den Laserstab, die Reflektoren und die Lampe(n). Die Kühlung dieser Komponenten erfolgt in den meisten Fällen mittels entionisiertem Wasser. Bei einem zylinderförmigen Kristallstab kann die Kühlung jedoch nur an der Manteloberfläche erfolgen. Dies führt zu einem parabolischen radialen Temperaturverlauf im Stab, wie dies in Bild 4 dargestellt ist. Die auftretenden Temperaturgradienten erzeugen im aktiven Medium auf Grund der Temperaturabhängigkeit des Brechungsindex ($dn/dT \neq 0$) und den thermooptischen Spannungen ein parabolisches Brechungsindexprofil, das zur Bifokussierung und Depolarisation des Laserstrahls führt. Diese Linsenwirkung verändert die Strahlqualität des Lasers in Abhängigkeit von der Pumpleistung und führt zur Beeinflussung des Strahlenverlaufs im Resonator [5], [112], [113]. Die Nachteile lassen sich durch eine andere Geometrie des Kristalls, z. B. als Rohr oder Platte, oder mittels einer gezielteren Anregung, z. B. durch Laserdioden, konsequent verringern [114].

Die Verwendung einer prismatischen Geometrie (eng.: Slab) des Lasermaterials mit einem internem Zick-Zack Strahlweg wurde erstmals 1972 von Martin und Chernoch vorgeschlagen [115]. Die Endflächen des Kristalls sind unter dem Brewsterwinkel abgeschrägt, so daß das polarisierte Licht parallel zur Einfallsebene nicht reflektiert wird. Nach Brechung an diesen Endflächen wird der Strahl durch Totalreflexion an den polierten Seitenflächen im Zick-Zack geführt. Deshalb durchlaufen alle Teilstrahlen eines parallel einfallenden Strahlenbündels den gleichen optischen Weg und treten dadurch auch wieder parallel aus dem Kristall aus, wie dies anschaulich in Bild 4 dargestellt ist. Mit diesem Zick-Zack Strahlweg kann die Wirkung der thermisch induzierten optischen Störungen ausgemittelt werden. In der senkrechten Richtung wird die Bildung eines Temperaturgradienten durch eine thermische Isolation der schmalen Ober- und Unterseiten verhindert, so daß die Temperatur in dieser Richtung in einer Ebene als konstant angesehen werden kann.

Trotz dieser Temperaturverteilung treten in einem endlichen Slab in der Mitte sowie an den beiden Enden Fokussierwirkungen auf. Deshalb ist eine genaue Bestimmung des Temperaturprofils im Slab die Voraussetzung für eine optimale Funktion des Slablasers. Zur Berechnung der Temperaturverteilung wurden einige numerische Modelle entwickelt [116], [117], [118], [119]. In Bild 5 ist ein berechneter Temperaturverlauf im Slab dargestellt. Deutlich ist sowohl die heißeste Zone im Inneren des Slabs an der weißen Farbe als auch die Temperaturabnahme an den Enden zu erkennen.

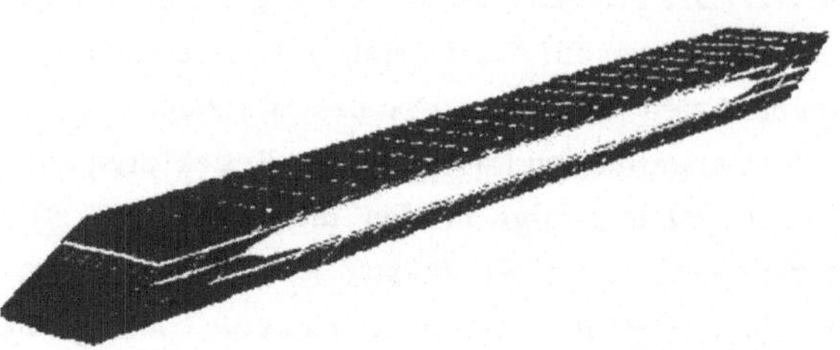

Bild 5: Temperaturverteilung in einem slabförmigen Kristall. Dunklere Grauwerte stellen eine niedrigere Temperatur dar.

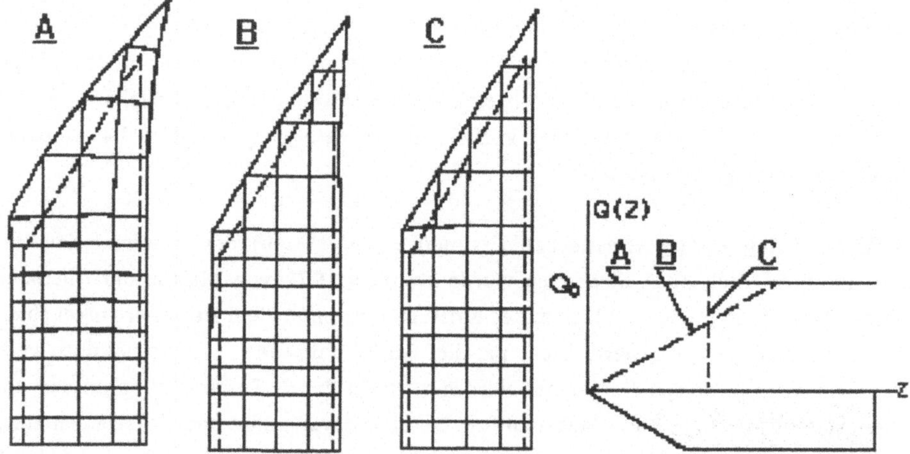

Bild 6: Deformationen der Slabenden unter verschiedenen Pumplichtverteilungen Q(z) für Nd:YAG; Wärmeleistungsdichte Q_0=26 W/cm^3 [6].

Zusätzlich zu den Fokussiereffekten werden bei einem endlichen Slab trotz sorgfältiger Kühlung an den Slabenden thermomechanische Effekte beobachtet. Hierbei handelt es sich um Deformationen der Slabenden, die in Bild 6 mittels der Finite-Elemente-Berechnung sichtbar gemacht sind [6]. Diese Deformationen lassen sich in einem hohen Maße einerseits durch eine kontinuierlich zu den Enden abfallende Pumplichtverteilung reduzieren, andererseits kann auch durch eine Verlängerung des Kristalls die thermische Belastung verringert werden. Die Kühlung bei dem Slablaser erfolgt über zwei optisch polierte Saphirplatten, die auf das Pumplicht fast keinen Einfluß besitzen [120]. Die Wärme der Saphirplatte wird an das vorbeiströmende Wasser abgegeben. Infolge der Kontaktierung mit den Saphirplatten würde die Totalreflexion der Strahlung im Slab verloren gehen, weshalb auf den Seitenflächen des Slabs eine Beschichtung mit einem etwas kleineren Brechungsindex als der des Slabs aufgebracht ist.

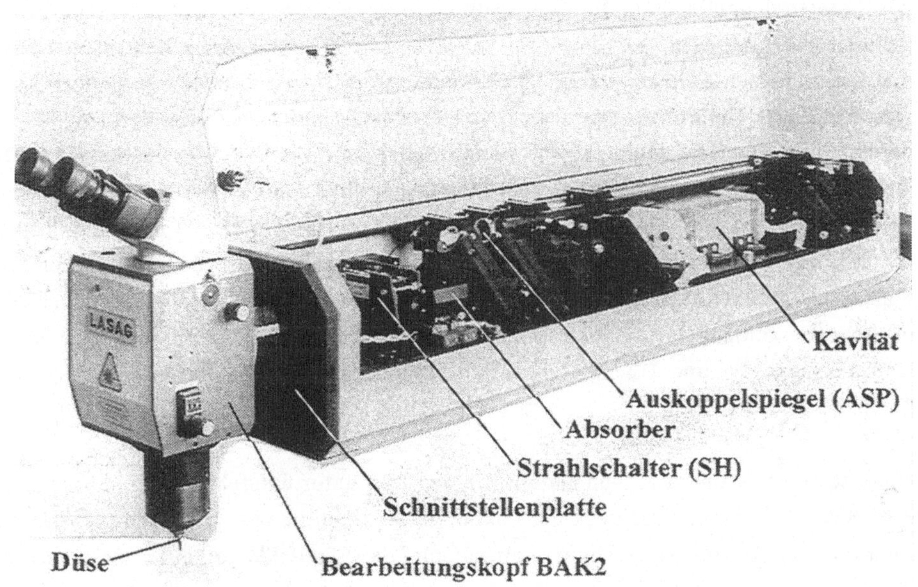

Bild 7: Verwendeter Slablaser FM015 und Bearbeitungskopf BAK2 der Firma LASAG.

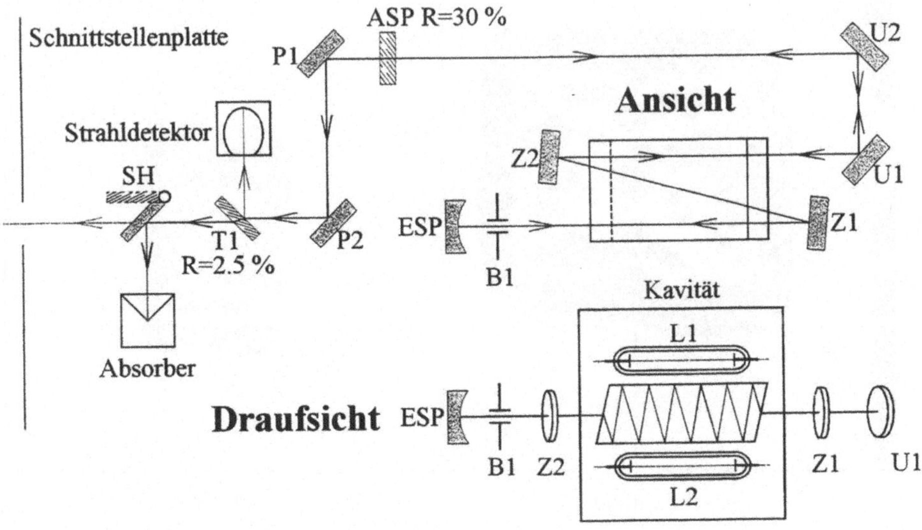

Bild 8: Schematische Darstellung des optischen Aufbaus für den Slablaser FM015.

Als Laserstrahlquelle dient für die späteren Bohrversuche der neu entwickelte und gepulste Nd:YAG-Slablaser der Firma LASAG AG. Der schematische Aufbau dieses Slablasers ist in Bild 8 dargestellt. Angeregt wird der Slabkristall über zwei wassergekühlte Krypton-Blitzlampen (L1, L2). Die Kühlung des Slabs erfolgt über die beschriebene Kontaktkühlung durch Saphirplatten, die nicht eingezeichnet sind. Der Resonator besteht aus einem konkaven Endspiegel (ESP) mit einem Krümmungsradius von R_2=5000 mm und einem planen ($R_1=\infty$) Auskoppelspiegel (ASP) mit einer Reflektivität von 30 %. Mittels der Spiegel Z1 und Z2 durchläuft der Laserstrahl den Slabkristall dreifach, um eine bessere Ausnutzung des Lasermediums zu erreichen. Die optische Gesamtlänge L des plan-konkaven Resonators beträgt 2560 mm. Die beiden Umlenkspiegel U1 und U2 im Resonator ermöglichen trotz seiner Länge einen sehr kompakten Laseraufbau.

Ohne den Einbau einer Modenblende B1 in den Resonator entsteht auf Grund der Form des Slabkristalls ein rechteckiger hermitischer Multimode. In Bild 9 ist der Intensitätsverlauf im Querschnitt sowohl für das Nahfeld als auch das Fernfeld dargestellt. Die unterschiedlichen Grauwerte stellen die höhe der Intensität gemäß dem linken Farbbalken dar. Zusätzlich ist das räumliche Intensitätsprofil entlang der Achsen des Fadenkreuzes wiedergegeben.

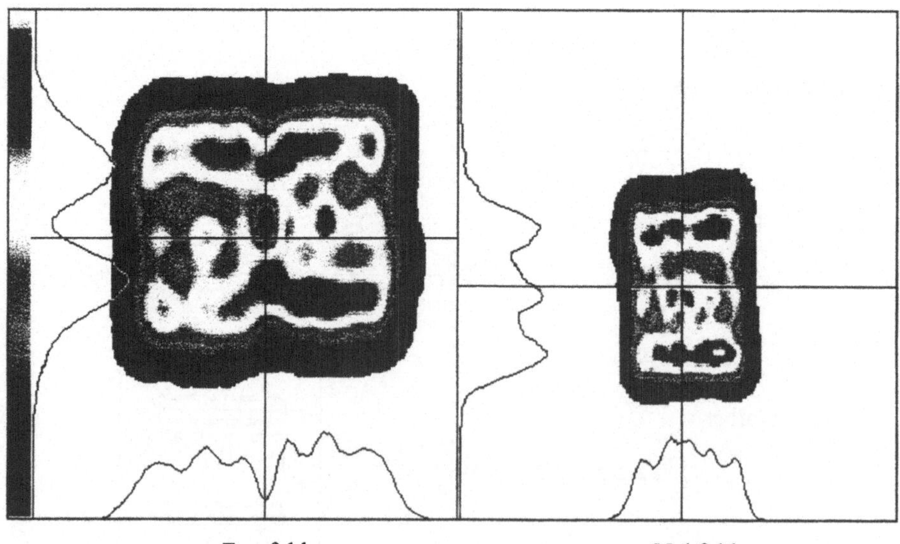

Fernfeld Nahfeld

Bild 9: Intensitätsverteilung in Rechtecksymmetrie, die ohne die Modenblende B1 entsteht.

Durch den Einbau der Modenblende wird nur jene Strahlung verstärkt, die zum Modenvolumen des rotationssymmetrischen Grundmodes gehört. Hinter dem Auskoppelspiegel befindet sich ein Periskop mit den beiden Spiegeln P1 und P2, mit denen sich der Laserstrahl vertikal und horizontal justieren läßt, damit der Laserstrahl senkrecht und zentrisch durch die Öffnung der Schnittstellenplatte am Gehäuse des Lasers hindurchtritt. An diese Schnittstelle lassen sich weitere Komponenten, z. B. ein Bearbeitungskopf, genau montieren.

Im Anschluß an das Periskop befindet sich ein Strahlteiler T1 im Strahlengang, der 2.5 % der Laserstrahlung in einen Laserstrahldetektor umlenkt. Dieser Detektor besteht aus einer Ulbricht-Kugel mit einem eingebauten Siliziumdetektor. Mit diesem Detektor wird sowohl die Pulsenergie als auch die Pulsform des Laserstrahls on-Line gemessen. In Bild 10 ist eine solche Pulsform für die Pulsdauer von 0.2 ms dargestellt. Deutlich sind die Spikes zu Beginn des Laserpulses zu erkennen, die eine Breite von 100 bis 200 ns haben. Die Intensität der größten Spikes ist etwa doppelt so groß wie die Intensität des Gesamtpulses. Der für die Grundmodenstrahlung typische Einschwingbereich ist um so größer, je kürzer die Pulsdauer ist.

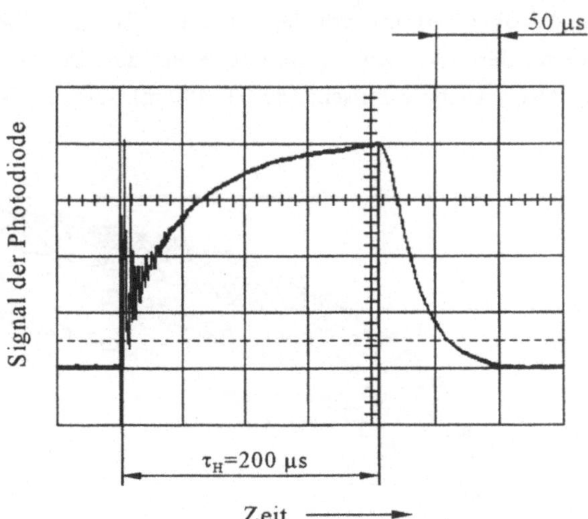

Bild 10: Pulsform bei 0.2 ms Pulsdauer und einer Pulsenergie von 0.26 J.

Nach dem Strahlteiler für den Strahldetektor ist ein Strahlschalter SH in den Strahlengang eingebaut. Bei geschlossenem Strahlschalter wird der Laserstrahl in einen wassergekühlten Strahlabsorber umgelenkt. Wird der Strahlschalter geöffnet, so gelangt der Laserstrahl durch die Öffnung der Laserschnittstellenplatte. Wahlweise kann zwischen Strahlschalter und Schnittstelle ein Teleskop eingebaut werden.

3.2 Leistungs- und Strahlqualitätsdaten

3.2.1 Leistungsdaten

Bei dieser Laseranlage sind die Pulsfrequenz f_P, die Pulsdauer τ_H und die Ladespannung U_L über die Steuerung einstellbar. Daraus ergeben sich die Leistungskennwerte der Pulsenergie Q, der mittleren Laserleistung P_{av} und der mittleren Pulsleistung P_H. Es gilt:

$$P_{av} = Q \times f_P \quad , \tag{24}$$

$$P_H = \frac{Q}{\tau_H} \quad . \tag{25}$$

Um den Leistungsbereich der Laseranlage zu bestimmen, werden Energiemessungen mit einem Leistungsmeßgerät (OPHIR DGX) direkt nach der Laserschnittstelle durchgeführt. Der Zusammenhang zwischen der Lampenspannung und der Pulsenergie ist in Bild 11 für eine Pulsfrequenz von 10 Hz dargestellt. Begrenzung der Kurven bei 200 und 550 V werden durch die elektrische Versorgung des Lasers bestimmt. Die Pulsenergie nimmt mit zunehmender Lampenspannung und längerer Pulsdauer zu. Deutlich erkennbar ist die Annäherung an die obere Grenze von fast 1000 mJ. Somit ist bei 10 Hz Pulsfrequenz eine maximale mittlere Laserleistung von 10 W mit dem Slablaser erreichbar. Für 50 Hz liegt die maximal erzielbare Pulsenergie bei 400 mJ bzw. 20 W mittlerer Laserleistung [121].

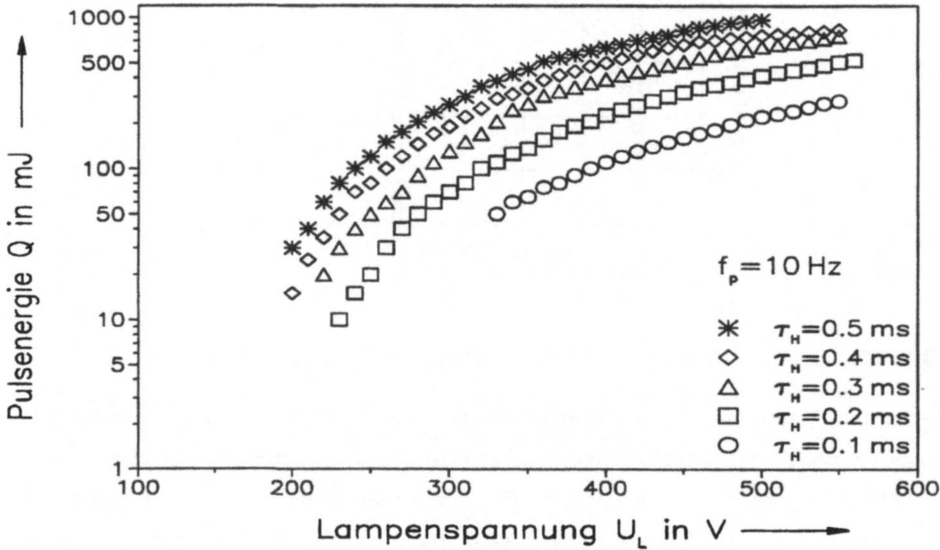

Bild 11: Pulsenergie als Funktion der Lampenspannung.

Im Bild 12 ist die mittlere Laserleistung über der Pulsfrequenz für verschiedene Lampenspannungen und die Pulszeiten 0.2 und 0.5 ms aufgetragen. Für jede Lampenspannung gibt es ein Maximum der mittleren Laserleistung in Abhängigkeit von der Pulsfrequenz. Der Anstieg zum jeweiligen Maximum ist um so steiler, je größer die Lampenspannung und je länger die Pulsdauer ist. Diese Maxima verschieben sich mit Verringerung von Lampenspannung und der Pulsdauer zu höheren Pulsfrequenzen. Nach dem Erreichen des Maximums tritt ein kurzer Abfall der Laserleistung auf, und schließlich enden die Kurven auf Grund des automatischen Überlastungschutzes der elektrischen Versorgung. Für die Pulsdauer von 0.2 ms und 260 V gelangt die elektrischen Versorgung schon vor dem Erreichen der maximalen Leistung an ihre Grenze. Die Abnahme der Laserleistungen mit weiter steigender Pulsfrequenz ist auf die thermisch induzierten Effekte im Slab zurückzuführen, die eine Vergrößerung des Modenvolumens verursachen. Infolge der Beugungsverluste am Rand des Slabs entstehen die typischen Verringerungen der Laserleistung [122].

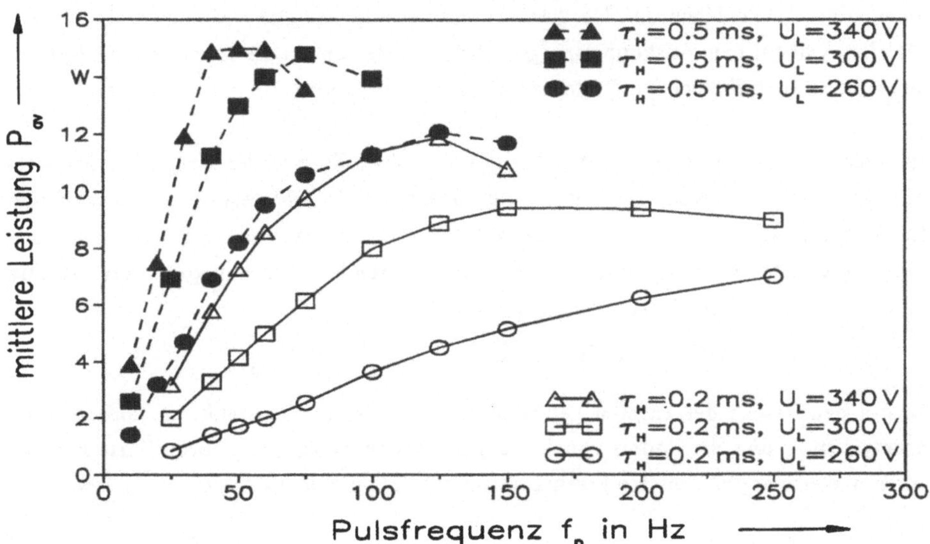

Bild 12: Mittlere Laserleistung als Funktion der Pulsfrequenz mit der Lampenspannungen als Parameter; Pulsdauer 0.2 und 0.5 ms.

3.2.2 Strahlqualität

Mit den geometrischen Daten des Resonators aus Kapitel 3.1 lassen sich die theoretischen Strahldaten bestimmen. Zur Charakterisierung von Resonatoren mit zwei Spiegeln wird der sogenannte "Resonator g-Parameter" eingeführt [123]:

$$g_1 \equiv 1-\frac{L}{R_1} \qquad \textit{und} \qquad g_2 \equiv 1-\frac{L}{R_2} \quad . \tag{26}$$

Nach Gleichung (26) ergibt sich für die beiden g-Parameter des benützten Lasers folgender Wert:

$$g_1 \approx 1 \qquad \textit{und} \qquad g_2 = 0.488 \quad .$$

Ein stabiler Resonator ist dann gegeben, wenn die Parameter g_1 und g_2 dem Stabilitätskriterium genügen:

$$0 \leq g_1 \times g_2 \leq 1 \quad . \tag{27}$$

Die Multiplikation der beiden g-Parameter ergibt den Wert 0.488, womit das Stabilitätskriterium für diesen Resonator erfüllt ist. Mit Hilfe des g_2-Parameters und der Resonatorlänge läßt sich für diesen plan-konkaven Resonator, einem sogenannten halbsymmetrischen Resonator, der Taillenradius berechnen [124]:

$$w_0 = \sqrt{\frac{L \times \lambda}{\pi} \times \sqrt{\frac{g_2}{1-g_2}}} \quad , \tag{28}$$

wobei λ die Wellenlänge der Nd:YAG-Laserstrahlung ist. Die Taille liegt in diesem speziellen Fall auf dem Auskoppelspiegel. Durch Einsetzen der entsprechenden Werte in Gleichung (28) ergibt sich ein Taillenradius von w_0=0.92 mm.

Eine weitere Aussage über die Struktur des Strahlprofils gibt die Resonator Fresnel-Zahl an. Eine Fresnel-Zahl > 1 führt bei einem stabilen Resonator zu einer hohen Modenanordnung, während eine Fresnelzahl < 1 zu einem gauß'schen Strahl im Grundmode wegen sehr hoher Beugungsverlusten der höheren Modenordnungen führt [4]. Die Resonator Fresnel-Zahl N_F ist wie folgt definiert [124]

$$N_F = \frac{a^2}{L \times \lambda} \quad , \tag{29}$$

worin a den Radius des engsten Querschnitt im Resonator darstellt. Im vorliegenden Lasersystem ist dies der Radius von 1.5 mm der Modenblende B1. Durch Einsetzen der weiteren Werte ergibt sich eine Fresnelzahl von 0.826, die deutlich kleiner als 1 ist.

Im Rahmen dieser Arbeit sind Strahldiagnosemessungen mit einem Strahlprofilmeßgerät durchgeführt worden, um die Strahlqualität des Lasers zu ermitteln. Da es sich bei dem verwendeten Laser um ein gepulstes Lasersystem handelt, können derzeit nur Strahlprofilmeßgeräte basierend auf einer CCD-Kamera verwendet werden. Das eingesetzte Profilmeßgerät besteht aus einer CCD-Kamera (COHU 6710) und einer optischen Box der Firma COHERENT, die zwei fokussierende Optiken mit den Brennweiten 500 und 2000 mm zur Abbildung von Nah- und Fernfeld beinhaltet. Bei der Abbildung des Nahfeldes wird der Laserstrahl zusätzlich um den Faktor 2.6 verkleinert, um eine vollständige Abbildung des Laserstrahls auf den CCD-Kamerachip zu ermöglichen. Außerdem ist in der Box ein variabler Strahlabschwächer enthalten, um den dynamischen Bereich auf dem Kamerachip steuern zu können. Die aufgenommenen Daten werden von der CCD-Kamera an einen PC weitergeleitet und ausgewertet. Auf diese Weise lassen sich für verschiedene Laserparameter die Intensitätsverteilungen im Strahlquerschnitt zwei- oder dreidimensional darstellen und die wichtigen Strahlparameter Divergenzwinkel θ im Fernfeld und den Strahldurchmesser d_N im Nahfeld messen. Zusätzlich können noch weitere Parameter, wie Puls-zu-Puls-Schwankungen, Rundheit des Strahles, Gauß'scher Fit, etc., ermittelt werden.

Eine Aufnahme der radialen Intensitätsverteilung im Querschnitt für das Fern- und Nahfeld des Slablasers ist in Bild 13 dargestellt. Ein Vergleich zwischen dem gemessenen Profil (hellgraue Linie) und dem gauß'schen TEM_{00} Profil (schwarze Linie) zeigt, wie weitgehend die Strahlqualität dieses Lasers dem Grundmode entspricht.

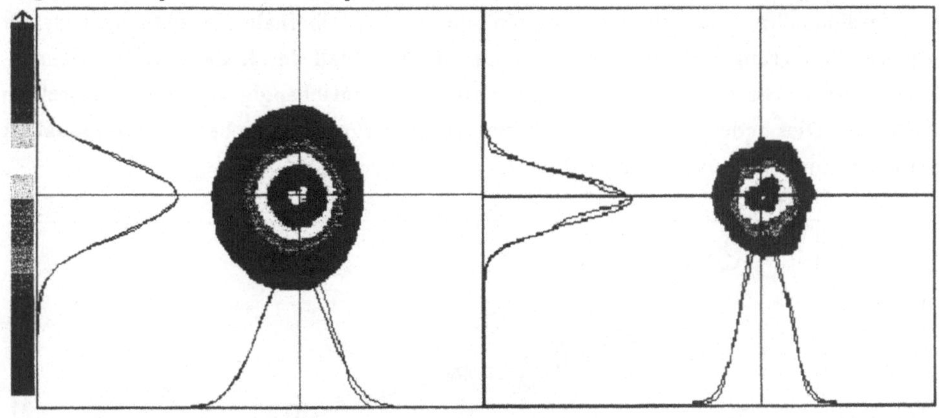

Bild 13: Fernfeld Nahfeld

für die Laserparameter: f_P=50 Hz, τ_H=0.2 ms, Q=0.13 J.

Die Eigenschaft eines Laserstrahls und somit der Laserstrahlquelle werden durch den halben Strahldivergenzwinkel θ_0 und den Strahltaillenradius w_0 gekennzeichnet, da das Strahlparameterprodukt von

$$\Theta_0 \times w_0 = \Theta_f \times w_f \tag{30}$$

während der Ausbreitung der Laserstrahlung durch passive Optiken konstant bleibt. Das kleinste, theoretische Strahlparameterprodukt des gauß'schen Grundmodes wird allein durch die Wellenlänge der Laserstrahlung bestimmt und beträgt für Nd:YAG-Strahlung

$$\frac{\lambda}{\pi} = 0.338 \text{ mm} \times \text{mrad} \quad . \tag{31}$$

Eine wichtige Größe zur Charakterisierung der Laserstrahlquelle ist die normierte Strahlqualitätskennzahl K (K-Zahl). Sie ist nach DIN V 18730 [125] definiert als das Verhältnis von kleinstem theoretischen Parameterprodukt und Parameterprodukt des realen gemessenen Laserstrahls.

$$K = \frac{\lambda}{\pi \times \theta_0 \times w_0} \quad . \tag{32}$$

Für den Grundmode ist die K-Zahl somit gleich 1, und je höher die Modenordnung, desto kleiner ist die K-Zahl. Ein Laserstrahl höherer Modenordnung mit seinem größeren Strahlparameterprodukt läßt sich auf Grund der Konstanz des Parameterprodukts nach Gleichung (30) schlechter fokussieren.

Die Änderung der K-Zahl mit steigender Pulsenergie bei gleicher mittlerer Leistung P_{av}=5 W durch Anpassung der Pulsfolgefrequenz zeigt Bild 14. Die Meßpunkte stellen dabei Mittelwerte aus 30 einzelnen Messungen dar. Für Pulsenergien bis 0.13 J wird eine Strahlqualität sehr nahe dem Grundmode erreicht. Oberhalb dieser Energie ist mit weiterer Steigerung der Pulsenergie ein deutlicher Abfall der K-Zahl zu verzeichnen. Diese Verschlechterung der Strahlqualität ist nahezu unabhängig von der eingestellten Pulsdauer. Dies bedeutet, daß für die gleiche Pulsleistung P_H eine bessere Strahlqualität mit einer kürzeren Pulsdauer erzielt wird.

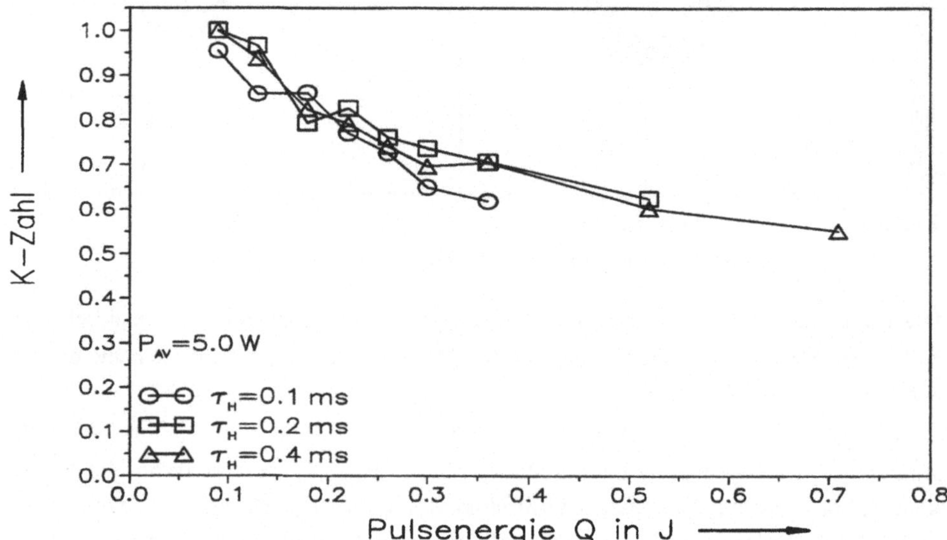

Bild 14: Strahlqualitätskennzahl als Funktion der Pulsenergie für eine konstante mittlere Laserleistung von 5.0 W.

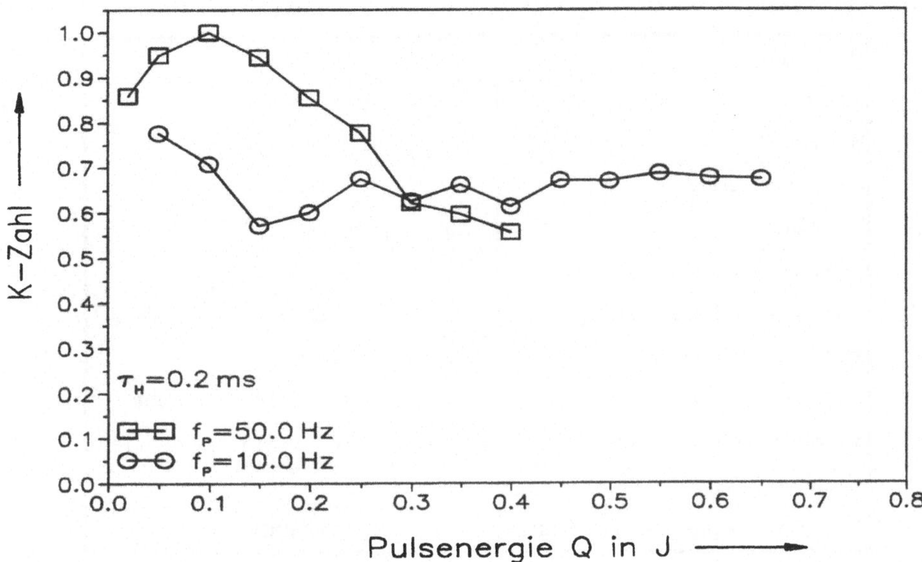

Bild 15: Strahlqualitätskennzahl als Funktion der Pulsenergie für zwei Pulsfolgefrequenzen.

Der Zusammenhang von Pulsenergie bzw. mittlerer Laserleistung und Strahlqualitätskennzahl ist für die konstanten Pulsfolgefrequenzen 10 und 50 Hz in Bild 15 dargestellt. Als Folge einer konstanten Pulsfolgefrequenzen wird mit Steigerung der Pulsenergie analog eine Zunahme der mittleren Laserleistung erzielt. Für die Pulsfolgefrequenz von 50 Hz wird bis zu einer Pulsenergie von 0.2 J bzw. einer mittleren Laserleistung von 10 W eine K-Zahl im Bereich von 0.85 bis 1 erreicht. Mit weiterer Steigerung der Pulsenergie nimmt die Strahlqualität annähernd linear ab. Obwohl die mittlere Laserleistung bei der Pulsfolgefrequenz von 10 Hz wesentlich geringer als bei 50 Hz ist, ist die Strahlqualität bis zu einer Pulsenergie von 0.3 J, respektive 3 W bei 10 Hz bzw. 15 W bei 50 Hz, deutlich schlechter. Mit weiterer Steigerung der Pulsenergie bleibt die Strahlqualität für 10 Hz konstant, während die Strahlqualität mit 50 Hz weiter abnimmt. Diese Abnahme kann durch das Erreichen der maximalen mittleren Laserleistung von 20 W erklärt werden, da hier durch die Erwärmung eine leichte Deformation der Slabenden auftritt [6].

Die wichtigsten technischen Daten und Merkmale der verwendeten Laseranlage sind in Tabelle 2 nochmals zusammengefaßt.

Wellenlänge	λ	1064	nm
Resonator		plan/konkav	
Betriebsart		gepulst (pm)	
max. Pulsenergie	Q	1.5	J
Pulsdauer	τ_H	0.1 – 0.5	ms
Pulsfolgefrequenz	f_p	0 – 400	Hz
max. mittlere Laserleistung	P_{av}	25	W
max. Pulsleistung	P_H	5500	W
Strahldurchmesser $1/e^2$	w_0	1.84 – 2.68	mm
Strahlparameterprodukt		0.338 – 0.615	mm×mrad
Strahlqualitätskennzahl	K	0.551 – 1.0	
Polarisation (ohne/**mit** λ/4-Platte)		linear/**zirkular**	

Tabelle 2: Technische Kenndaten der eingesetzten Laseranlage.

3.3 Strahlformung

3.3.1 Fokussierung

Bei den Bohrversuchen wird zur Fokussierung der Laserstrahlung eine Linse von f_L=100 mm Brennweite eingesetzt. Die Linse bewirkt eine Transformation der Strahleigenschaften mit einem neuen Strahldurchmesser d_F entsprechend der Gesetzmäßigkeit aus Gleichung (30). Der neue Strahldurchmesser im Fokus der Linse kann mittels der K-Zahl, der Brennweite der Linse und dem Strahldurchmesser auf der Linse definiert werden

$$d_F = \frac{4 \times \lambda}{\pi \times K} \times \frac{f_L}{D} \quad , \qquad \mathbf{(33)}$$

wobei der Quotient aus Brennweite f_L und Strahldurchmesser D als Fokussierzahl F (F-Zahl) bezeichnet wird [4]. Die Größe des Strahldurchmessers auf der Linse ist abhängig von der Entfernung z der Linse von der Strahltaille w_0, respektive in diesem Fall vom Abstand zum Auskoppelspiegel des Resonators und einer eventuellen Strahlaufweitung durch ein Teleskop. Der Strahldurchmesser D ist wie folgt definiert:

$$D(z) = 2 \times w_0 \times \sqrt{1 + \left(\frac{z \times \lambda}{\pi \times w_0^2 \times K}\right)^2} \quad . \qquad \mathbf{(34)}$$

Mit der Bestimmung des Strahldurchmessers kann die Rayleighlänge, die Entfernung von der Taille, wo sich der Strahldurchmesser um den Faktor $\sqrt{2}$ aufgeweitet hat, zu

$$z_{RF} = \frac{4 \times \lambda}{\pi \times K} \times F^2 \quad (35)$$

bestimmt werden.

Teleskop	ohne	mit	mit	mit	Einheit
Aufweitungsfaktor	1	2	3	4	
F-Zahl	54.3	27.2	18.1	13.5	
Fokusdurchmesser d_F	70.44	35.22	23.48	17.61	µm
Rayleighlänge z_{RF}	3.662	0.916	0.407	0.229	mm

Tabelle 3: Rechnerische Strahleigenschaften des Slablasers für Anwendungen mit und ohne Teleskop bei einer Brennweite von 100 mm.

Der Strahltaillenradius auf dem Auskoppelspiegel wird sowohl nach Gleichung (28) berechnet, als auch bei der Strahldiagnose gemessen. Der Abstand der Fokussierlinse zum Auskoppelspiegel beträgt 760 mm. Für den berechneten Laserstrahl wird ein gauß'scher Grundmode angenommen, so daß K gleich 1 ist. Mit diesen Angaben kann nun die F-Zahl, der Fokusdurchmesser d_F und die Rayleighlänge z_{RF} auch für die Aufweitungsfaktoren durch entsprechende Teleskope berechnet werden, die in Tabelle 3 zusammengefaßt sind.

Bild 16 zeigt einen Vergleich zwischen dem rechnerisch ermittelten Fokusdurchmesser (Tabelle 3) und dem Fokusdurchmesser, der mittels gemessener Daten des Taillendurchmessers und der K-Zahl bestimmt wird. Es wird deutlich, daß eine Steigerung der Pulsenergie eine lineare Vergrößerung des Fokusdurchmessers für alle dargestellten Pulszeiten bewirkt. Die Ursache für dieses Verhalten liegt in der Verschlechterung der Strahlqualität (s. Bild 14) und der gleichzeitigen Vergrößerung der Strahltaille am Auskoppelspiegel mit Zunahme der Pulsenergie. Bis zu einer Pulsenergie von 0.22 J beträgt die Abweichung vom theoretischen Fokusdurchmesser ±10 %. Mit weiterer Steigerung der Pulsenergie erfolgt eine erhebliche Vergrößerung des ermittelten Fokusdurchmessers gegenüber dem theoretischen Durchmesser von bis zu 50 %.

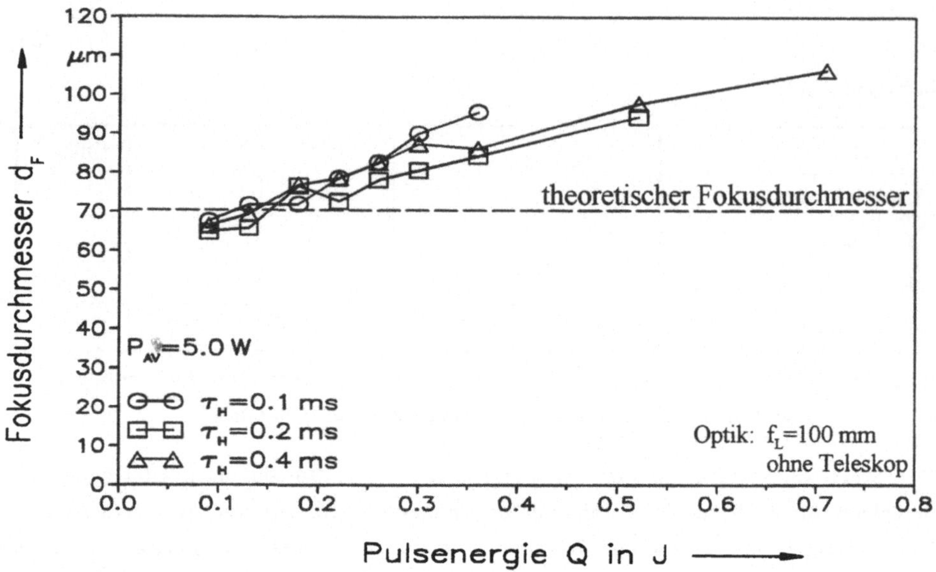

Bild 16: Einfluß der Pulsenergie auf den Fokusdurchmesser.

Zur Fokussierung der Laserstrahlung wird für die Versuche, wie schon erwähnt, ein Objektiv der Brennweite 100 mm, bestehend aus zwei beschichteten Glaslinsen, mit einem Nutzdurchmesser von 28 mm und einem Reflexionsgrad kleiner 0.3 % verwendet. Das Objektiv kann mittels des Fokussiertriebs in der Höhe mit einer Auflösung von 10 µm und einem Gesamtverstellbereich von 10 mm bewegt werden. Ein Schutzglas schützt das Objektiv vor aufspritzendem Material und ist während der Dauer der Versuche mehrfach ausgetauscht worden. Da der Umlenkspiegel für sichtbares Licht durchlässig ist, kann der Bearbeitungsprozeß während des Ablaufs von oben beobachtet werden.

3.3.2 Polarisation und Modulation der Laserstrahlung

An die Schnittstellenplatte des Slablasers können weitere Elemente, wie z. B. ein Bearbeitungskopf oder eine elektro-optische Modulationseinheit, positionsgenau angeschlossen werden. Der verwendete Bearbeitungskopf (BAK2 LASAG) besteht aus einem Umlenkspiegel, einer λ/4-Platte, einer Fokussierlinse, einem Fokussiertrieb mit Anzeige zur Verstellung der Linse in der Höhe, einem Schutzglas und einer Beobachtungsoptik mit Beleuchtung. Mit dem Umlenkspiegel wird der Laserstrahl von der Horizontalen in die Vertikale umgelenkt. Das Laserlicht des Slablasers, das durch die Öffnung der Schnittstelle austritt, ist durch die Neigung der Slabenden im Brewsterwinkel generell linear polarisiert. Um zirkular polarisiertes Laserlicht zu erhalten, wird eine λ/4-Platte verwendet, die aus einem Kristall oder beschichtetem Glas besteht und in der optischen Längsrichtung unterschiedliche Brechungsindizes n_x und n_y besitzt. Beträgt die Phasenverschiebung infolge der unterschiedlichen Brechungsindizes exakt $\pm\pi/2$, bewirkt dies eine Rotation des oszillierenden Feldvektors des Lichtes um $\lambda/4$.

Die Modulationseinheit besteht aus einem elektro-optischen Strahlschalter (Pockelszelle) und einem $\lambda/2$ Polarisator. Durch diese Einheit können die Laserpulse in ihrer zeitlichen Länge beschnitten oder mit einer Modulationsfrequenz moduliert werden.

Das Prinzip des linearen elektro-optischen Effekts beruht auf der Tatsache, daß die Phasenverzögerung von Licht beim Durchgang eines KD*P-Kristalls direkt proportional der angelegten Spannung an den Kristall ist. Durch das Anlegen einer Spannung werden die Brechungsindizes in orthogonalen Richtungen verändert, während in Längsrichtung des Laserstrahls der Brechungsindex unverändert bleibt. Hieraus folgt eine Phasenverschiebung des oszillierenden Vektors des Lichts wie bei einer $\lambda/2$-Platte. Letztlich kann also eine Pockelszelle als ein dynamischer Polarisator betrachtet werden, da bei entsprechender Spannung die gleichen Phasenverschiebungen von $\lambda/2$ erzeugt werden können [126], [127]. Trifft nun das linear polarisierte Laserlicht des Slablasers auf die Pockelszelle, kann so die Polarisationsebene um 90° gedreht werden. Der anschließende $\lambda/2$ Polarisator läßt das Licht in nur einer Polarisationsebene hindurch. Auf diese Weise kann ein einzelner Laserpuls in seiner Länge und Intensität verändert werden. Die Anstiegs- und Abfallzeit der Spannung am Kristall beträgt 10 ns.

Die Modulationseinheit wird nur für die Bohrversuche mit adaptiven Pulszeiten zwischen dem Laser und dem Bearbeitungskopf eingebaut, um mögliche optische Störungen bei den anderen Versuchen so gering wie möglich zu halten. Außerdem kann der Laser unter Verwendung der Modulationseinheit nur mit maximal 10 Hz betrieben werden, da die verwendete elektrische Versorgung der Pockelszelle nicht für höhere Pulsfolgefrequenzen ausgelegt ist.

3.4 Gasdüse und Prozeßgas

Für alle Bohr- und Schneidversuche werden konische Düsen mit kreissymmetrischen Querschnitt und einem Öffnungsdurchmesser von 0.5 und 1.0 mm (Firma LASAG) verwendet, wobei die Düse konzentrisch zum Laserstrahl angeordnet und am Bearbeitungskopf befestigt wird. An diesen Gasdüsen werden Druckmessungen und Untersuchungen des Strömungsfeldes durchgeführt.

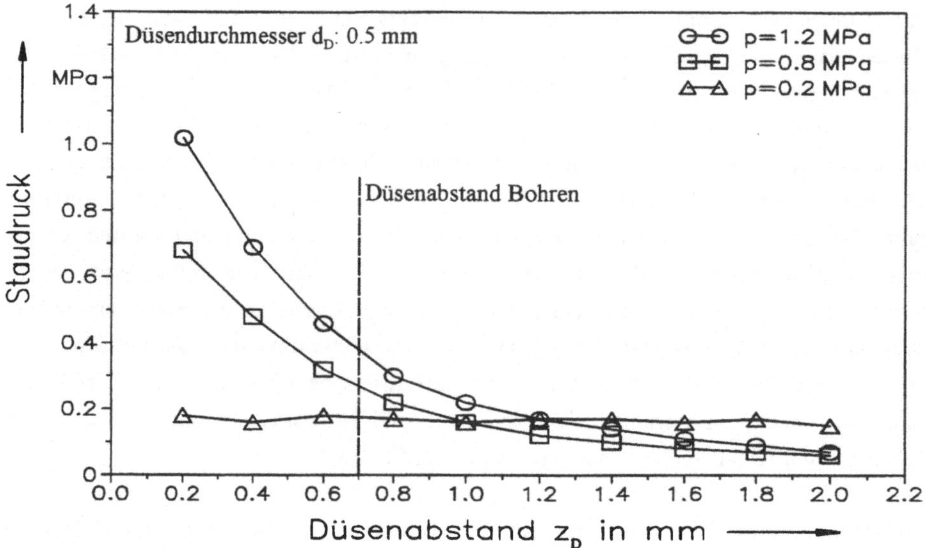

Bild 17: Staudruck (Überdruck gegenüber Atmosphäre) in Abhängigkeit des Düsenabstandes zur Werkstückoberfläche und des Ruhedrucks p.

Bei den Druckmessungen handelt es sich um Staudruckmessungen auf den Düsenachsen. Bild 17 und Bild 18 lassen den Zusammenhang zwischen dem Gasdruck und dem Düsenabstand z_D zur Werkstückoberfläche erkennen. Bei einem Ruhedruck von 0.2 MPa bleibt der Staudruck für beide Düsendurchmesser mit Vergrößerung des Düsenabstandes annähernd konstant. Mit Steigerung des Ruhedrucks ergibt sich für den gleichen Düsenabstand eine Steigerung des Staudrucks. Allerdings existiert bei den höheren Ruhedrücken gegenüber dem Ruhedruck von 0.2 MPa ein starke Verminderung des Staudrucks mit Vergrößerung des Düsenabstandes. Diese Abnahme des Staudrucks ist bei dem Düsendurchmesser von 0.5 mm wesentlich ausgeprägter.

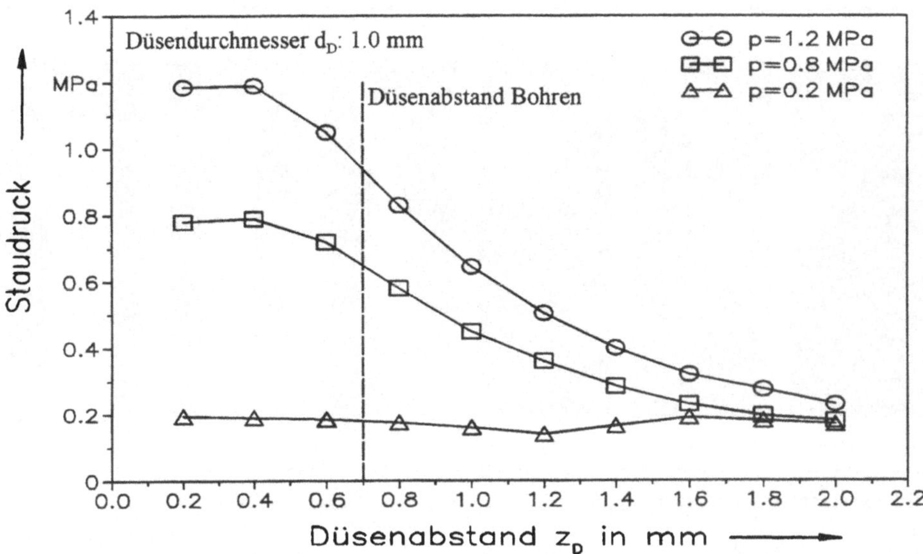

Bild 18: Staudruck (Überdruck gegenüber Atmosphäre) in Abhängigkeit des Düsenabstandes zur Werkstückoberfläche und des Ruhedrucks p.

Der Düsenabstand für alle Bohrversuche, sofern nicht anders angegeben, beträgt 0.7 mm. Dies ist ein Kompromiß aus den gemessenen Druckverlusten und der Verschmutzungswahrscheinlichkeit des Schutzglases. Denn beim Einzelpulsbohren wird das flüssige Material solange nach oben, d. h. in Richtung der Optik und entgegen dem Gasstrahl, aus der Bohrung geworfen, bis der Laserstrahl die Unterseite des Materials erreicht hat und nun das Material nach unten ausgetrieben werden kann.

Zur Analyse des Strömungsfeldes der Gasstrahlen wird die Schlierenmethode eingesetzt. Mit dieser Methode ist es möglich, die Struktur der Gasströmung in Abhängigkeit vom Druck darzustellen. In Bild 19 ist der Vergleich der freien Gasstrahlen für beide Düsen und die entsprechenden Gasdrücken wiedergegeben. Für 0.2 MPa ist bei beiden Düsen die periodische Struktur des Strömungsprofils im Gasstrahl deutlich zu sehen. Diese Struktur stellt Dichteänderungen dar, die durch Expansions- und Kompressionswellen entstehen. Die Ursache dieser Wellen liegt in der "schlagartigen" Expansion des Gases nach der Düse, wobei der Anpassungsvorgang an den Umgebungsdruck nicht stetig verläuft. Bei höheren Drücken bzw. Expansionsverhältnissen entsteht in der Strahlmitte ein senkrechter Verdichtungsstoß, eine sogenannte Machsche Scheibe, der sich mit steigendem Gasdruck immer stärker aufweitet. Als Folge der Aufweitung nimmt der Massendurchsatz pro Flächeneinheit ab [128], [129], [130].

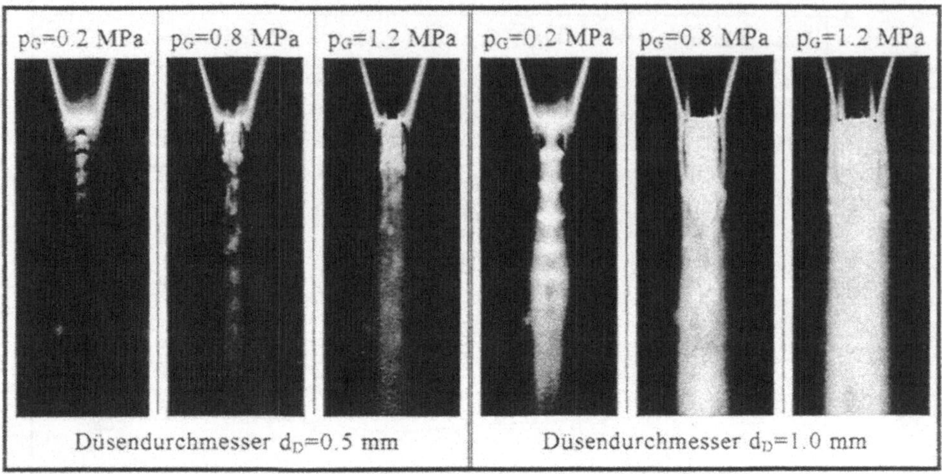

Bild 19: Gasstrahlen der konischen Düsen bei 0.2, 0.8 und 1.2 MPa.

Die Zuleitung der Gase zum Bearbeitungskopf erfolgt über Kupferrohre und Kunststoffschläuche, wobei diese so kurz wie möglich sind, damit nur eine geringe Druckminderung auftritt. Als Prozeßgas wird Stickstoff in technischer Reinheit, d. h. 99.9 %, eingesetzt, um eine exotherme Reaktion während des Bohrvorgangs zu verhindern. Der Bereich des Überdrucks gegenüber dem Umgebungsdrucks kann mittels Druckminderventilen variiert werden.

3.5 Versuchswerkstoff

Für die Bohrversuche wurde der rost- und säurebeständige Stahl mit der Stoffnummer 1.4435 verwendet. Die Werkstoffzusammensetzung und die physikalischen Kennwerte sind in Tabelle 4 aufgeführt. Eingesetzt wird dieser Stahl im Apparate- und Gerätebau der Textil-, Zellstoff- und Kunstseidenindustrie, da er verschleißfest, schweißbar und gut tiefziehbar ist. Der Stahl ist gekennzeichnet durch einen sehr hohen Gehalt an Chrom und Nickel. Problematisch sind die Oxide Cr_2O_3 und NiO der beiden Legierungselemente, da sie eine sehr hohe Schmelztemperatur und Viskosität aufweisen. Dadurch treten vor allem beim Bohren von Mikrolöchern Probleme mit dem Schmelzaustrieb auf, da die zähflüssige Schmelze zum Teil in der Bohrung verbleibt bzw. an der Austrittskante der Bohrung einen Schmelztropfen bildet. Für die Bohrversuche ist der Werkstoff mit folgenden Materialdicken s verwendet worden: 0.08, 0.15, 0.20, 0.35, 0.50, 0.70, 0.85, 1.00, 1.20, 1.50 mm.

Werkstoff / Werkstoffnr. nach DIN	X2 CrNiMo 18-14-3 / 1.4435
Chemische Zusammensetzung	C≤0.030, Si=1.00, Mn=2.00, P=0.045, S=0.025, Cr=17.0-18.5, Mo=2.5-3.0, Ni=12.5-15.0%
Spezifische Dichte ρ (20°C)	7.98 g/cm^3
Spezifische Wärmekapazität c (20°C)	0.5 J/g×K
Wärmeleitfähigkeit k (20°C)	0.15 W/cm×K
Temperaturleitfähigkeit κ (20°C)	0.0376 cm^2/s
Schmelztemperatur T_M	1445 K (Liquiduslinie)
Verdampfungstemperatur T_V	2945 K
Spezifische Schmelzwärme L_M	281 J/g
Spezifische Verdampfungswärme L_V	6246 J/g

Tabelle 4: Werkstoffkenndaten des Versuchswerkstoffs.

3.6 Verfahren zur Ermittlung der Bohrlochgeometrie

Die Beurteilung des Bearbeitungsergebnisses beim Bohren erfolgt nach folgenden geometrischen und optischen Qualitätskriterien:

- Lochdurchmesser: - Eintritt d_E
  - Austritt d_A
- Konizität t': $t' = \frac{d_E - d_A}{2 \times s}$ **(36)**
- Rundheit
- Optische Kriterien: - Lochform
  - Gratbildung

Für jede Parameterkombination sind mindestens 4 Versuchsproben erstellt worden. Der Eintrittsdurchmesser d_E und der Austrittsdurchmesser d_A einer Bohrung werden jeweils an der Oberfläche gemessen. Die Beurteilung der Lochform erfolgt durch metallographische Präzisionsschliffe, die bei der Eidgenössischen Materialprüfungs- und Forschungsanstalt (EMPA) hergestellt wurden. Zur Ausmessung des Bohrungsdurchmessers wird ein Großfeld-Metallmikroskop von LEICA mit Auf- und Durchlichtquelle verwendet. Die Vergrößerung für die Ausmessung beträgt 200 und 500. Zur Ausmessung werden die Proben auf einen Wegmeßtisch mit zwei digitalen Spindeln gespannt. Die Meßgenauigkeit dieser Spindeln beträgt ±1 μm.

4 Diagnoseverfahren beim Einzelpulsbohren

Um den Bohrprozeß beim Einzelpulsbohren untersuchen zu können, wurde ein spezielles Diagnosesystem entwickelt. Dieses erlaubt die Zeit zu ermitteln, die der Laserpuls zum Durchdringen der Materialdicke benötigt. Zusätzlich ist es möglich, die weitere Ausbildung der Bohrung nach diesem Zeitpunkt zu beobachten. Der Aufbau für diese Diagnosemethode und die Analyse der charakteristischen Signale ist Gegenstand der nächsten zwei Kapitel.

4.1 Versuchsaufbau zur Analyse der Bohrlochbildung

In Bild 20 ist der schematische Meßaufbau zur Beobachtung des Bohrprozesses beim Einzelpulsbohren dargestellt. Nach den Einheiten zur Strahlformung und Modulation befindet sich ein Strahlteiler im Strahlengang, der einen HeNe-Laserstrahl einkoppelt und gleichzeitig für Nd:YAG-Licht 99.998 % transmissiv ist. Beide Laserstrahlen werden über das Objektiv aufeinander liegend auf das Werkstück fokussiert, wobei der HeNe-Spot immer etwa viermal größer ist als der Nd:YAG-Spot.

Sobald der Nd:YAG-Laserpuls die gegenüberliegende Materialseite erreicht hat, tritt sowohl das Nd:YAG- als auch das HeNe-Licht durch die entstehende Durchgangsbohrung aus. Das HeNe-Licht, das nun während des weiteren Bohrprozesses durch die Bohrung hindurch gelangt, wird mittels eines zweiten Strahlteilers und eines Objektivs mit der Brennweite 50 mm auf die zweite Photodiode fokussiert. Um auch eventuelle Randstrahlung des HeNe-Lichtes, die durch Reflexionen an den Bohrungswänden und durch Streuung im Plasma entstehen können, zu berücksichtigen, befindet sich die Photodiode im Brennpunkt des Objektives. Beide Strahlteiler sind für das Nd:YAG-Licht transmissiv, während die Wellenlänge des HeNe-Lichtes reflektiert wird. Da die Photodiode 2 auch empfindlich auf Plasma- und Nd:YAG-Licht reagiert, wird zusätzlich ein Filter verwendet, damit dieses Licht nicht auf die Photodiode gelangen kann. Die Größe der empfindliche Fläche der Diode ist 7.34 mm^2, die Anstiegs- und Abfallzeit beträgt 350 ns. Das Maximum der spektralen Empfindlichkeit liegt bei 750 nm. Das Glasplättchen vor dem zweiten Strahlteiler dient zu dessen Schutz vor Material, das nach unten ausgetrieben wird. Es wird nach jedem Bohrversuch weitergeschoben und ist so montiert, daß es keinen Einfluß auf die HeNe-Signale besitzt. Mit dem Oszilloskop LeCroy 9400 werden die Nd:YAG-Signale von Photodiode 1 und die HeNe-Signale von Photodiode 2 im zeitlichen Verlauf aufgezeichnet und gespeichert. Das Oszilloskop wird bei einem ausgelösten Einzelpuls mit der Öffnung des Strahlschalters getriggert.

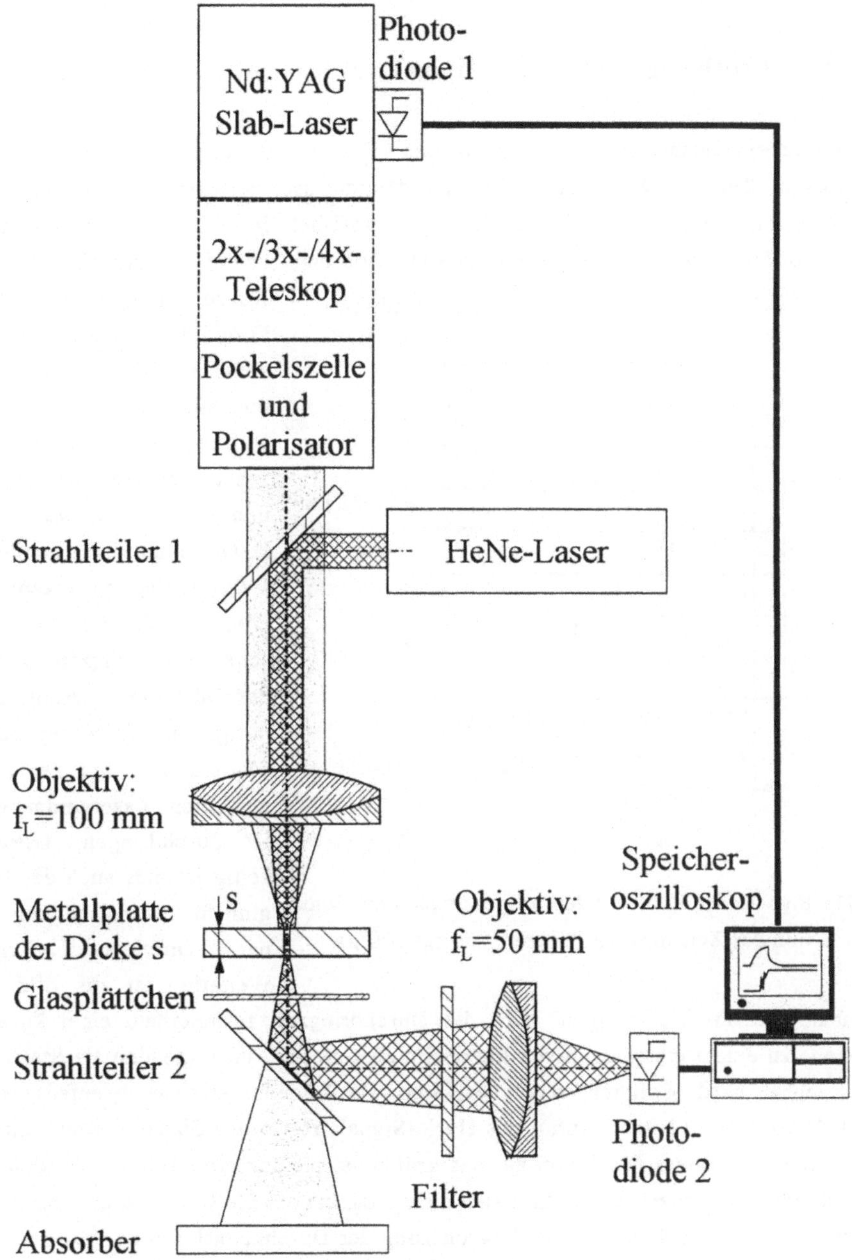

Bild 20: Schematische Darstellung des Versuchsaufbaus zur Analyse des Bohrprozesses.

4.2 Beschreibung und Klassifizierung der Bohrlochbildung

Bild 21 zeigt ein Beispiel für eine aufgenommene Signalkombination mit einer Zeitskala von 50 µs pro Teilung. Die obere Kurve stellt den im Laser gemessenen zeitlichen Verlauf der Leistung des Nd:YAG-Pulses dar. Das Signal des HeNe-Laserlichtes, das während des Bohrvorgangs durch die entstehende Bohrung scheint, ist mit der unteren Kurve dargestellt. Die Größe des HeNe-Signals ist somit ein Maß für die momentane Öffnungsfläche der Bohrung. Deutlich ist zwischen dem Nd:YAG-Signal und dem Anstieg des HeNe-Signals eine zeitliche Verzögerung zu erkennen. Dies ist die charakteristische Durchdringzeit t_P, die der Nd:YAG-Laserpuls benötigt, um die vorgegebene Materialdicke mit den eingestellten Laserparametern zu durchdringen. Gleichzeitig ist dies auch der Beginn für die Ausbildung einer Durchgangsbohrung. Weiterhin ist aus Bild 21 erkennbar, daß das HeNe-Signal nach der Durchdringzeit t_P innerhalb einer kurzen Zeitspanne zu einem ersten relativen Maximum ansteigt, die im folgenden als Startzeit t_{S1} bezeichnet wird. Folglich vergrößert sich der Lochdurchmesser ebenfalls sehr schnell. Nach einem kleinem Abfall des HeNe-Signals steigt das Signal wieder schnell auf ein zweites relatives Maximum an, das größer ist als das erste relative Maximum. Dieser stufenweise Prozeß wiederholt sich mehrmals, bis das HeNe-Signal ein absolutes Maximum erreicht hat. Die weitere Vergrößerung der Durchgangsbohrung erfolgt demnach nicht kontinuierlich sondern ebenfalls stufenweise, wobei während dieses Vorgangs der Lochdurchmesser sich auch immer wieder geringfügig verkleinert.

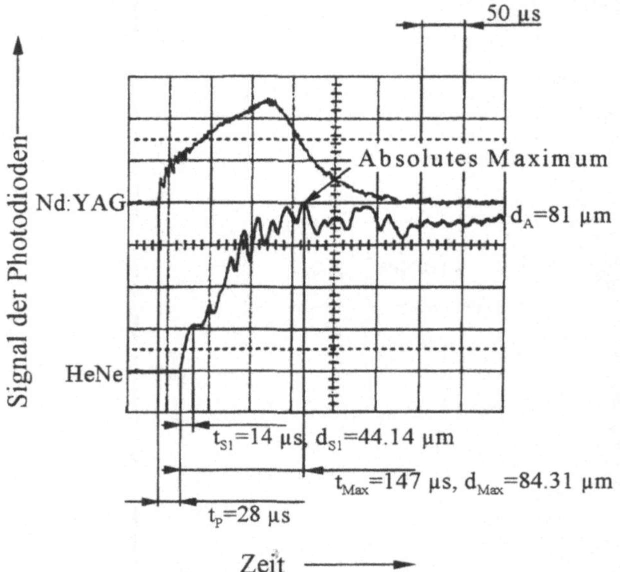

Bild 21: Signale der Photodioden aufgenommen als Funktion der Zeit für eine Pulszeit von τ_H=200 µs.

Die Frequenz dieses periodischen Vorgangs lag bei allen Bohruntersuchungen im Bereich von 40 bis 60 kHz. Eine "Systematik" der Schwingungen bezüglich der eingestellten Laser- und Prozeßparameter konnte nicht festgestellt werden. Die wahrscheinlichste Ursache für diese Erscheinung ist das Verhalten der Schmelze, die an den Bohrungswänden aufgeschmolzen und nach unten in Form eines Ringes aus der Bohrung gedrückt wird. Dieser Ring wird durch die Ansammlung von immer mehr Schmelze größer, bis er die Austrittsseite der Bohrung erreicht hat. Danach wird der Schmelzring nach außen gedrückt und kann sich in Form von Tropfen vom Material lösen. Dadurch wird der Weg für das HeNe-Licht wieder frei gegeben. Dies erklärt auch den schnellen Anstieg des HeNe-Signals nach jeder Verringerung. Solange der Laserstrahl aber immer noch den Bohrprozeß aufrecht erhält, wird immer wieder neues Material an den Bohrungswänden aufgeschmolzen und nach unten ausgetrieben. Nach jedem Bohrvorgang wurden auf dem Glasplättchen entsprechende Metallspritzer gefunden. Dadurch läßt sich auch das periodische Auftreten der relativen Maxima erklären. Ferner muß auch die Möglichkeit in Betracht gezogen werden, daß die Schwingungen auch von winzigen Schmelzteilchen hervorgerufen werden können, die durch den Bohrungskanal fliegen und ihn nach unten verlassen.

Nach Erreichen des absoluten Maximums nimmt das HeNe-Signal in Bild 21 unter kleineren und unregelmäßigen Schwingungen geringfügig ab. Auffällig ist dabei die Höhe der Amplitude, die nach dem Ende des Laserpulses stark abnimmt, aber nicht völlig verschwindet. Erst nach längerer Zeit sind auch diese Schwingungen nicht mehr zu verzeichnen. Für die Schwingungen nach dem Erreichen des absoluten Maximums ist der Schmelztropfen verantwortlich, der sich zum Schluß des Bohrprozesses an der Unterseite des Materials zusätzlich zum Schmelzring bildet (s. Bild 23). Dieser Tropfen ragt in die Austrittsöffnung hinein und schwingt unter Einwirkung des Gasstroms bis zu seiner vollständigen Erstarrung. Am Ende eines jeden Bohrprozesses liegt ein konstantes HeNe-Signal vor.

Bei allen Bohrungen ist der Austrittsdurchmesser grundsätzlich kleiner als der Eintrittsdurchmesser. Über den kleinsten und größten gemessenen Bohrungsdurchmesser d_A an der Austrittsseite wird das arithmetische Mittel gebildet. Mit Hilfe dieses Durchmessers wird die entsprechende Bohrungsfläche berechnet, durch die das HeNe-Licht für das konstante HeNe-Signal hindurchscheint. Wird nun diese Bohrungsfläche zu dem konstanten HeNe-Signal am Ende des Bohrvorgangs ins Verhältnis gesetzt, kann über diese Kalibrierung zu einem beliebigen Zeitpunkt des Bohrprozesses nach der Durchdringzeit t_P mit der analogen Größe des HeNe-Signals die dazugehörige Bohrungsfläche ermittelt werden. In Bild 21 sind für die charakteristischen Punkte die berechneten, fiktiven

Bohrungsdurchmesser d_{Max} und d_{S1} angegeben, wobei der Startdurchmesser d_{S1} noch ausführlich in Kapitel 6.1 behandelt wird.

In Bild 22 sind verschiedene Signalverläufe über einen Zeitraum von 2 ms dargestellt. An Hand dieser Betrachtungsweise ist es möglich, die Signale in sieben typische Hauptgruppen einzuteilen und sie nach ihrem charakteristischen Aussehen zu kennzeichnen. Mittels der Signaleinteilung kann eine Aussage über die Qualität und das Aussehen der Bohrung gemacht werden, die in Kapitel 4.3 näher diskutiert wird. Ferner werden in Kapitel 4.4 die Prozeßparameter erläutert, die das Auftreten der einzelnen HeNe-Signale maßgeblich beeinflussen. Im folgenden wird die Lochentstehung an Hand dem charakteristischen Verhalten der jeweiligen Signale diskutiert.

1.) Die *Schwingungs-Linie* wird charakterisiert durch eine ausgeprägte Schwingung nach einem sehr steilen und schnellen Anstieg des HeNe-Signals, die bis zu ihrem Abklingen wesentlich länger als die Pulsdauer sein kann. Das absolute Signalmaximum ist in den meisten Fällen wesentlich größer als das Signal am Ende des gesamten Bohrvorgangs. Die Schwingungen entstehen durch den schon erwähnten Schmelztropfen am Bohrungsaustritt. Denn an allen Bohrungen, die während des Bohrvorgangs diesen Kurvenverlauf zeigten, befindet sich am Ende des Bohrvorgangs am Austritt der Bohrung ein erstarrter großer Materialtropfen. Dies erklärt sowohl das kleinere Signal am Ende des Bohrvorgangs, zumal der Tropfen immer einen Teil der Bohrung überdeckt, als auch das längere Nachschwingen; dies ist die Zeit, die der Tropfen bis zur vollständigen Erstarrung benötigt. Prinzipiell tritt dieser Kurvenverlauf immer bei Bohrvorgängen auf, bei der die Durchdringzeit gegenüber der Pulsdauer sehr kurz und die Pulsenergie gleichzeitig groß ist. Dadurch wird den Bohrungswänden viel überschüssige Energie zugeführt, die vor allem bei Materialdicken bis 0.35 mm zur verstärkten Schmelzbildung führen.

2.) Bei der *Geraden-Linie* entsteht ein ähnlich schneller Anstieg des Signals wie bei der *Schwingungs-Linie*. Im Unterschied dazu bildet sich hier keine oder nur eine sehr kleine und kurze Schwingung aus, die anschließend in eine beinahe waagrechte Linie überwechselt. Dies bedeutet, daß nach Erreichen des maximalen Signals sich die Größe des Bohrungsdurchmesser nur noch geringfügig ändert. Gegenüber den Bohrungen von Gruppe 1 befindet sich bei diesen Bohrungen kein Schmelztropfen an der Unterseite des Materials.

3.) Entsprechend ihrem Aussehen wird die dritte Gruppe als *Bogen-Linie* bezeichnet. Im Gegensatz zu den ersten beiden Gruppen steigt das Signal und somit die Vergrößerung des Bohrungsdurchmessers nur langsam an. Bei diesem Bohrprozeß wird der Bohrungsdurchmesser auch noch lange nach dem Ende des Laserpulses verändert. Die verbleibende Restenergie im noch nicht erstarrten Material zusammen mit dem noch andauernde Prozeßgasdruck verursacht diesen Verlauf, wobei hier nur ein Schmelzring aber kein Schmelztropfen an der Austrittsseite der Bohrung existiert. Das maximale Signal ist auch gleichzeitig das Endsignal. Insgesamt entsteht dieser Kurvenverlauf im Gegensatz zu dem der Gruppen 1 oder 2 sehr selten.

4.) Der Kurvenverlauf der *Puls-Bogen-Linie* in Gruppe 4 ist der erste von drei weiteren Kurvenverläufen, die mit einem charakteristischen Signal in der Form

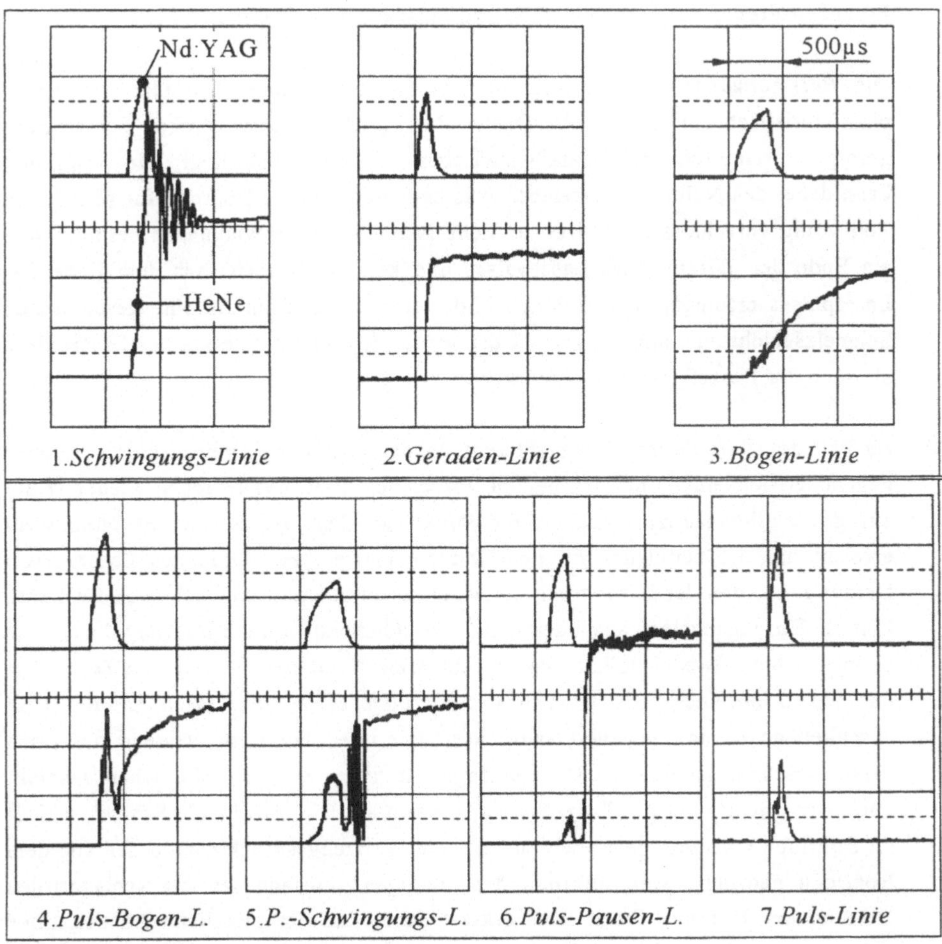

Bild 22: Klassifizierung der verschiedenen HeNe-Signale aufgenommen mit der Photodiode 2 als Funktion der Zeit.

eines Dreieckspulses beginnen. Das Maximum des Dreieckspulses wird während der Wirkung des Nd:YAG Pulses erreicht. Dabei ist der Anstieg des Signals ähnlich steil wie in Gruppe 1 und 2. Nach diesem Maximum fällt das Signal in fast gleicher Geschwindigkeit wieder ab. Dies bedeutet für den Bohrprozeß, daß sich der Bohrungsdurchmesser nach der Durchdringzeit sehr rasch vergrößert und mit weiterer Bearbeitungsdauer auf Grund von aufgeschmolzenem Material ebenso rasch wieder erheblich verkleinert. Nach Erreichen des Minimums steigt das Signal wie in Gruppe 3 in der Form eines Bogens wieder an, obwohl die Einwirkung des Nd:YAG Laserpulses fast gleichzeitig mit dem Minimum beendet ist. Die Hauptursache für diese Erscheinung liegt auch hier in der Einwirkung des Prozeßgasdrucks auf das noch heiße und nicht erstarrte Material.

5.) Die *Puls-Schwingungs-Linie* beginnt wie bei der Gruppe 4 wieder mit einem charakteristischen Dreieckspuls. Dieser Puls wird von einer starken Schwingung gefolgt, deren Frequenz ebenfalls zwischen 40 und 60 kHz liegt. Die Amplitude kann dabei das Nullniveau erreichen was bedeutet, daß die Bohrung für sehr kurze Zeit völlig verschlossen ist. Der zeitliche Bereich der Schwingungen befindet sich am Ende der Wirkung des Laserpulses und kann auch noch nach dem Ende des Laserpulses erfolgen. Offensichtlich bildet sich in der Bohrung eine geschlossene Schmelzschicht aus, auf die sowohl die weiter zugeführte Energie des Laserpulses als auch der Prozeßgasdruck einwirken.

6.) Im Fall der *Puls-Pausen-Linie* entsteht wieder zuerst ein Dreieckspuls, der aber gegenüber demjenigen bei den beiden vorher beschriebenen Gruppen wieder völlig auf das Nullniveau zurückfällt. Der Punkt, an dem das Signal das Nullniveau erreicht hat, ist zeitgleich mit dem letzten Viertel bzw. Ende des Laserpulses. Daraus folgt, daß der Laserstrahl das Material durchdringt und sich auch für kurze Zeit ein Durchgangsloch ausbilden kann. Anschließend wird die Bohrung durch eine Schmelzschicht wieder vollständig verschlossen. Nach einer bestimmten Zeit steigt das Signal plötzlich, wie im Fall der *Geraden-Linie*, sehr rasch an und geht anschließend in eine beinahe waagrechte Linie über. Die Zeit, während das Loch verschlossen ist, kann bis zu 80 µs betragen. In dieser Zeit kühlt die Schmelzschicht unter der Einwirkung des Prozeßgases langsam ab. Die erstarrende Schmelzschicht im Bohrloch wird von dem noch andauernden Prozeßgasdruck nach unten aus dem Bohrloch gedrückt, was aufgrund des "teigigen" Zustands zu der schlagartigen Öffnung der Bohrung führt. Dies erklärt auch, daß der plötzliche Anstieg ohne Schwingungen erst nach Beendigung des Laserpulses auftritt.

7.) An Hand des Signals der *Puls-Linie* folgt, daß es dem Laserpuls möglich ist, zunächst die vorgegebene Materialdicke zu durchdringen. Die Bohrung bleibt aber auf Grund der entstandenen Schmelzschicht auch bis zum Abschalten des Prozeßgasdruckes verschlossen. Eine anschließend schlagartige Öffnung der Bohrung tritt nicht auf.

4.3 Aussehen der Bohrungen

An Hand der HeNe-Signale läßt sich ein charakteristisches Aussehen der Bohrungen am Ein- und Austritt zuordnen. Für jedes Signal ist in Bild 23 und Bild 24 ein beispielhaftes Aussehen der Bohrung – gekennzeichnet jeweils durch die Ein- bzw. Austrittsöffnung – wiedergegeben. Zusätzlich ist in Bild 25 für drei Signale auch ein Längsschliff einer Bohrung dargestellt.

Bei dem Signal der *Schwingungs-Linie* in Bild 23 entsteht nach dem Bohrvorgang am Austritt der Bohrung ein Ring mit einem Tropfen aus wiedererstarrter Schmelze. Dadurch wird die Qualität der Bohrung vermindert. Allerdings läßt sich dieser Tropfen in den meisten Fällen mit einfachen mechanischen Mitteln entfernen. Der konische Einzug am Eintritt ist verhältnismäßig gering, und es befindet sich weder auf der Eintrittsseite noch auf der Austrittsseite Material auf der Metalloberfläche.

Die Bohrungen, bei denen während des Bohrvorgangs das Signal der *Geraden-Linie* oder *Bogen-Linie* aufgenommen wurde, lassen an der Austrittsseite nur einen kleinen Schmelzring um die Bohrung erkennen, aber keinen Schmelztropfen. Dabei ist der Schmelzring für das Signal der *Bogen-Linie* etwas größer ist. Die Größe des konischen Einzugs am Eintritt der Bohrung entspricht für beide Signale in etwa dem Einzug, der mit dem Signal der *Schwingungs-Linie* erzielt wird. Eine Verschmutzung der Metalloberfläche wird auch für die Signale der *Geraden-Linie* und *Bogen-Linie* nicht verzeichnet.

Einhergehend mit dem Signal *Puls-Bogen-Linie* wird auf der Eintrittsseite der Bohrung Materialablagerungen von erstarrter Schmelze auf der Metalloberfläche beobachtet. Das aufgeschmolzene Material lagert sich direkt an der Bohrlochkante ab. Zusätzlich hat sich der Einzug am Eintritt gegenüber den bisherigen drei Signalen deutlich vergrößert. Am Austritt der Bohrung existiert wie bei dem Signal der *Schwingungs-Linie* wieder ein Schmelzring, der an einer Stelle von einem ausgeprägtem Schmelztropfen überlagert ist. Bei dem Signal der *Puls-Pausen-Linie* verstärkt sich der Auswurf von Schmelze auf der Eintrittsseite. Außerdem wird für dieses Signal ein noch größerer Einzug am Eintritt beobachtet. Auch am Austritt wird ein noch breiterer Schmelzring als bei dem Signal der *Puls-Bogen-Linie* verzeichnet. Die steigende Tendenz der Schmelzablagerung auf der Eintrittsseite wird für das Signal der *Puls-Linie* fortgesetzt. Unübersehbar sind die Materialablagerungen auf der Austrittsseite in Bild 24, die gleichermaßen als Beweis dienen, daß eine Durchgangsbohrung während des Bohrvorgangs existiert hat. Die erhöhte Schmelzablagerung auf der Eintrittsseite für die Signale "*Puls-..*" wird gefördert durch ein immer kleiner werdendes Verhältnis von Pulsenergie und Materialdicke, das eine längere Durchdringzeit verursacht.

In Bild 25 sind drei metallographische Schliffe von Bohrungen in einer Materialdicke von 0.35 mm dargestellt. Bei der ersten Bohrung wurde während des Bohrvorgangs das Signal der *Schwingungs-Linie* beobachtet. Deutlich ist bei dieser Bohrung sowohl der Schmelztropfen als auch der Schmelzring zu erkennen. Weiterhin ist zu erkennen, daß bei der dargestellten Bohrung der Schmelztropfen etwa 50 % der Austrittsöffnung überdeckt und eine Einheit mit der Schmelzschicht innerhalb der Bohrung bildet. Letzteres trifft auch auf den Schmelzring zu. An Hand der Dicke der Schmelzschicht ist zu erkennen, daß bei diesem Bohrvorgang die Pulsenergie zu hoch und/oder die Pulsdauer zu lang war. Dies führt zu einer verstärkten Aufschmelzung und Vergrößerung der Bohrung.

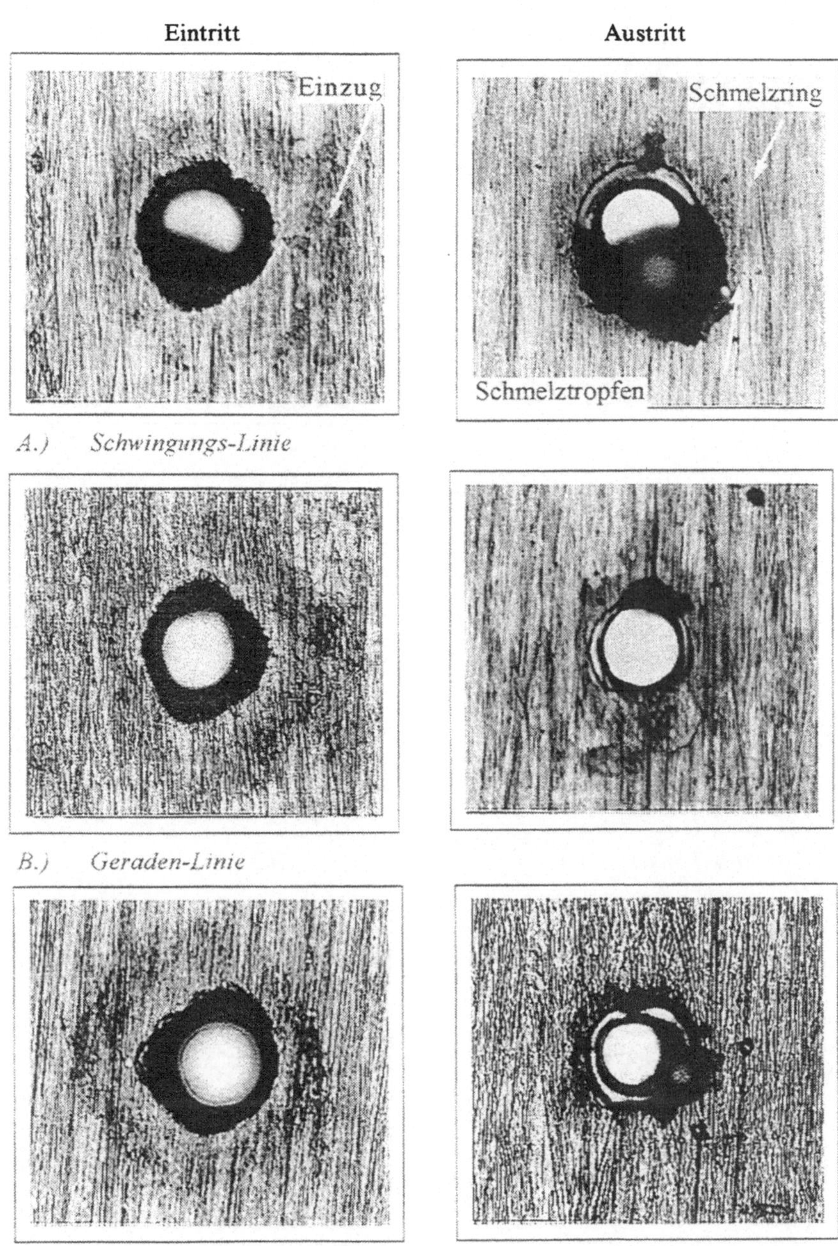

Bild 23: Typische HeNe-Signale zugeordnet dem Aussehen der Bohrungen.

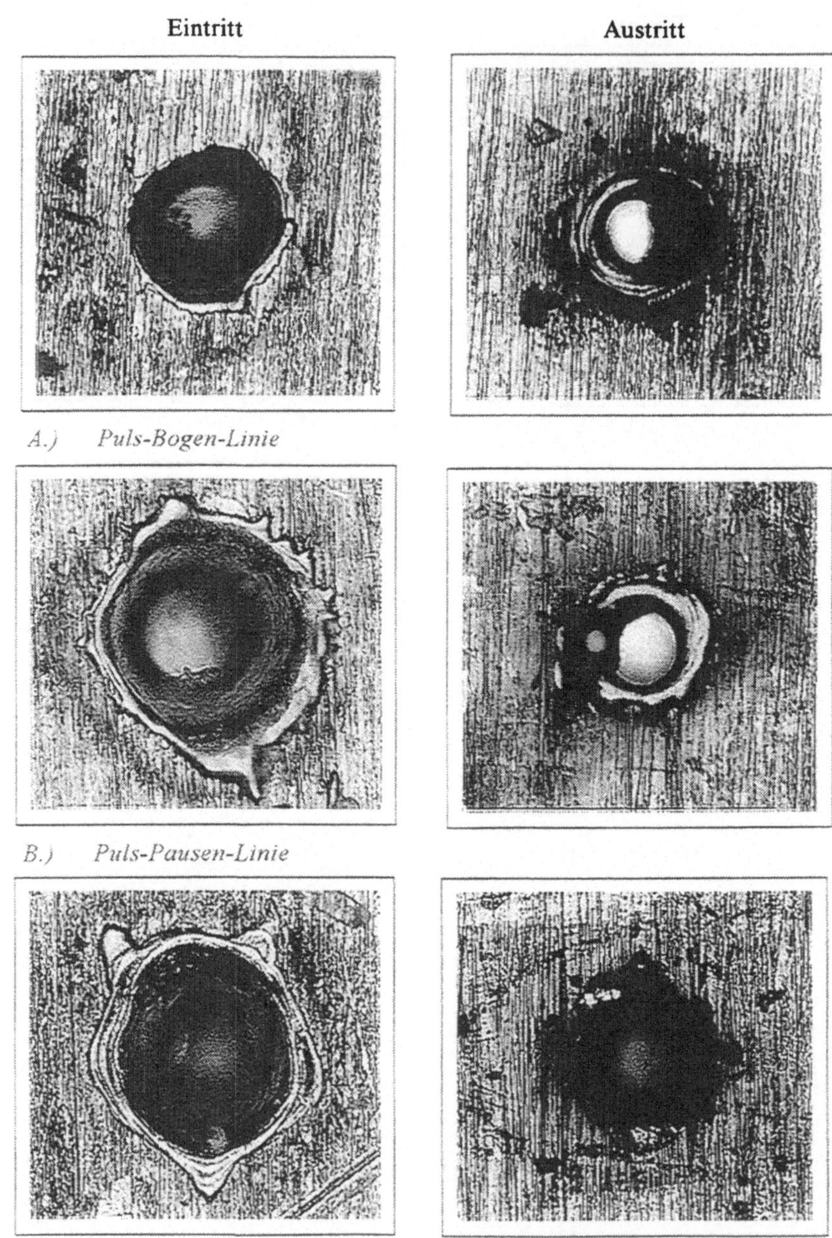

Bild 24: Typische HeNe-Signale zugeordnet dem Aussehen der Bohrungen.

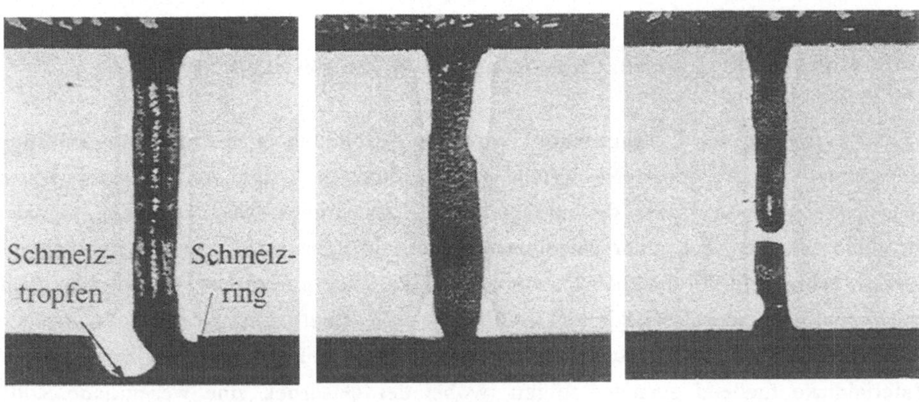

Schwingungs-Linie *Puls-Bogen-Linie* *Puls-Linie*

Bild 25: Metallographische Schliffe von Bohrungen in 0.35 mm Stahldicke korreliert mit den HeNe-Signalen.

Die mittlere Bohrung, wo während des Bohrvorgangs die *Puls-Bogen-Linie* aufgezeichnet wurde, weist starke Aufschmelzungen der Bohrungswände im Bereich des Ein- und Austritts auf. Demnach entsteht ganz offenkundig bei diesem Bohrvorgang zunächst eine gute Bohrung ohne Aufschmelzung an den Bohrwänden. Auf Grund der weiteren Energiezufuhr werden die Bohrungswände aufgeschmolzen und es bilden sich Schmelzansammlungen am Ein- und Austritt, die zu einer Verringerung des Lochdurchmessers und somit zur Abnahme des HeNe-Signals führen. Sobald die Energiezufuhr durch den Laserpuls beendet ist, bewirkt der Prozeßgasdruck eine "Verformung" des langsam erstarrenden Materials, so daß wieder eine Bohrung mit einem größeren Lochquerschnitt erreicht wird.

Bei der letzten Bohrung wurde während dem Bohrvorgang das Signal der *Puls-Linie* aufgenommen. Deutlich ist zu erkennen, daß der Laserpuls die Materialdicke vollständig durchdrungen hat. Allerdings wird die Bohrung durch die Bildung einer Schmelzschicht wieder vollständig verschlossen. Diese Schicht bildet sich generell in der unteren Hälfte der Bohrung aus. Bei Bohrungen mit kleinem Durchmesser und entsprechender Schmelzbildung sind offensichtlich die aus der Oberflächenspannung resultierenden Kräfte ausreichend, um eine solche Schicht bilden zu können. Dies ist aber nur möglich, wenn die Kräfte, die durch den Prozeßgasdruck entstehen, geringer als die der Schmelze sind.

4.4 Phänomelogische Zuordnung der HeNe-Signale

Wie schon im Kapitel 4.2 angedeutet, wird die Ausbildung einer Durchgangsbohrung und somit die Form der HeNe-Signale von bestimmten Vorgängen bestimmt. Einen Überblick über das Auftreten der verschiedenen Erscheinungsformen der HeNe-Signale, korreliert mit den bei unterschiedlichen Materialdicken erhaltenen Austrittsdurchmessern geben Bild 26 und Bild 27 wieder. Beiden Bildern liegt ein Fokusdurchmesser von 17 µm und eine Pulsenergie von 0.18 J zugrunde. Deutlich ist zu erkennen, daß die Signale, ausgehend von der *Schwingungs-Linie* bis hin zur *Puls-Linie*, mit zunehmender Materialdicke fließend einander folgen, wobei der Gasdruck eine wesentliche Rolle spielt.

So tritt für den Gasdruck von 0.6 MPa das Signal der *Schwingungs-Linie* ausschließlich bei den dünnen Materialdicken bis 0.2 mm auf, während für den größeren Gasdruck in diesem Bereich das Signal der *Geraden-Linie* und der *Bogen-Linie* überwiegt. Offenkundig verhindert der höhere Gasdruck nur die Ansammlung von einem größeren Schmelztropfen aber nicht die eines Schmelzringes, so daß auf diese Weise keine Schwingungen infolge einer Bewegung des Schmelztropfens entstehen können. Mit weiterer Zunahme der Materialdicke werden für beide Gasdrücke in verstärktem Maße die Signale *Puls-Bogen-* und *Puls-Pausen-Linie* beobachtet, die als Folge des kleiner werdenden Verhältnisses von Materialdicke zur Pulsenergie und Strahldurchmesser entstehen. In diesem Fall wird die erzeugte Bohrung sehr rasch nach der Durchdringzeit des Materials auf Grund der verstärkten Schmelzbildung wieder verringert, wobei eine größere Materialdicke offenbar die Schmelzentwicklung verstärkt. Durch weitere Zunahme der Schmelze wird die Bohrung wieder verschlossen. Folglich existiert logischerweise für jede Parameterkombination bei einer bestimmten Materialdicke immer die *Puls-Linie*. Ein höherer Gasdruck kann die Bildung dieser Schmelzschicht bei sonst gleichen Prozeßparametern verhindern. Dies führt weiterhin dazu, daß die Signale mit "*Puls-..*" bei einer größeren Materialdicke beobachtet werden. Der Einfluß des Gasdruckes auf die Lochdurchmesser und die Durchdringzeit wird in Kapitel 5.4 näher erläutert.

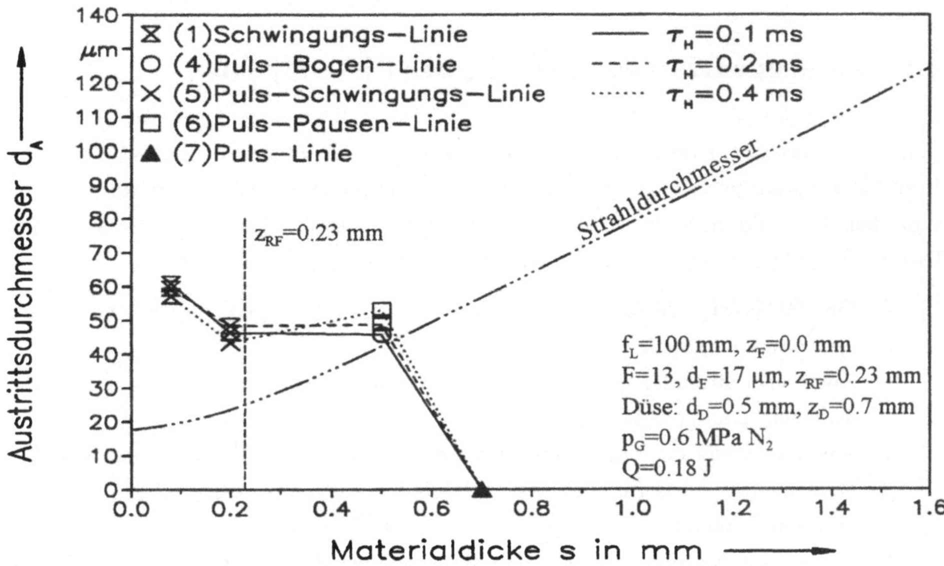

Bild 26: Auftreten der HeNe-Signale in Abhängigkeit von der Materialdicke für verschiedene Pulszeiten und einen Gasdruck von **0.6MPa**.

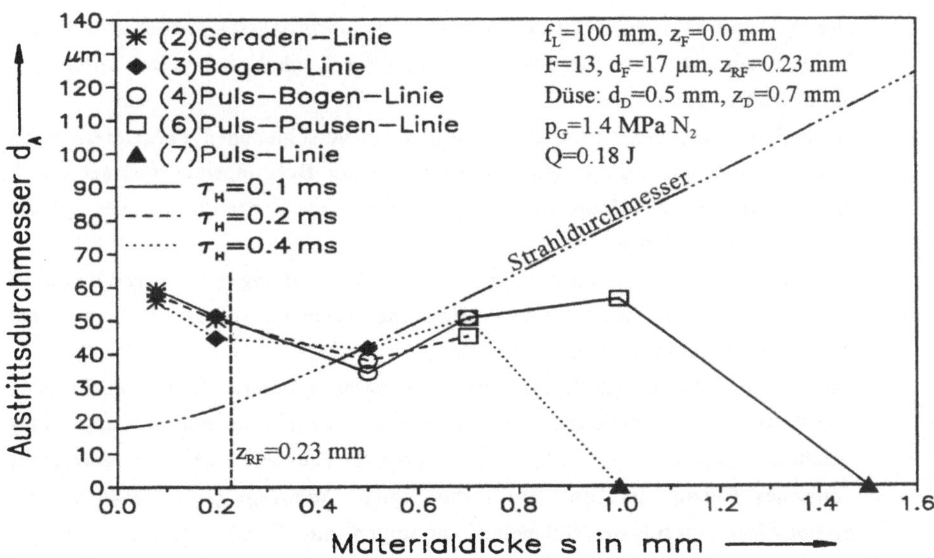

Bild 27: Auftreten der HeNe-Signale in Abhängigkeit von der Materialdicke für verschiedene Pulszeiten und einen Gasdruck von **1.4MPa**.

4.5 Zusammenfassende Deutung der HeNe-Signale

Folgende Aussagen können unter Verwendung der HeNe-Signale, die während des Bohrvorgangs aufgezeichnet wurden, und unter Berücksichtigung der entsprechenden typischen Erscheinungen am Bohrlocheintritt und -austritt über die Entstehung der Durchgangsbohrung mittels eines einzelnen Laserpulses gemacht werden:

- Die HeNe-Signale können in 7 typische Hauptgruppen für die Fokuslage z_f=0.0 mm eingeteilt werden.
- Zwei charakteristische Zeiten sind bei allen Signalen meßbar: die Durchdringzeit t_P und die Startzeit t_{S1}.
- Mit Steigerung der Materialdicke folgen die HeNe-Signale, ausgehend von der *Schwingungs-Linie* (dünnes Material) bis hin zur *Puls-Linie* (dickes Material), einander fließend.
- In welchem Materialdickenbereich die jeweiligen HeNe-Signale auftreten, hängt sowohl von der Pulsenergie als auch dem Gasdruck ab. Mit steigender Pulsenergie und/oder steigendem Gasdruck treten die HeNe-Signale bei einer größeren Materialdicke auf.
- Die Bohrung kann während des eigentlichen Bohrprozesses größer sein als am Ende. Verursacht wird diese Verkleinerung durch lokale Schmelzablagerungen in der Bohrung.
- Nach dem Ende des Laserpulses wurden bei verschiedenen Parametern noch während mehrerer 100 µs eine Veränderung der Bohrungsdurchmesser durch Materialablagerung infolge des weiter einwirkenden Prozeßgasdruckes auf die heiße Schmelze beobachtet.
- Bei manchen Prozeßparametern treten starke Schwingungen im Bereich von 40 bis 60 kHz auf, die durch die Bewegung eines Schmelztropfens oder -ringes am Austritt verursacht werden.
- An Hand der HeNe-Signale kann die Bohrung bezüglich des konischen Einzugs am Eintritt, der Schmelzablagerungen am Eintritt und der Bildung eines Schmelzringes bzw. -tropfens am Austritt beurteilt werden: geringster konischer Einzug am Eintritt für die Signale *Schwingungs-*, *Geraden-* und *Bogen-Linie*; geringste Schmelzablagerungen am Eintritt für die Signale *Schwingungs-* und *Geraden-Linie*; geringster Schmelzring bzw. -tropfen am Austritt für die Signale *Geraden-* und *Bogen-Linie*.

Im folgenden soll nun der Einfluß der Laserparameter sowohl auf die Durchdring- und Startzeit als auch auf die Lochdurchmesser untersucht werden.

5 Experimentelle Ergebnisse zum Einzelpulsbohren mit unmodulierten Laserpulsen

Hier werden Bohrergebnisse vorgestellt, die mit der Meßapparatur nach Bild 20 und unmodulierten Laserpulsen erzielt wurden. Als ein unmodulierter Laserpuls wird ein Laserpuls bezeichnet, der auf Grund der gepulsten Anregung der Blitzlampen im Resonator entsteht und dessen Pulslänge nur durch die entsprechende Pumpdauer bestimmt wird. Die experimentellen Untersuchungen konzentrieren sich hauptsächlich auf die Parameter, die die Durchdringzeit und den Lochdurchmesser einer Durchgangsbohrung beeinflussen.

5.1 Grundsätzliche Zusammenhänge

In diesem Kapitel werden typische Versuchsergebnisse diskutiert, welche sowohl ohne als auch mit zusätzlicher Verwendung eines 2fach aufweitenden Teleskops erhalten wurden. Die entsprechenden optischen Daten sind in Tabelle 3 aufgelistet.

5.1.1 Charakteristische Zeiten

Durchdringzeit

In Bild 28 und Bild 29 ist die Durchdringzeit für die Pulsdauer von 0.1 ms als Funktion der Materialdicke mit der Pulsenergie als Parameter dargestellt. Deutlich ist in Bild 28 eine lineare Zunahme der Durchdringzeit mit steigender Materialdicke zu erkennen. Ab einer Materialdicke von 0.7 mm ist in Bild 28 die Durchdringzeit länger als die Pulsdauer. Zwei Ursachen können für diesen Effekt in Betracht gezogen werden. Zum einen sind die verwendeten Pulsformen nicht rechteckig, sondern jeder Puls weist nach Bild 10 eine Anstiegs- und eine Abfallflanke. Auf diese Weise gelangt auch noch nach der eingestellten Pulsdauer von 100 µs der kleine Energieanteil der abnehmenden Flanke auf das Werkstück. Zum anderen ist im Bohrloch ein gewisser Anteil der Laserenergie in Form thermischer Energie in der Schmelze deponiert, die an die Bohrungswände abgegeben wird. Durch den immer noch einwirkenden Prozeßgasstrahl kann noch während dieser Zeit ein Materialabtrag stattfinden. Ein solcher Materialabtrag nach dem Ende von dem Laserpuls wurde auch von Dabby und Paek [60] beobachtet. Wird die Pulsenergie bei gleicher Materialdicke erhöht, so verringert sich die Durchdringzeit geringfügig. Der Zeitunterschied macht sich noch am deutlichsten bei sehr kleinen Pulsenergien von 0.04 und 0.13 J bemerkbar. Dies bedeutet, daß eine Steigerung der Pulsenergien nur einen begrenzten Einfluß auf eine Verkürzung der Durchdringzeiten besitzt.

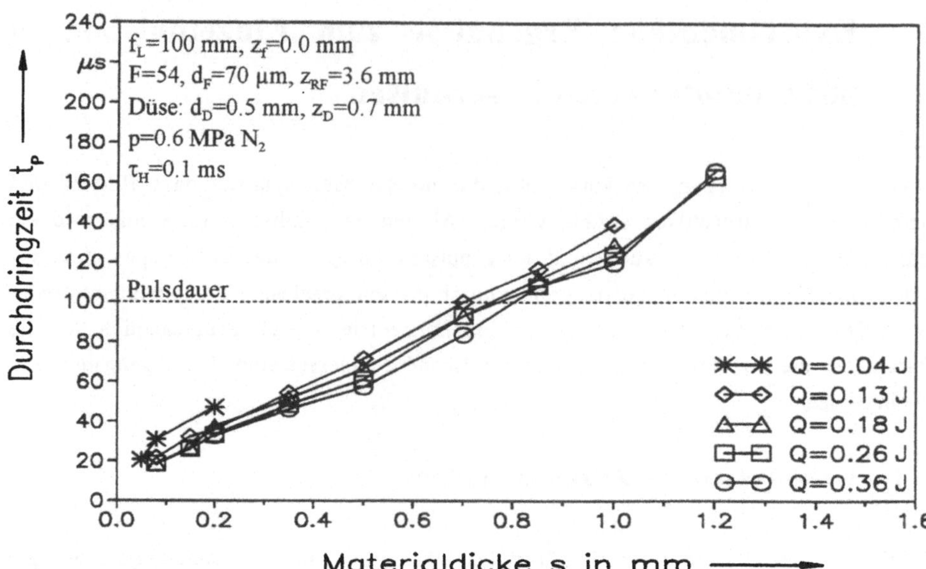

Bild 28: Durchdringzeit als Funktion der Materialdicke mit der Pulsenergie als Parameter ohne Verwendung eines Teleskops.

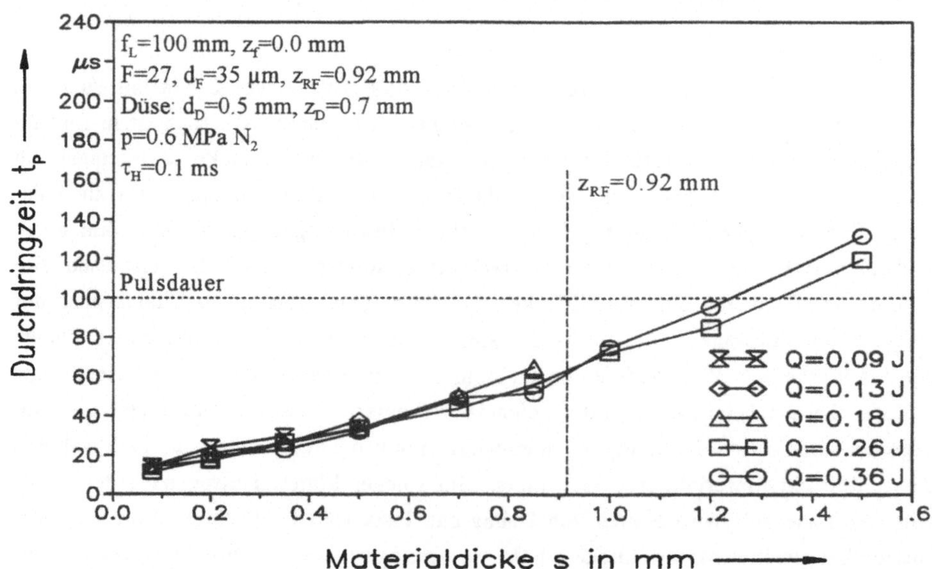

Bild 29: Durchdringzeit als Funktion der Materialdicke mit der Pulsenergie als Parameter mit Verwendung eines 2fach aufweitenden Teleskops.

Der wesentliche Unterschied zwischen Bild 28 und Bild 29 besteht in dem halb so großen Fokusdurchmesser bzw. in der nur noch ein viertel so großen Rayleighlänge. Die Verkleinerung des Fokusdurchmessers bewirkt eine deutliche Verkürzung der Durchdringzeit für alle Pulsenergien, die ab einer Materialdicke von 0.2 mm näherungsweise 50 % beträgt. Dadurch ist die Durchdringzeit erst ab einer Materialdicke von 1.2 mm länger als die Pulsdauer. Der Verkürzungseffekt der Durchdringzeit mittels der Erhöhung der Pulsenergie ist für den kleineren Fokusdurchmesser noch geringfügiger als für den Fokusdurchmesser von 70 µm. Einen Einfluß der Rayleighlänge auf die Durchdringzeit kann nicht festgestellt werden.

Im Unterschied zur kürzeren Pulsdauer in Bild 29 erreicht die Durchdringzeit in Bild 30 nie die Pulsdauer von 0.2 ms. Das heißt, der Laserpuls ist hier immer deutlich länger als die Zeit, die der Laserstrahl benötigt, um das Material zu durchdringen. Somit ist der Anteil an überschüssiger Energie in diesem Fall wesentlich größer als bei der Pulsdauer von 0.1 ms. Die Durchdringzeiten für die Pulsdauer von 0.2 ms sind je nach Materialdicke und Pulsenergie zwischen 5 bis 30 % länger als für die Pulsdauer von 0.1 ms.

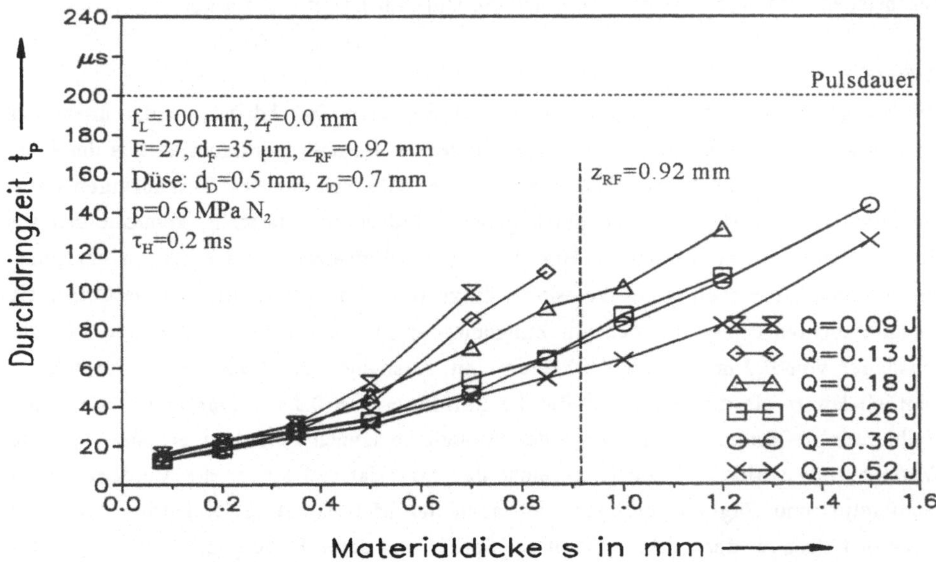

Bild 30: Durchdringzeit als Funktion der Materialdicke mit der Pulsenergie als Parameter für eine Pulsdauer von 0.2 ms.

Weiterhin kann in Bild 30 ein noch bisher nicht aufgetretener Einfluß der Pulsenergie auf die Durchdringzeit beobachtet werden. Bis zu einer Materialdicke von 0.35 mm erfolgt nur eine geringfügige Verkürzung der Durchdringzeit mit der Erhöhung der

Pulsenergie. Oberhalb dieser Materialdicke steigt die Durchdringzeit mit einer kleineren Pulsenergie wesentlich stärker linear an. Die Materialdicke, an der die Steigungsänderung der Geraden entsteht, hängt wiederum von der Pulsenergie ab. So tritt zum Beispiel der stärkere Anstieg der Durchdringzeit mit der Materialdicke bei der Pulsenergie von 0.36 J erst ab einer Materialdicke von 0.7 mm auf. Einen Zusammenhang mit der Schärfentiefe konnte allerdings nicht festgestellt werden. Dieser Effekt wurde auch bei der Verwendung eines 3fach und 4fach aufweitenden Teleskops festgestellt, daß in Kapitel 5.2 ausführlich betrachtet wird.

Die Ursache für die Verkürzung der Durchdringzeit mit der Verwendung des 2fach aufweitenden Teleskops liegt zum einen in der 4mal so hohen Intensität. Zum anderen muß die veränderte Ausbreitung der Laserstrahlung im Material mit einbezogen werden. Eine Erhöhung der Pulsenergie, respektive der Intensität, in vergleichbarer Größenordnung erzielt nicht so eine starke Verkürzung der Durchdringzeit, wie die Änderung des Fokusdurchmessers. Die Art der Energieeinkopplung in die Bohrungswände, wie es in dem theoretischen Modell von Mazumder et al. [102] an Hand von Mehrfachreflexionen beschrieben wird, verkürzt offensichtlich die Durchdringzeit viel stärker.

Offsetzeit

Die Steigung der Ausgleichsgeraden und die Zeit zum Durchdringen einer unendlich dünnen Materialschicht, der sogenannten Offsetzeit t_O, läßt sich dabei mittels der Fehlerquadratmethode bestimmen. Da die Offsetzeit die Zeit für das Durchdringen einer unendlich dünnen Materialdicke bei gegebener Pulsenergie darstellt, kennzeichnet sie Energieverluste beim Bohren. In Bild 31 sind die Offsetzeiten als Funktion der Pulsenergie ohne Verwendung des Teleskops dargestellt. Dabei fällt auf, daß die Offsetzeit im untersuchten Energiebereich mit Zunahme der Pulsenergie linear abnimmt. Für die Pulsdauer von 0.2 ms ist die Offsetzeit, mit Ausnahme der Pulsenergie von 0.26 J, deutlich länger als die Offsetzeit für die Pulsdauer von 0.1 ms. Das heißt, durch die Halbierung der Intensität als Folge der doppelt so langen Pulsdauer erhöhen sich die Wärmeleitungsverluste. Dadurch erreicht das Material viel später die Verdampfungstemperatur, und folglich verzögert sich auch der Materialabtrag. Außerdem wird mit längerer Pulsdauer der zeitlich Anteil der Spikes und deren Höhe gegenüber der gesamten Pulsdauer verringert. Weiterhin sind in der Offsetzeit die Energieverluste, die durch den Austrieb von heißer Schmelze entstehen [90], enthalten. Aus Bild 32 wird deutlich, daß die Offsetzeit auch für den Fokusdurchmesser von 35 µm mit kleinerer Pulsenergie und/oder längerer Pulsdauer zunimmt. Allerdings ist der Unterschied der Offsetzeiten zwischen den Pulszeiten nicht so gravierend, wie für den größeren Fokusdurchmesser von 70 µm in Bild 31.

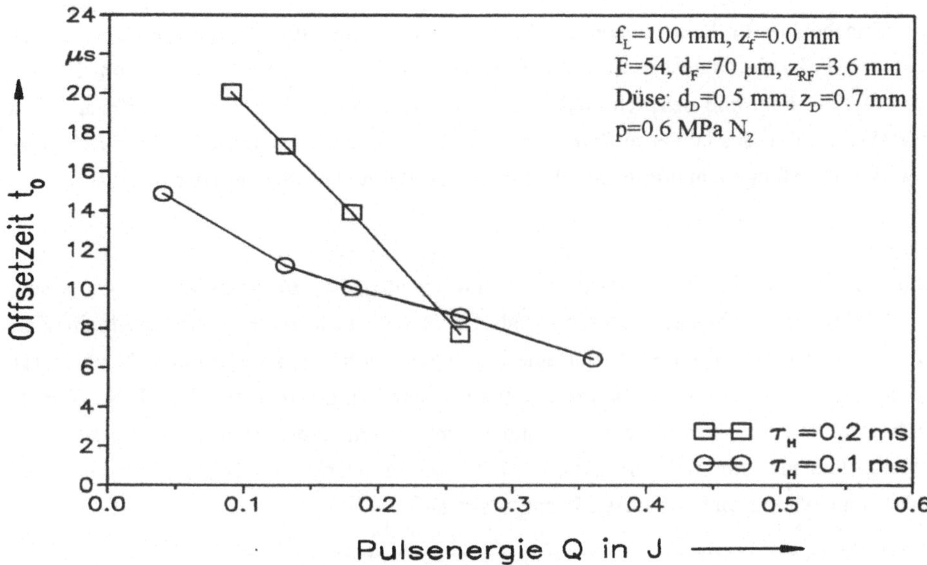

Bild 31: Offsetzeit t_O als Funktion der Pulsenergie mit der Pulsdauer als Parameter ohne Verwendung eines Teleskops.

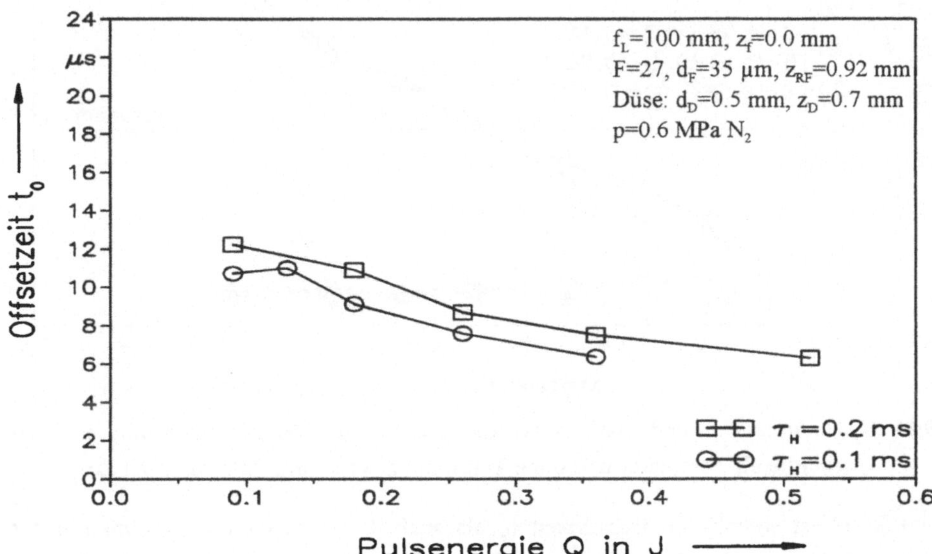

Bild 32: Offsetzeit t_O als Funktion der Pulsenergie mit der Pulsdauer als Parameter mit Verwendung des 2fach aufweitenden Teleskops.

Als Ursache hierfür kann sicherlich die Größe der Intensität angesehen, die für den größeren Fokusdurchmesser und die Pulsdauer von 0.2 ms im Bereich von 10^7 bis 3×10^7 W/cm^2 liegt und deutlich niedriger als alle anderen Intensitäten ist. Offensichtlich entstehen infolge des längeren Zeitraums, die das Material zum Erreichen der Schmelz- bzw. Verdampfungstemperatur benötigt, stärkere Wärmeleitungsverluste.

Gesamtzeit

Neben der Durchdringzeit t_P wurde noch eine zweite Zeit, die Startzeit t_{S1}, gemessen. Die Addition dieser beiden Zeiten wird als Gesamtzeit t_G bezeichnet und stellt die Zeit dar, die ein Laserpuls benötigt, um eine Durchgangsbohrung zu erzeugen. Nach dieser Gesamtzeit ist entweder eine kurze Stagnation oder eine Abnahme des HeNe-Signals beobachtet worden, was gleichbedeutend ist mit einem konstanten Durchmesser oder seiner Abnahme mit fortschreitender Zeit. Dieser markante Effekt trat bei allen Bohrversuchen mit unmodulierten Laserpulsen auf.

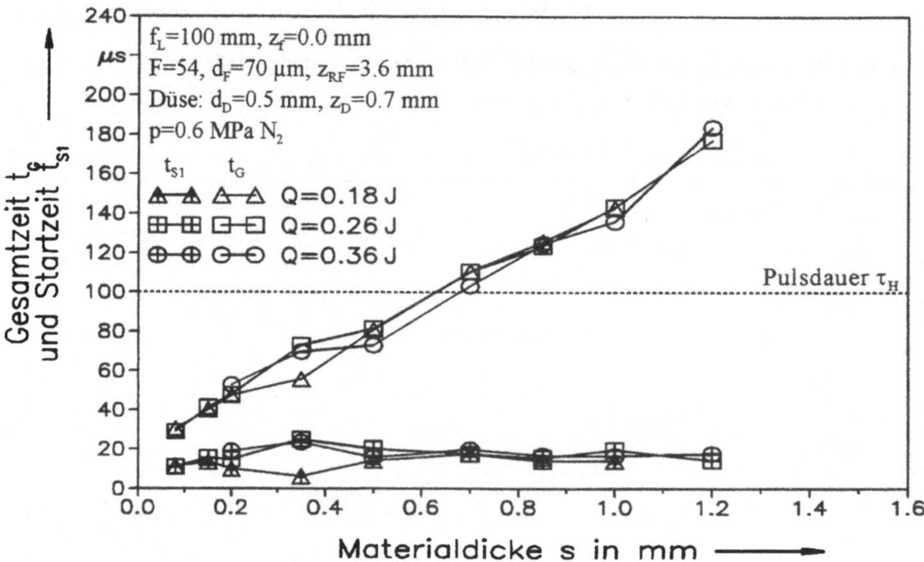

Bild 33: Gesamtzeit t_G und Startzeit t_{S1} als Funktion der Materialdicke mit der Pulsenergie als Parameter und ohne Teleskopverwendung; Pulsdauer 0.1 ms.

In Bild 33 ist sowohl die Gesamtzeit t_G als auch die Startzeit t_{S1} als Funktion der Materialdicke mit der Pulsenergie als Parameter aufgetragen. Wie schon für die Durchdringzeit, ist auch für die Gesamtzeit ein linearer Anstieg mit der Vergrößerung der Materialdicke zu verzeichnen. Die Steigung der Geraden ist für die Gesamtzeit geringfügig steiler. Dies wird durch eine minimale Vergrößerung der Startzeit t_{S1} mit

Zunahme der Materialdicke verursacht. Beide Zeiten sind auch Schwankungen unterworfen, die bei der Durchdringzeit bis zu einer Dicke von 0.5 mm bei ±2 µs und ab dieser Dicke bei ±4 µs liegen. Jedoch zeigt sich in den meisten Fällen, daß eine kürzere Durchdringzeit t_P gleichzeitig eine längere Startzeit t_{S1} bewirkt und umgekehrt. Dadurch ergeben sich für die Gesamtzeit etwa die gleichen Toleranzwerte wie für die Durchdringzeit. Die Gesamtzeit erreicht folglich die Pulsdauer von 0.1 ms bei einer noch kleineren Materialdicke als die Durchdringzeit, wie ein Vergleich von Bild 28 und Bild 33 zeigt. Dies hat zur Folge, daß eine Erweiterung der Bohrung nach dem Ende des Laserpulses aus den schon diskutierten Mechanismen erfolgt.

Für die Pulsdauer von 0.2 ms wurden für die Gesamt- und Startzeit ähnliche Tendenzen wie für die Pulsdauer von 0.1 ms ermittelt. Der Anteil der Gesamtzeit an der Pulsdauer beträgt zwischen 20 und 60 % je nach Materialdicke. Folglich wird nach der Bildung der Durchgangsbohrung weiterhin sehr viel Laserenergie der Bohrung zugeführt.

5.1.2 Bohrgeschwindigkeit

An Hand der gemessenen Durchdringzeit t_P und der gegebenen Materialdicke s kann eine Bohrgeschwindigkeit v_D berechnet werden:

$$v_D = \frac{s}{t_P} \quad . \tag{37}$$

Dabei ist zu beachten, daß diese Geschwindigkeit nicht gleich der Geschwindigkeit der Verdampfungsfront nach Gleichung (21) aus Kapitel 2.3 ist. Denn in der Durchdringzeit t_P ist sowohl der Zeitanteil zum Erreichen der Schmelz- bzw. Verdampfungstemperatur nach Gleichung (20) als auch der Zeitanteil der Wärmeleitungsverluste enthalten und somit auch in der Bohrgeschwindigkeit.

Den Einfluß der Materialdicke und der Pulsenergie auf die Bohrgeschwindigkeit veranschaulichen Bild 34 und Bild 35 für eine Pulsdauer von 0.1 ms. Deutlich ist in Bild 34 zu erkennen, wie sich die Bohrgeschwindigkeit asymptotisch mit steigender Materialdicke einer maximalen Geschwindigkeit annähert, die für alle Pulsenergien ab einer Dicke von 0.5 mm erreicht wird. Dies ist insofern bemerkenswert, da die Rayleighlänge 7mal so groß ist und eine Intensitätsabnahme auf Grund eines größeren Strahldurchmessers nicht zu erwarten ist. In diesem Zusammenhang fällt mit der Betrachtung der Gesamtzeit auf, daß die Geschwindigkeit genau ab der Materialdicke konstant bleibt, ab der die Gesamtzeit länger als die Pulsdauer ist. Die höchste Geschwindigkeit für eine bestimmte Materialdicke wird mit der größten Pulsenergie erreicht. Wenn die Bohrgeschwindigkeit als Maß für die Bohreffizienz angesehen wird, so ist für größere Materialdicken eine erhebliche Effizienzsteigerung festzustellen.

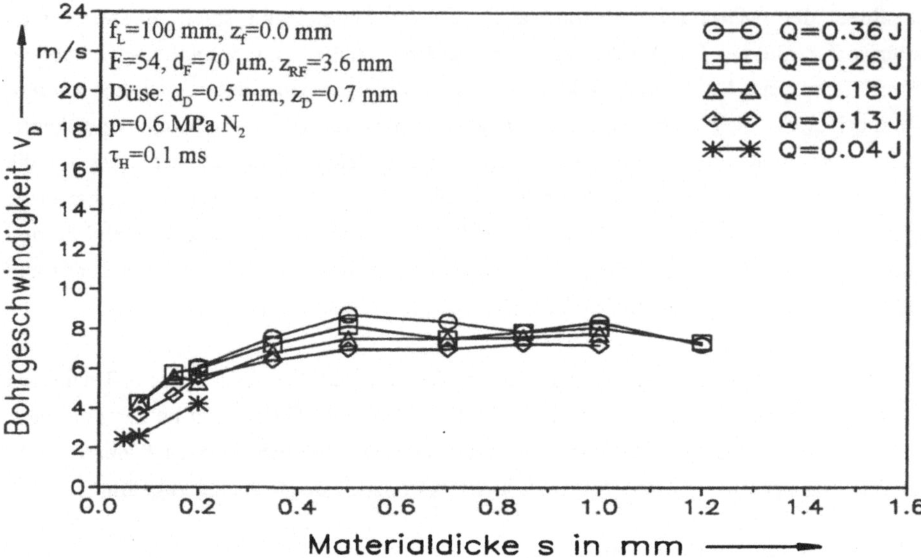

Bild 34: Bohrgeschwindigkeit als Funktion der Materialdicke mit der Pulsenergie als Parameter ohne Verwendung eines Teleskops.

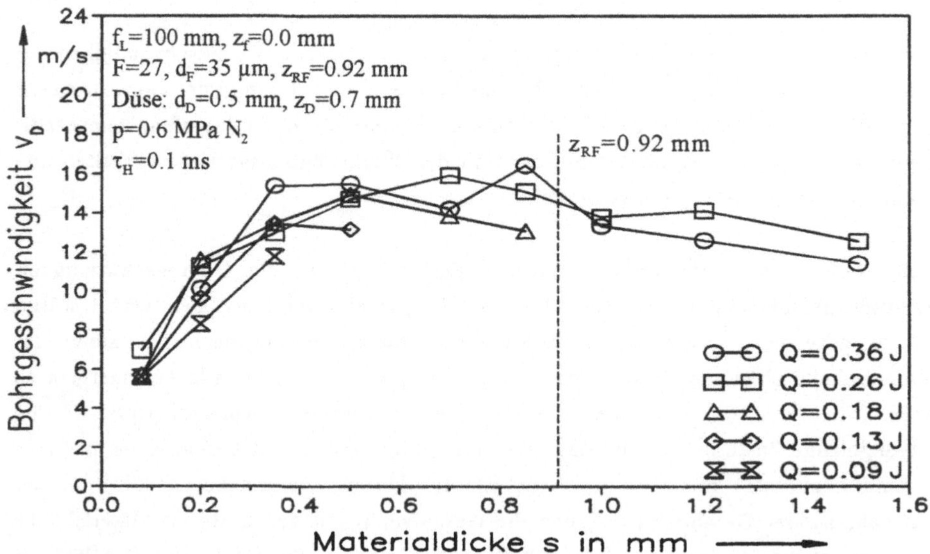

Bild 35: Bohrgeschwindigkeit in Abhängigkeit von der Materialdicke und der Pulsenergie unter Verwendung eines 2fach aufweitenden Teleskops.

Die Gründe für diese Gegebenheit können sehr vielfältig sein. So ist denkbar, daß infolge von Mehrfachreflexionen eine Steigerung der Bohrgeschwindigkeit bis zu einer bestimmten Materialdicke erreicht wird [131]. Neben den Mehrfachreflexionen muß auch die Wirkung des Plasmas mit einbezogen werden. In Untersuchungen von Treusch [108] wird berichtet, daß eine unterstützende Wirkung des Plasmas bei steigendem Verhältnis zwischen Lochtiefe und Lochdurchmesser beobachtet wurde. Allerdings liegt der Intensitätsbereich für die Versuche ohne Aufweiter unterhalb der für Plasmaentstehung notwendigen Schwellintensität von 10^8 W/cm^2 [68], [76], [78]. Ein weiterer Punkt ist die Zeit, die benötigt wird, um eine Schmelzschicht mit einem Dampfdruck zu erzeugen, wo ein Gleichgewicht aus absorbierter Intensität und Energieverlusten infolge Schmelzaustriebs vorliegt [90]. Diese Gleichgewicht hängt offensichtlich von dem Verhältnis Lochtiefe zu Lochdurchmesser ab.

Die Bohrgeschwindigkeit in Bild 35 weist, im Gegensatz zu dem Fokusdurchmesser von 70 µm in Bild 34, für jede Pulsenergie eine maximale Bohrgeschwindigkeit bei einer bestimmten Materialdicke auf, die mit steigender Pulsenergie zunimmt. Eine optimale Bohrgeschwindigkeit und somit schnellstmöglicher Materialabtrag hängt demnach maßgeblich von der Pulsenergie und der entsprechenden Materialdicke ab. Die schnellste Geschwindigkeit für eine bestimmte Materialdicke wird wiederum auch mit dem kleineren Fokusdurchmesser durch die Größe der Pulsenergie bestimmt.

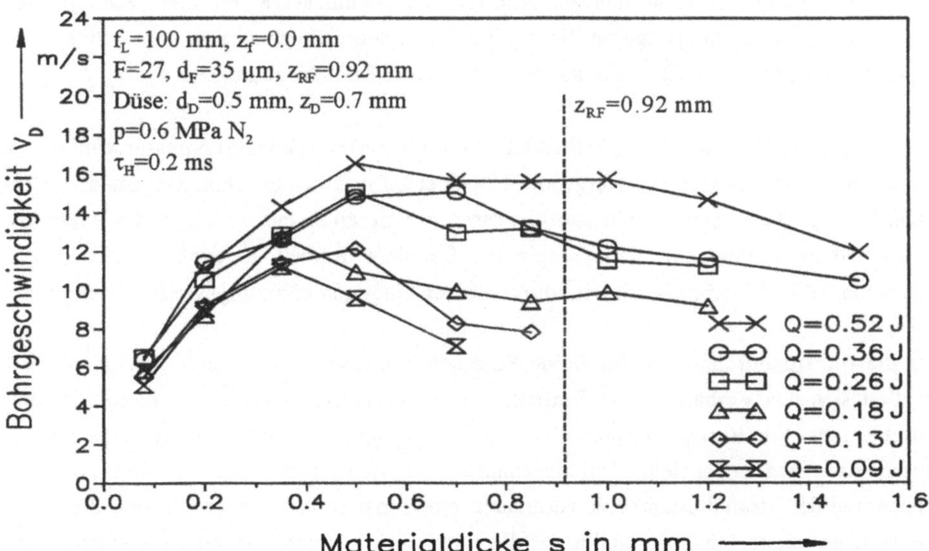

Bild 36: Bohrgeschwindigkeit in Abhängigkeit von der Materialdicke und der Pulsenergie mit einem 2fach aufweitenden Teleskop; Pulsdauer von 0.2 ms.

Ein Vergleich der Bohrgeschwindigkeiten zeigt, daß mit der kürzeren Pulsdauer die maximale Geschwindigkeit bei gleicher Pulsenergie höher ist, und das Maximum in den meisten Fällen bei einer größeren Materialdicke erreicht wird. Die Maximalgeschwindigkeit, die mit der Pulsdauer von 0.2 ms erreicht wird, ist wiederum größer, als für die kürzere Pulsdauer von 0.1 ms.

5.1.3 Lochdurchmesser

Eintrittsdurchmesser

Bild 37 macht den Einfluß der Pulsenergie auf den Bohrlochdurchmesser am Eintritt für verschiedene Materialdicken bei einer Pulsdauer von 0.1 ms deutlich. Es zeigt sich, daß der Eintrittsdurchmesser unabhängig von der Materialdicke ist; alleine die Pulsenergie bestimmt die Größe des Durchmessers. Eine höhere Pulsenergie führt bei gleicher Materialdicke zu einer Vergrößerung des Eintrittsdurchmessers. Diese Auswirkung der Pulsenergie wurde auch in Titan und einem anderen CrNi-Stahl festgestellt [97], [100]. Weiterhin fällt auf, daß alle Eintrittsdurchmesser wesentlich größer als der Strahldurchmesser sind, obwohl sich der Fokus auf der Oberfläche des Materials befindet. Dies wird in [108] durch die Energieübertragung von dem Plasma an die Lochwand ab einer Intensität von mehreren 10^7 W/cm^2 erklärt. Zusätzlich sind in Bild 37 die Lochdurchmesser eingetragen, die sich nach Gleichung (23) für die jeweiligen Pulsenergien ergeben. Für die größte Pulsenergie von 0.36 J wird eine sehr gute Übereinstimmung der experimentell ermittelten Durchmessern mit den rechnerischen Durchmessern erreicht. Hingegen liegt bei allen anderen Pulsenergien der rechnerische Durchmesser unterhalb der experimentell ermittelten Lochdurchmesser.

Dem Bild 38 ist zu entnehmen, daß sich für den kleineren Fokusdurchmesser von 35 µm der Eintrittsdurchmesser mit steigender Pulsenergie und bei gleicher Materialdicke erheblich vergrößert. Der Eintrittsdurchmesser nimmt auch mit ansteigender Materialdicke und gleichbleibender Pulsenergie zu. Bei dem doppelt so großen Fokusdurchmesser in Bild 37 bleibt der Eintrittsdurchmesser hingegen näherungsweise konstant.

Da die Eintrittsdurchmesser für beide Fokusdurchmesser etwa gleich groß sind, vergrößert sich das Verhältnis von Eintritts- zu Strahldurchmesser mit kleinerem Fokusdurchmesser. Ein Vergleich zeigt, daß die Lochdurchmesser für den kleineren Fokusdurchmesser gegenüber dem Strahldurchmesser um den Faktor 2 größer sind. Die Verkleinerung der Strahldurchmesser verursacht eine 4mal so hohe Intensität und die damit verbundene verstärkte Plasmabildung, die wiederum zu einer stärkeren Vergrößerung des Bohrungsdurchmessers führt. Außerdem wird die Durchdringzeit beträchtlich verkürzt, wodurch eine noch längere Bestrahlung der Bohrungswand erfolgt.

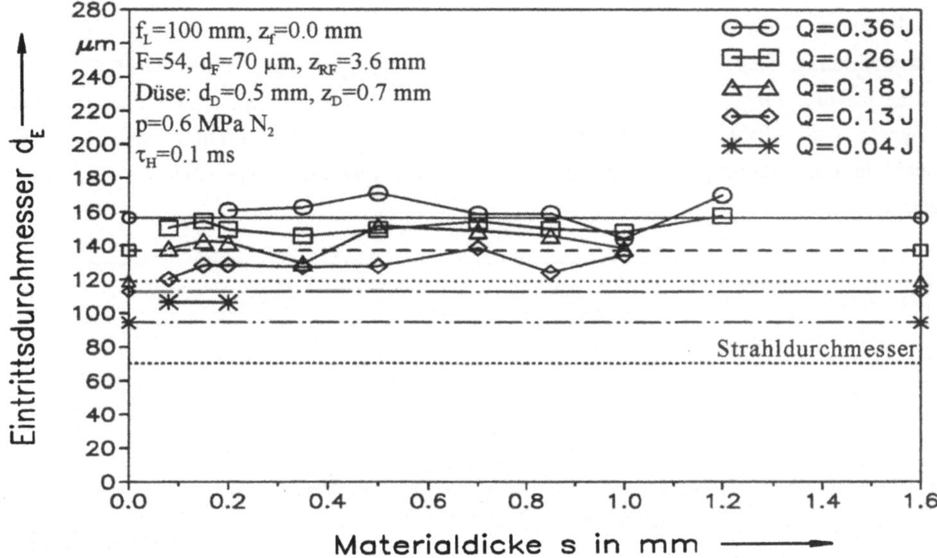

Bild 37: Eintrittsdurchmesser als Funktion der Materialdicke mit der Pulsenergie als Parameter ohne Verwendung eines Teleskops.

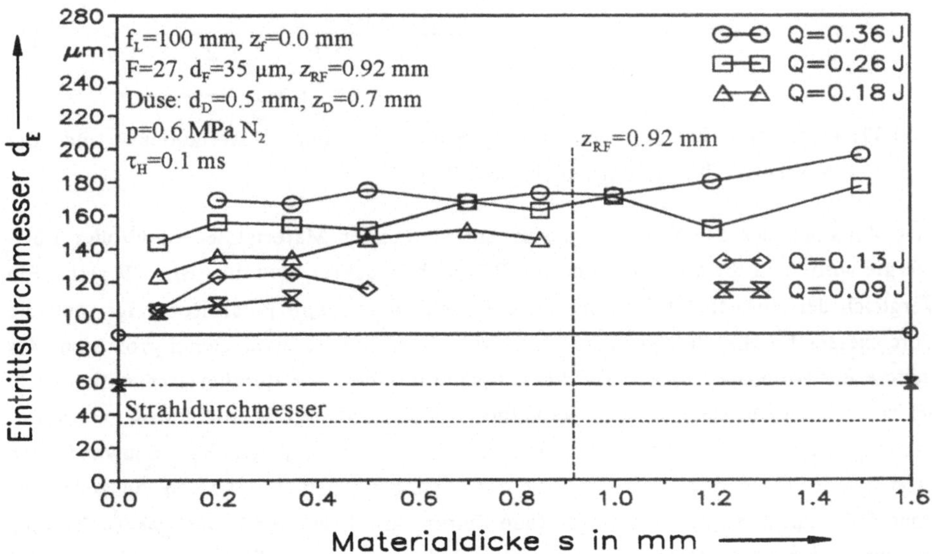

Bild 38: Eintrittsdurchmesser in Abhängigkeit von der Materialdicke und der Pulsenergie unter Verwendung eines 2fach aufweitenden Teleskops.

Andererseits widerspricht die verkürzte Durchdringzeit der Theorie der verstärkten Plasmabildung, da diese zu einer Abschirmung des Bohrprozesses führt [108]. Eine Ursache für die Vergrößerung der Eintrittsdurchmesser mit der Materialdicke ist in der längeren Durchdringzeit zu sehen, da während dieser Zeit das heiße Material vom Lochboden in Richtung des einfallenden Laserstrahls aus der Eintrittsöffnung ausgetrieben werden muß.

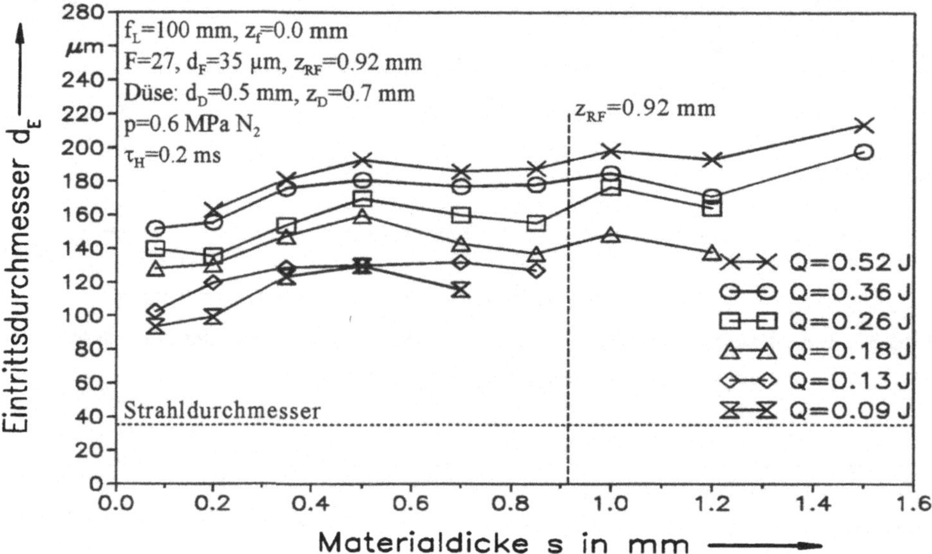

Bild 39: Eintrittsdurchmesser in Abhängigkeit von der Materialdicke und der Pulsenergie für die Pulsdauer von 0.2 ms.

Eine Zunahme der Eintrittsdurchmesser mit steigender Materialdicke und/oder Pulsenergie wird auch für die Pulsdauer von 0.2 ms beobachtet, wie dies Bild 39 zeigt. Ein Vergleich der Eintrittsdurchmesser für unterschiedlich lange Pulszeiten zeigt, daß die Durchmesser für die gleiche Pulsenergie und Materialdicke etwa gleich groß sind. Als weitere Erklärungsmöglichkeit für die Vergrößerung der Lochdurchmesser muß deshalb bei einem dünnem Material das Verhältnis von Durchdringzeit und Pulsdauer in Betracht gezogen werden. Auf Grund der weiteren Bestrahlung der Bohrlochwand nach Erreichen der Durchdringzeit kann dies, vor allem bei erheblich längeren Pulszeiten, zu einer Aufschmelzung der Bohrungswände führen. Mit Hilfe des Prozeßgasdrucks wird das aufgeschmolzene Material abgetragen, wodurch die erhebliche Vergrößerung des Bohrlochdurchmessers am Eintritt erklärt werden kann, obwohl die doppelt so lange Pulsdauer bei gleicher Pulsenergie und Fokussierung eine Halbierung der Intensität bedeutet. Hieraus folgt, daß die Halbierung des Fokusdurchmessers und/oder der Pulsdauer keinen Einfluß auf die Größe des Eintrittsdurchmessers besitzt.

Austrittsdurchmesser

Neben dem Verhalten der Eintrittsdurchmesser interessiert auch das der Austrittsdurchmesser bei gleichen Prozeßparametern. In Bild 40 und Bild 41 ist der Einfluß der Pulsenergie und der Materialdicke für die Pulsdauer von 0.1 ms auf den Austrittsdurchmesser wiedergegeben. Die Angabe des Strahldurchmesser in beiden Bildern, sowie in den folgenden, bezieht sich auf den Verlauf eines Laserstrahls im gauß'schen Grundmode bei freier Strahlpropagation.

In beiden Fällen ist eine markante Verringerung der Austrittsdurchmesser mit Zunahme der Materialdicke bis zu einer Dicke von 0.35 mm zu verzeichnen, weshalb der Austrittsdurchmesser für kleine Pulsenergien bis 0.18 J die Größe des Strahldurchmessers erreicht. Ferner ist zu erkennen, daß die Austrittsdurchmesser auch für die Pulsenergie oberhalb von 0.18 J, infolge der Strahlpropagation des Laserstrahls und der gleichzeitigen geringfügigen Abnahme der Austrittsdurchmesser, mit Zunahme der Materialdicke die Größe des Strahldurchmessers erreichen oder sogar kleiner werden. Ab welcher Materialdicke dies auftritt, hängt von der Höhe der Pulsenergie und der Strahlpropagation ab. Ein höherer Wert führt, wie bei den Eintrittsdurchmessern, bei gleicher Materialdicke zu einer Vergrößerung des Austrittsdurchmessers. Ein direkter Einfluß der Schärfentiefe auf die Austrittsdurchmesser ist nicht erkennbar.

Die Ergebnisse deuten daraufhin, daß bei dünnen Materialien bis 0.5 mm die Belastung durch Pulsenergie und -dauer zu hoch ist, und es dadurch am Austritt zu einem weiteren Materialabtrag in Form von Aufschmelzung kommt, der zur Erweiterung der Lochdurchmesser führt.

Bei größeren Materialdicken, wo die Gesamtzeit in etwa der Pulsdauer entspricht oder länger ist, kommt es nicht zu einer Vergrößerung der Durchmesser. Das bedeutet, daß die eingebrachte Energie effizient ausgenützt wird. Die Verwendung des 2fach aufweitenden Teleskops führt bei gleicher Pulsenergie und Materialdicke im Mittel zu einer Verringerung der Austrittsdurchmesser um 20 µm, obwohl sich der Laserstrahl bei freier Propagation stark aufweiten würde. Demnach ist anzunehmen, daß die Laserstrahlung an den Bohrungswänden reflektiert und somit wieder fokussiert wird. Außerdem ist denkbar, daß das Plasma in der Bohrung eine fokussierende Wirkung auf die Laserstrahlung ausübt und dadurch die geringeren Austrittsdurchmesser entstehen.

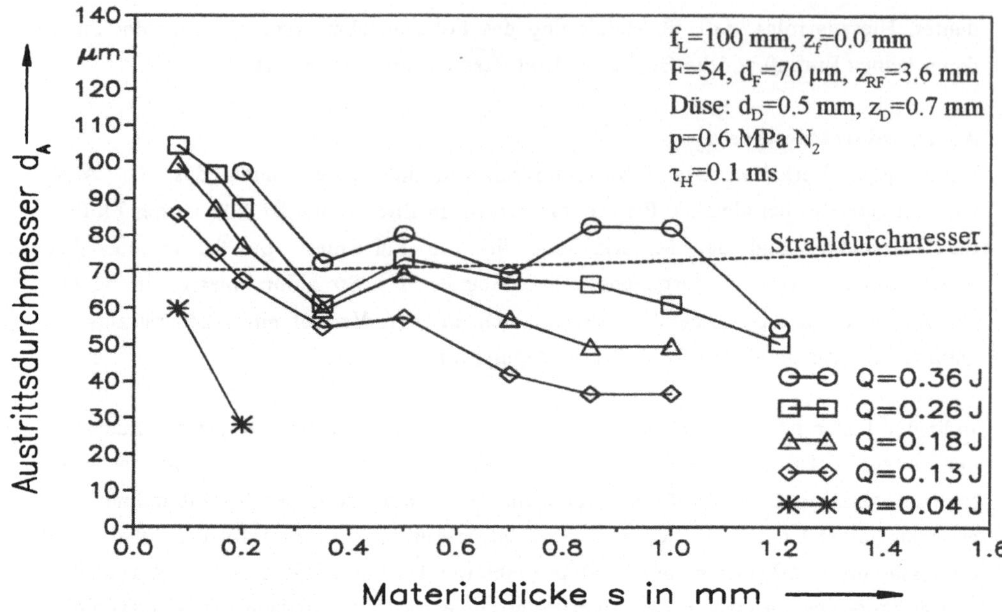

Bild 40: Austrittsdurchmesser als Funktion der Materialdicke mit der Pulsenergie als Parameter ohne Verwendung eines Teleskops.

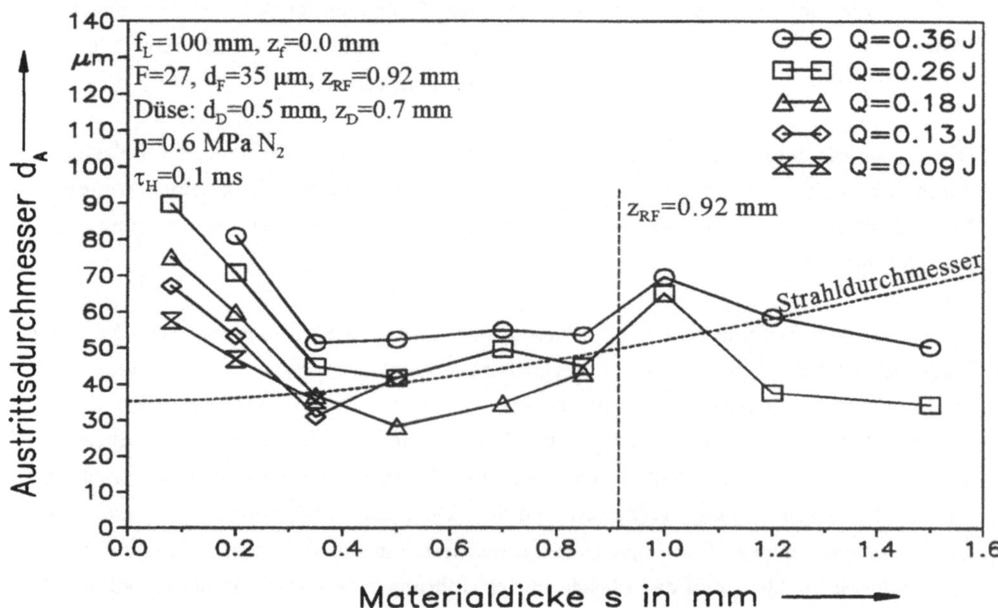

Bild 41: Austrittsdurchmesser in Abhängigkeit der Materialdicke für unterschiedliche Pulsenergien unter Verwendung eines 2fach aufweitenden Teleskops.

Wie sich die Materialdicke und die Pulsenergie für eine Pulsdauer von 0.2 ms auf die Austrittsdurchmesser auswirken, zeigt Bild 42. Bei einem Vergleich von Bild 41 und Bild 42 fällt auf, daß die Durchmesser bei gleicher Pulsenergie und Materialdicke fast gleich groß sind. Demnach findet weder durch die längere Bestrahlung noch durch die doppelt so hohe Intensität eine Locherweiterung am Austritt statt. Bei der Materialdicke von 0.85 mm werden mit der kürzeren Pulsdauer bei gleicher Energie noch Bohrungen in dieser Dicke erzielt. Offensichtlich ist nun die Intensität bei längerer Pulsdauer zu klein, um auch bei Materialdicken von mehr als 0.5 mm einen genügend großen Dampfdruck zu erzeugen, der die Schmelze aus der tieferen Bohrung noch austreiben könnte.

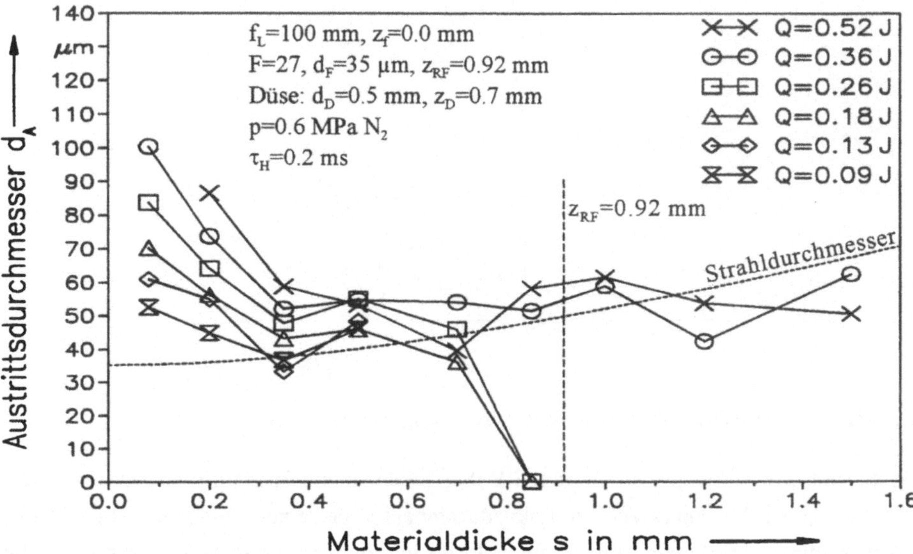

Bild 42: Austrittsdurchmesser in Abhängigkeit der Materialdicke für unterschiedliche Pulsenergien unter Verwendung eines 2fach aufweitenden Teleskops.

5.1.4 Bohreffizienz

Die Bohreffizienz η_B wird als das Verhältnis vom abgetragenen Materialvolumen V_L der Bohrung, das sich aus den gemessenen Ein- und Austrittsdurchmesser ermitteln läßt, und vom theoretischen Strahlvolumen V_S, das sich bei freier Strahlpropagation im Raum ergibt, definiert. Im theoretischen Strahlvolumen ist dabei die Vergrößerung des Strahldurchmessers über die Distanz s und die Verschlechterung der Strahlqualität mit

Steigerung der Pulsenergie nach Bild 14 mitberücksichtigt. Für beide Volumina wird angenommen, daß sie näherungsweise die Form eines Kegelstumpfes besitzen:

$$V_L = \frac{\pi \times s}{12} \times \left[d_1^2 + (d_1 \times d_2) + d_2^2 \right] \quad . \qquad \textbf{(38)}$$

Zur Berechnung der Volumina muß der Durchmesser d_1 durch d_E bzw. d_F und der Durchmesser d_2 durch d_A bzw. D(s) in Gleichung (38) ersetzt werden, die in Bild 43 schematisch dargestellt sind. Das Verhältnis der beiden Volumina ist insofern von Interesse, da der Anwender erwartet, daß der Laserpuls ein Volumen abträgt, das exakt dem Strahlvolumen V_S entspricht.

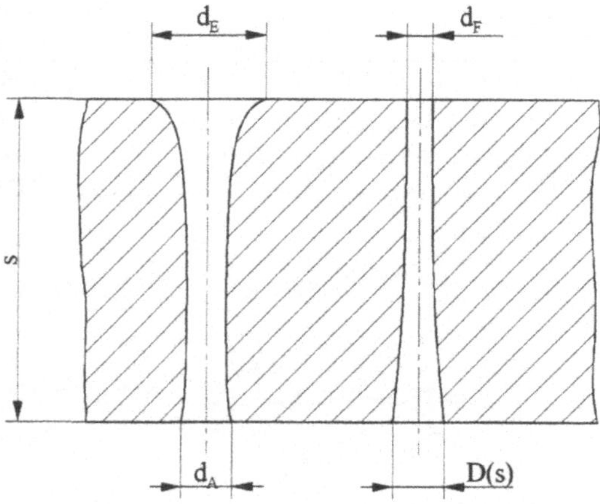

Bild 43: Schematische Darstellung einer Bohrung und des Strahlverlaufs.

Bild 44 und Bild 45 zeigen die erzielten Bohreffizienzen als Funktion der Materialdicke für verschiedene Pulsenergien und Fokusdurchmesser bei einer Pulsdauer von 0.1 ms. Drei wesentliche Merkmale können aus Bild 44 entnommen werden: Zum einen ist die Bohreffizienz immer größer als 1, das heißt, die abgetragenen Volumina sind immer größer als das theoretische Volumen. Zum anderen ist ab einer Pulsenergie von 0.13 J und gleicher Materialdicke nur ein geringfügiger Unterschied in der Effizienz zu erkennen, woraus folgt, daß eine höhere Pulsenergie nicht wesentlich mehr Material abzutragen vermag. Weiterhin nimmt in Bild 44 die Bohreffizienz für alle Pulsenergien bis zu einer Materialdicke von 0.35 mm deutlich ab, während oberhalb dieser Dicke nur noch eine geringe Effizienzminderung mit Steigerung der Materialdicke auftritt.

Alle drei Merkmale sind die Folge der Aufschmelzung der Bohrwände mittels Wärmeleitung und/oder der Wechselwirkung des Plasmas mit der Bohrwand, die zu einer erheblichen Vergrößerung der Bohrung führt und somit die Effizienzsteigerung erklärt. Dabei ist der Durchmesser des Schmelzzylinders eine Funktion der räumlichen

Intensitätsverteilung des Strahls. Demzufolge bewirkt eine Steigerung der Pulsenergie zwar eine Verkürzung der Durchdringzeit, aber nicht eine Effizienzsteigerung beim Abtragsvolumen. Bei einer höheren Pulsenergie fällt ein größerer Anteil an Laserlicht durch die schon früh entstehende Durchgangsbohrung hindurch, ohne dabei mit dem Material in Wechselwirkung zu treten. Als Ursache für die höhere Effizienz bei Materialien bis 0.35 mm ist sowohl die schnellere Aufheizbarkeit des Materials als auch die stärkere Wirkung des Prozeßgasstroms beim Schmelzaustrieb zu sehen.

Ein Vergleich zwischen Bild 44 und Bild 45 für die gleiche Pulsdauer von 0.1 ms zeigt, daß die Bohreffizienz für den kleinen Fokusdurchmesser um den Faktor 2 bis 4 höher ist. Folglich ist das abgetragene Volumen wesentlich größer als das theoretische Strahlvolumen, obwohl in diesem Wert die reellen Strahleigenschaften mitberücksichtigt werden. Auf Grund der höheren Intensität entsteht eine verstärkte Plasmawechselwirkung mit der Bohrwand. Zum anderen ist die Durchdringzeit erheblich kürzer als im Fall des Fokusdurchmessers von 70 µm, so daß die Bohrungswände noch sehr lange bestrahlt werden und so der Materialabtrag vergrößert werden kann. Außerdem muß auch die Möglichkeit in Betracht gezogen werden, daß infolge der Strahlaufweitung und der hieraus entstehenden Mehrfachreflexionen verstärkt Energie in die Bohrwände eingekoppelt wird. Im Unterschied zu dem Fokusdurchmesser von 70 µm nimmt die Bohreffizienz in Bild 45 mit steigender Materialdicke für alle Pulsenergien stetig ab.

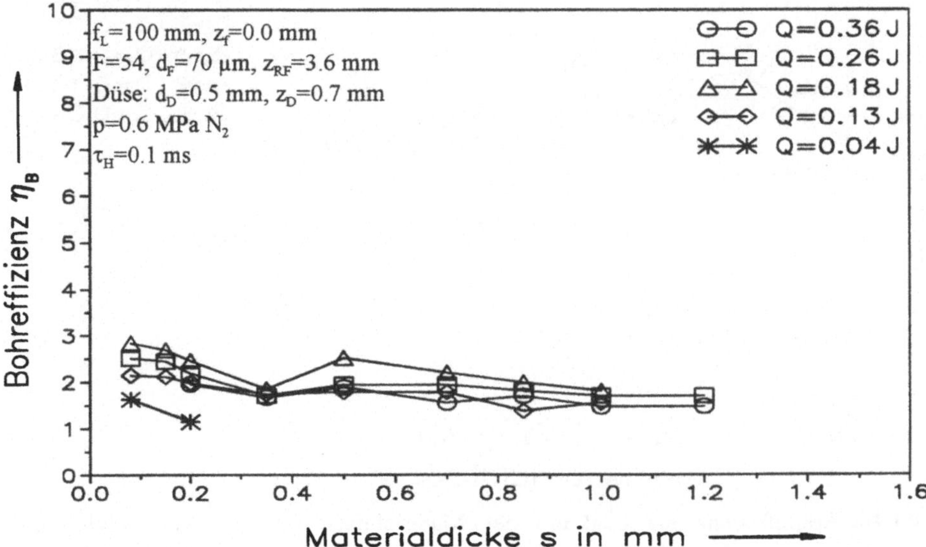

Bild 44: Bohreffizienz als Funktion der Materialdicke mit der Pulsenergie als Parameter ohne Verwendung eines Teleskops.

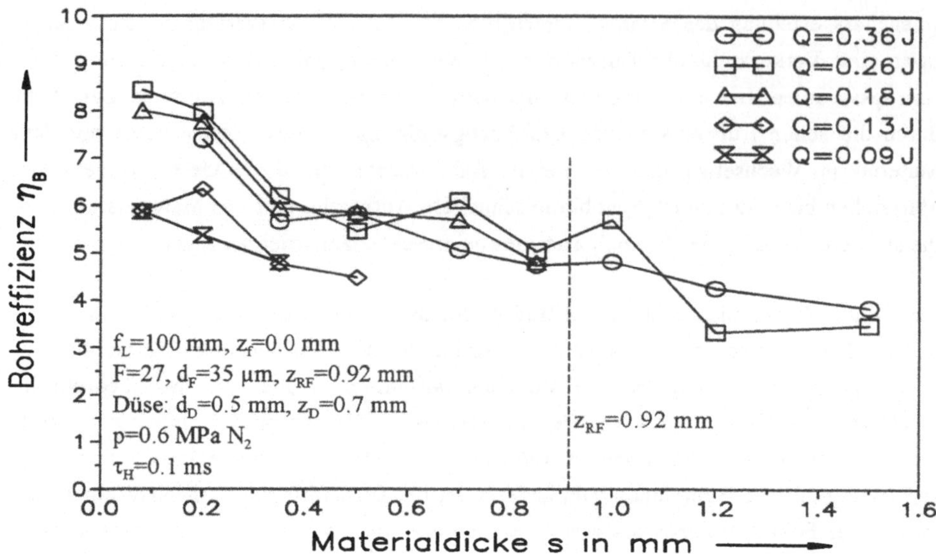

Bild 45: Bohreffizienz als Funktion der Materialdicke mit der Pulsenergie als Parameter unter Verwendung eines 2fach aufweitenden Teleskops; τ_H=0.1 ms.

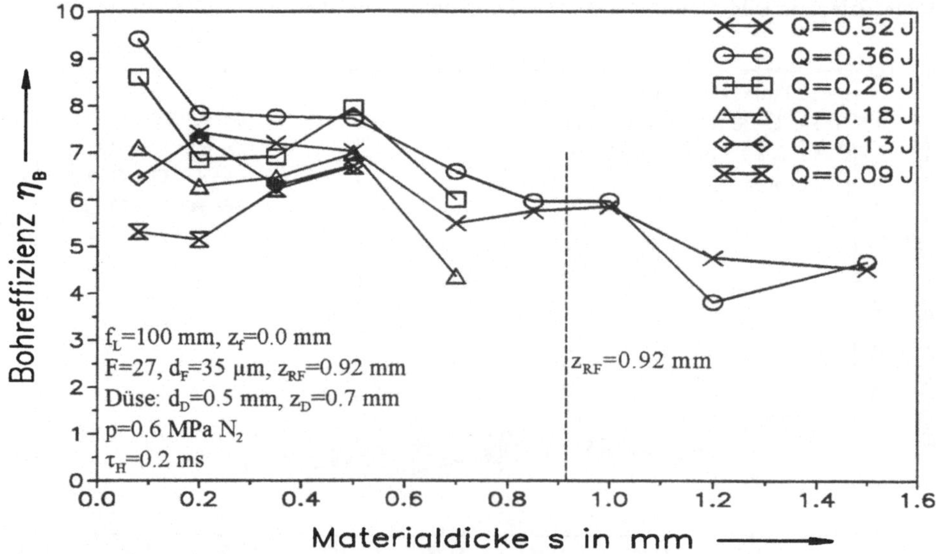

Bild 46: Bohreffizienz als Funktion der Materialdicke mit der Pulsenergie unter Verwendung eines 2fach aufweitenden Teleskops; τ_H=0.2 ms.

Aus Bild 46 wird deutlich, daß sich bei gleichem Fokusdurchmesser von 35 µm für die längere Pulsdauer von 0.2 ms ein ähnlicher Verlauf der Bohreffizienz mit Zunahme der Materialdicke ergibt. Allgemein wird mit der längeren Pulsdauer sowohl für die Pulsenergie von 0.36 J bei allen Materialdicken als auch für alle Pulsenergien bei den Materialdicken von 0.35 und 0.5 mm eine höhere Effizienz erzielt. Demnach kann bei gleicher Pulsenergie und längerer Pulsdauer mehr Material abgetragen werden. Als Ursache kann das kleiner werdende Verhältnis von Durchdringzeit und Pulsdauer gesehen werden, wodurch die Wände der Durchgangsbohrung noch sehr lange bestrahlt werden und Material entsprechend abgetragen wird. In beiden Fällen besitzt die Schärfentiefe keinen Einfluß auf die Bohreffizienz.

5.2 Einfluß der Fokusgeometrie

Wie schon in Kapitel 5.1 gezeigt, beeinflußt die Strahlgeometrie wesentlich die Bearbeitungszeit und die Lochgeometrie der Durchgangsbohrung. In diesem Kapitel wird an Hand der Pulsdauer von 0.1 ms und der Pulsenergie von 0.18 J der Einfluß der größeren Aufweitungsfaktoren 3 und 4 diskutiert. Mit der Verwendung der Teleskope wird nicht nur der Fokusdurchmesser verkleinert, sondern auch entsprechend die Schärfentiefe verringert, wie dies in Tabelle 3 dargestellt ist. Dadurch läßt sich sowohl die Intensität bei sonst gleichen Laserparametern steigern, als auch der Einfluß der Ausbreitung des Laserlichtes im Material zeigen. Die Tendenzen, die sich hieraus ergeben, besitzen auch für längere Pulszeiten und kleinere bzw. größere Pulsenergien Gültigkeit.

5.2.1 Durchdringzeit

Ein Vergleich der Durchdringzeiten in Kapitel 5.1 zeigt, daß sich die Durchdringzeit mittels eines kleineren Fokusdurchmesser erheblich verkürzen läßt. Es stellt sich nun die Frage, ob dieser Trend für immer kleinere Fokusdurchmesser weiter fortgesetzt werden kann. In Bild 47 ist die Durchdringzeit in Abhängigkeit der Materialdicke für 4 unterschiedliche Fokusdurchmesser dargestellt. Für eine bestimmte Materialdicke wird die Durchdringzeit mit einem kleineren Fokusdurchmesser weiter reduziert, jedoch ist der Zeitunterschied nicht so gravierend, wie zwischen dem Fokusdurchmesser von 70 und 35 µm. Für die geringere Abnahme der Durchdringzeit mit weiterer Verkleinerung der Fokusdurchmesser sind sicherlich zwei Ursachen verantwortlich. Zum einen wird die Schärfentiefe verringert, wodurch vermehrt Energie in die Bohrwände eingekoppelt wird. Zum anderen wird die Plasmabildung am Bohrungseintritt durch die höhere Intensität verstärkt, die eine Erhöhung der Verluste durch Absorption/Streuung bewirkt. Ein Indiz für die Veränderung der Verluste ist die Offsetzeit, die sich zunächst von

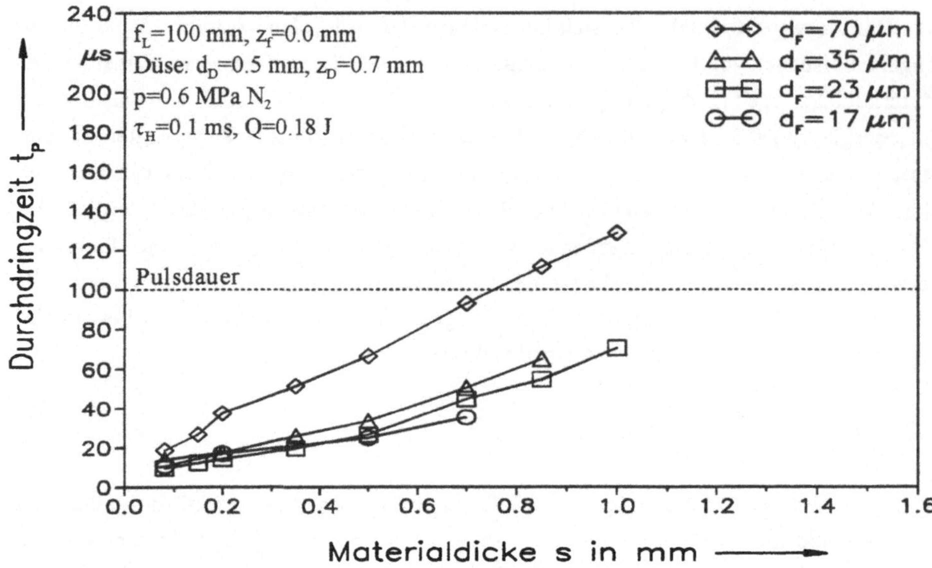

Bild 47: Durchdringzeit als Funktion der Materialdicke für 4 verschiedene Fokusdurchmesser.

10.06 µs (d_F=70 µm) auf 6.19 µs (d_F=23 µm) verringert und für den Fokusdurchmesser von 17 µm wieder auf 8.39 µs ansteigt.

Weiterhin ist die Zunahme der Durchdringzeit mit der Materialdicke für den Fokusdurchmesser von 70 µm wesentlich stärker, als für die kleineren Fokusdurchmesser, wodurch sich der Zeitunterschied vergrößert. Beispielsweise wird für eine Materialdicke von 0.7 mm und dem viermal kleineren Fokusdurchmesser von 17 µm eine Durchdringzeit erreicht, die nur noch ein Viertel so groß ist.

5.2.2 Bohrgeschwindigkeit

Aus dem Verlauf der Bohrgeschwindigkeit in Bild 48 geht hervor, daß mit dem kleinsten Fokusdurchmesser für die meisten Materialdicken auch die höchste Bohrgeschwindigkeit erzielt wird. Ein charakteristisches Merkmal für Fokusdurchmesser kleiner als 35 µm ist das Auftreten einer maximalen Bohrgeschwindigkeit bei einer bestimmten Materialdicke, die für diese Pulsenergie und -dauer bei 0.5 mm liegt. Oberhalb dieser Materialdicke nimmt die Bohrgeschwindigkeit wieder ab, während die Bohrgeschwindigkeit für den Fokusdurchmesser von 70 µm mit steigender Materialdicke konstant bleibt.

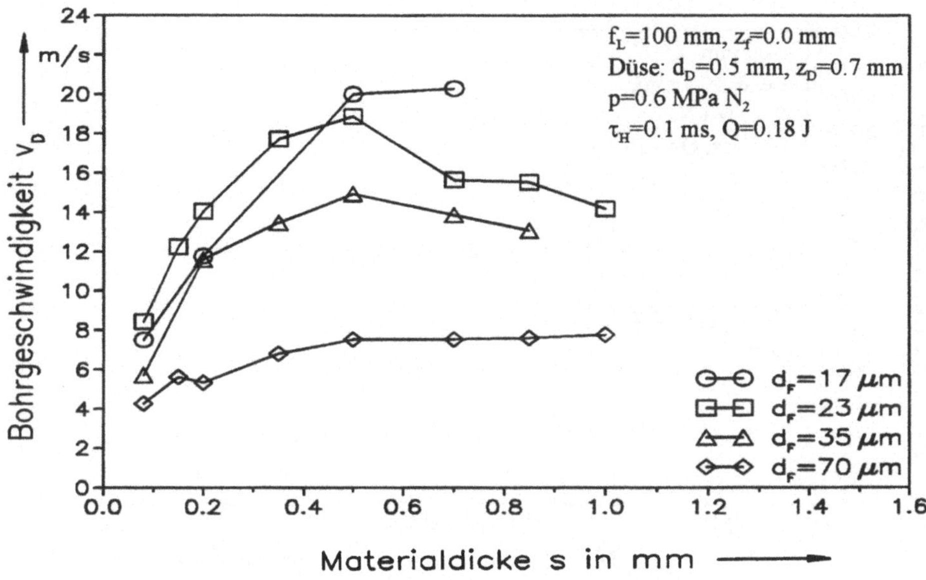

Bild 48: Bohrgeschwindigkeit als Funktion der Materialdicke für 4 verschiedene Fokusdurchmesser.

5.2.3 Lochdurchmesser

Den Einfluß der Fokusdurchmesser auf die Eintrittsdurchmesser für verschiedene Materialdicken zeigt Bild 49. Wegen der kleineren Fokusdurchmesser ist zunächst zu erwarten, daß sich der Eintrittsdurchmesser entsprechend reduziert. Trotzdem ist eine eindeutige Tendenz der Eintrittsdurchmesser mit Verkleinerung des Fokusdurchmesser nicht erkennbar. Eine Halbierung des Fokusdurchmesser von 70 auf 35 μm führt zu keiner Veränderung der Eintrittsdurchmesser, während mit einer Halbierung der Fokusdurchmesser von 35 auf 17 μm eine Verkleinerung des Eintrittsdurchmesser um 5 bis 25 μm, je nach Materialdicke, erreicht wird. Erstaunlicherweise ist mit dem kleinsten Fokusdurchmesser nicht der kleinste Eintrittsdurchmesser erreichbar. Vermutlich wird dies sowohl durch den Schmelzaustrieb vom Bohrgrund als auch durch den Plasmadampf verursacht. Allgemein nimmt das Verhältnis von Fokusdurchmesser zu Eintrittsdurchmesser mit Reduzierung des Fokusdurchmessers erheblich ab.

Die Auswirkungen der Fokusänderung auf den Austrittsdurchmesser ist in Bild 50 dargestellt. Zusätzlich ist für jeden Fokusdurchmesser der berechnete Laserstrahldurchmesser bei freier Strahlpropagation für einen gauß'schen Grundmode eingetragen. Zuerst verkleinert sich der Austrittsdurchmesser mit Zunahme der Materialdicke bis 0.35 mm für alle Fokusdurchmesser, wobei in diesem Bereich der kleinste Austritts-

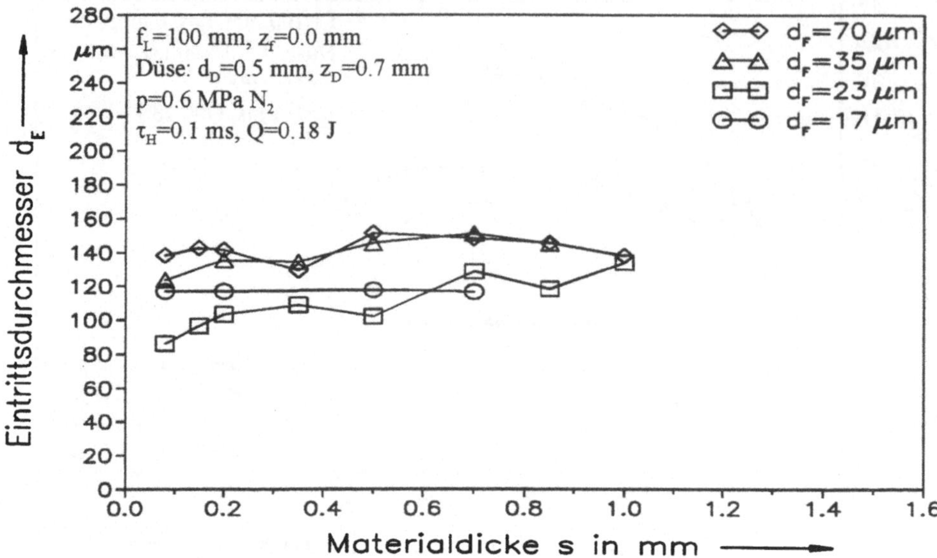

Bild 49: Eintrittsdurchmesser als Funktion der Materialdicke mit dem Fokusdurchmesser als Parameter.

durchmesser mit dem kleinsten Fokusdurchmesser erzielt wird. Oberhalb der Materialdicke von 0.35 mm entspricht der Austrittsdurchmesser für die Fokusdurchmesser von 35 und 70 µm der Größe des Strahldurchmessers, während für die Fokusdurchmesser von 17 und 23 µm die Austrittsdurchmesser erst ab einer Dicke 0.5 bzw. 0.7 mm die gleiche Größe wie der Strahldurchmesser aufweisen. Mit Zunahme der Materialdicke ist oberhalb des Wertes von 0.35 mm keine einheitlich Tendenz der Austrittsdurchmesser für unterschiedliche Fokusdurchmesser zu erkennen. Mit dem Fokusdurchmesser von 70 µm nimmt der Austrittsdurchmesser mit steigender Materialdicke weiter ab, wodurch deutlich kleinere Austrittsdurchmesser als Strahldurchmesser erreicht werden. Die Austrittsdurchmesser für die Fokusdurchmesser 23 und 35 µm bleiben mit der Zunahme der Materialdicke etwa konstant und sind somit nur ein wenig kleiner als der berechnete Strahldurchmesser bei freier Strahlpropagation. Bei dem Fokusdurchmesser von 17 µm ist ein Durchgangsloch in der Materialdicke von 0.7 mm mit den eingestellten Parametern nicht mehr möglich, was durch die wesentlich kürzere Rayleighlänge von 0.23 mm und der damit verbundene Strahlaufweitung verursacht wird.

An Hand der Ein- und Austrittsdurchmesser zeigt sich, daß die Strahlgeometrie einen wesentlichen Einfluß auf den Bohrprozeß ausübt. Zum einen bedingt die Strahlaufweitung einen vermehrten Wärmeeintrag in die Bohrungswände. Zum anderen wird infolge

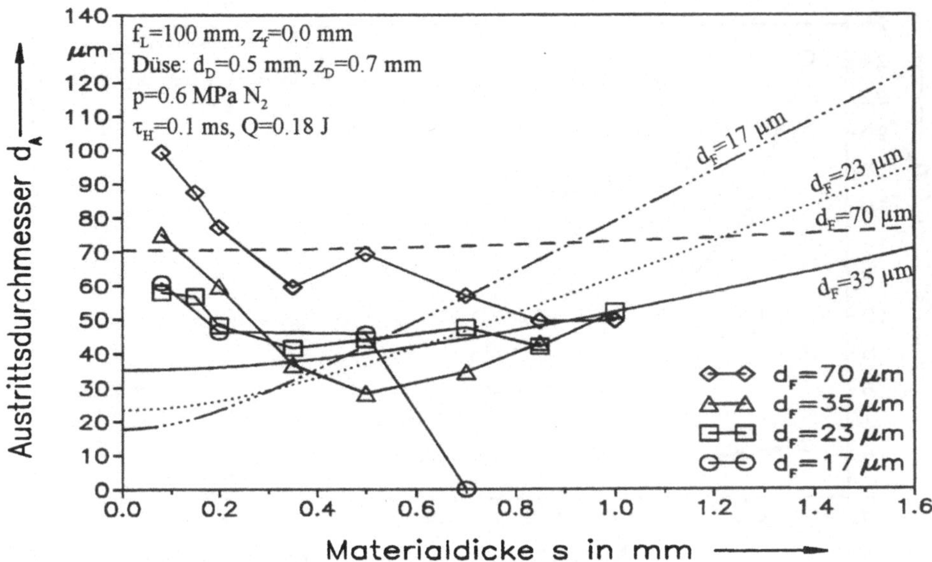

Bild 50: Austrittsdurchmesser als Funktion der Materialdicke mit dem Fokusdurchmesser als Parameter.

der Strahlaufweitung die Intensität in der Bohrung mit zunehmender Materialdicke verringert.

5.2.4 Bohreffizienz

In der Darstellung der Bohreffizienz als Funktion der Materialdicke in Bild 51 zeigt sich, daß für den größten Fokusdurchmesser von 70 µm bei jeder Materialdicke die niedrigste Bohreffizienz erreicht wird. Mit Verkleinerung der Fokusdurchmesser nimmt die Bohreffizienz für alle Materialdicken zu. Die Unterschiede zwischen den Bohreffizienzen sind für den Fokusdurchmesser 70 und 35 µm sowie 23 und 17 µm sehr groß. Hieraus ergibt sich, daß für kleine Fokusdurchmesser das abgetragene Volumen sehr viel größer als das theoretische Strahlvolumen ist. Die Ursache für den vermehrten Materialabtrag ist in den oben diskutierten Wechselwirkungsmechanismen zu sehen.

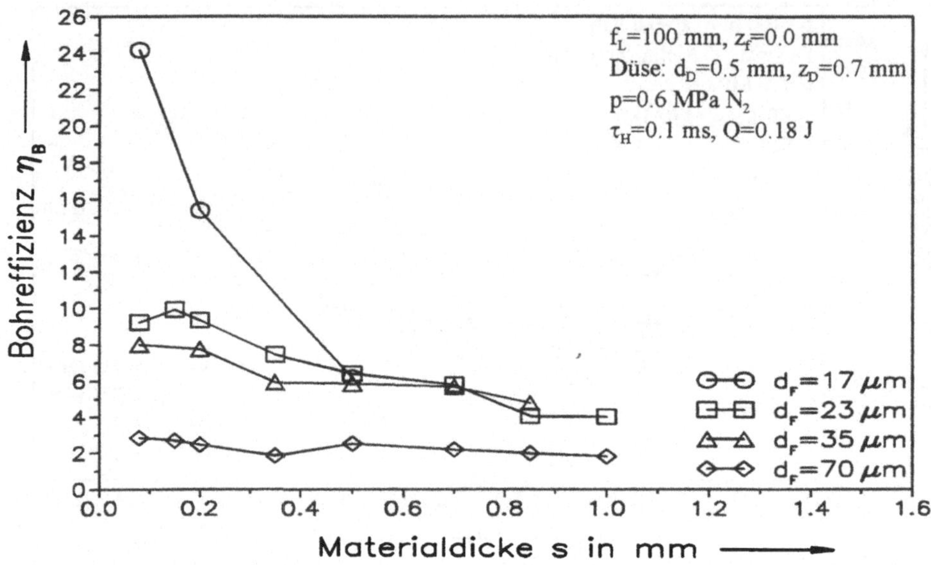

Bild 51: Einfluß der Fokusdurchmesser und der Materialdicke auf die Bohreffizienz.

5.3 Einfluß der Pulsdauer

Ein weiterer Parameter, der den Bohrvorgang wesentlich prägt, ist die Pulsdauer. In diesem Kapitel wird der Einfluß der Pulsdauer für einen Fokusdurchmesser von 23 µm und bei einer konstanten Pulsleistung von 900 W auf die Durchdringzeit, die Bohrgeschwindigkeit, den Lochdurchmessern und die Bohreffizienz erörtert. Die Tendenzen, die sich hieraus ergeben, gelten auch für andere Pulsleistungen und Strahlgeometrien. Die Auswirkungen einer Änderung des Fokusdurchmessers wurden im Kapitel 5.2 erläutert.

5.3.1 Durchdringzeit

Den Verlauf der Durchdringzeit als Funktion der Materialdicke in Abhängigkeit der Pulsdauer und der korrelierten Pulsenergie zeigt Bild 52. Deutlich ist zu erkennen, daß mit den kürzeren Pulszeiten von 0.1 und 0.2 ms wesentlich kürzere Durchdringzeiten erzielt werden. Allerdings wird nur eine maximale Dicke von 0.7 mm erreicht. Mit einer längeren Pulsdauer werden auch größere Materialdicken oberhalb von 0.7 mm mit einem einzigen Puls durchbohrt. Dies entspricht den Beobachtungen von Ready [52], wonach ein längerer Puls ein gleichmäßigeres Temperaturprofil erzeugt und somit eine größere Bearbeitungstiefe erreicht. Die Durchdringzeiten sind mit längeren Pulszeiten als 0.3 ms für alle Materialdicken nahezu identisch. Dadurch verschlechtert sich das

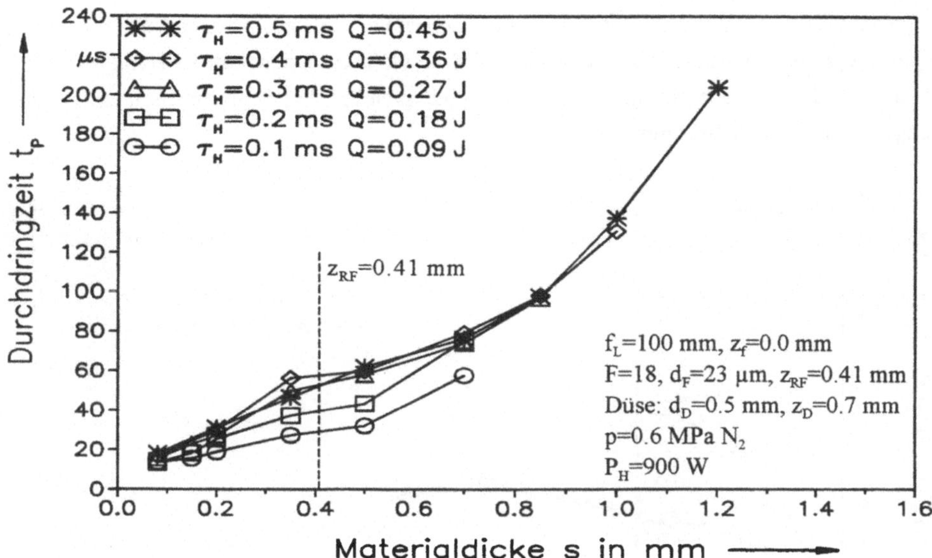

Bild 52: Durchdringzeit als Funktion der Materialdicke für unterschiedliche Pulszeiten bei gleicher Pulsleistung von 900 W.

Verhältnis von Durchdringzeit zu Pulsdauer. Beispielsweise beträgt bei einer Materialdicke von 1 mm und einer Pulsdauer von 0.4 ms der Anteil der Durchdringzeit an der gesamten Pulsdauer 33 %, bei einer Pulsdauer von 0.5 ms sogar nur 27 %. Das heißt, daß während der restlichen Zeit das Laserlicht durch die Durchgangsbohrung hindurch fällt und nur ein Teil der Energie die Wände der Bohrung erwärmen kann. Dies führt zu einer langsamen Vergrößerung der Durchmesser.

5.3.2 Bohrgeschwindigkeit

Bild 53 zeigt, wie sich die Bohrgeschwindigkeit für die einzelnen Pulszeiten verhält. Für alle Pulszeiten existiert, wie schon zuvor geschildert, eine maximale Bohrgeschwindigkeit. Diese Geschwindigkeit wird für die Pulszeiten von 0.1 und 0.2 ms bei 0.5 mm und für die restlichen Pulszeiten bei 0.7 mm erreicht. Hieraus folgt, daß bei gleicher Pulsleistung die maximale Geschwindigkeit mit einer längeren Pulsdauer zu einer größeren Materialdicke verschoben wird. Wiederum ist die maximal erreichbare Geschwindigkeit für die kürzere Pulsdauer größer.

Allgemein läßt sich feststellen, daß die maximale Bohrgeschwindigkeit einerseits abhängig ist vom Verhältnis Pulsenergie zu Materialdicke, wie schon an Hand von Bild 35 und Bild 36 erläutert, und andererseits bei gleicher Pulsleistung auch durch die Länge der Pulsdauer bestimmt wird.

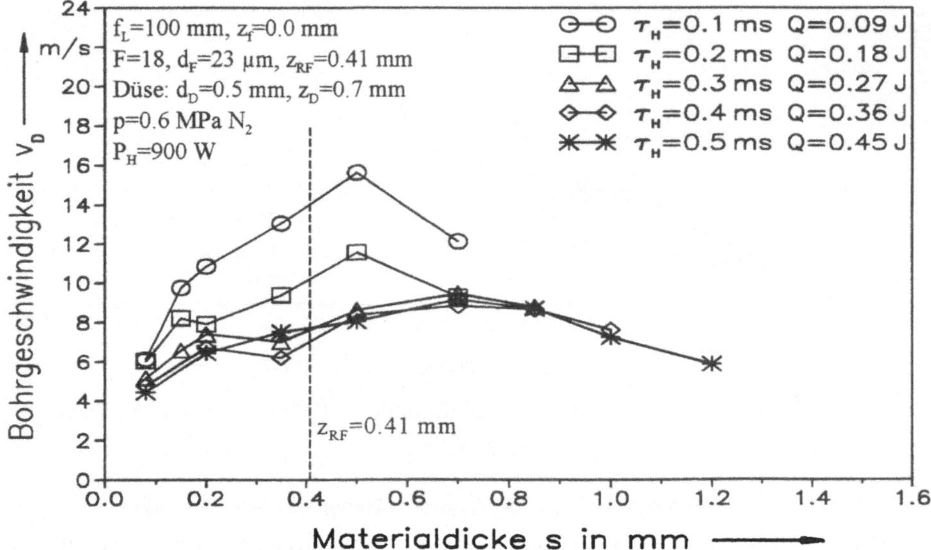

Bild 53: Bohrgeschwindigkeit als Funktion der Materialdicke für unterschiedliche Pulszeiten bei gleicher Pulsleistung von 900 W.

5.3.3 Lochdurchmesser

Bild 54 zeigt den ausgeprägten Einfluß der Pulszeiten auf die Eintrittsdurchmesser. Für die kürzeste Pulsdauer von 0.1 ms ist ein leichter Anstieg des Eintrittsdurchmessers mit Zunahme der Materialdicke zu verzeichnen. Gleiches gilt auch für die Pulsdauer von 0.2 ms, wobei der Anstieg um ca. 20 µm größer ist.

Bei längeren Pulszeiten tritt ein minimaler Eintrittsdurchmesser bei der Materialdicke von 0.2 mm auf. Anschließend nimmt der Eintrittsdurchmesser mit der Erhöhung der Materialdicke wesentlich stärker als für die Pulszeiten von 0.1 und 0.2 ms zu. So wird beispielsweise mit der Pulsdauer von 0.5 ms ein Durchmesser von 80 µm bei einer Dicke von 0.2 mm erzielt, und bei einer Dicke von 1.2 mm entsteht ein Durchmesser von 180 µm. Dadurch verändert sich auch mit zunehmender Materialdicke das Verhältnis zwischen dem Strahldurchmesser und dem Lochdurchmesser beträchtlich. Ausschlaggebend für dieses Verhalten ist die höhere Pulsenergie.

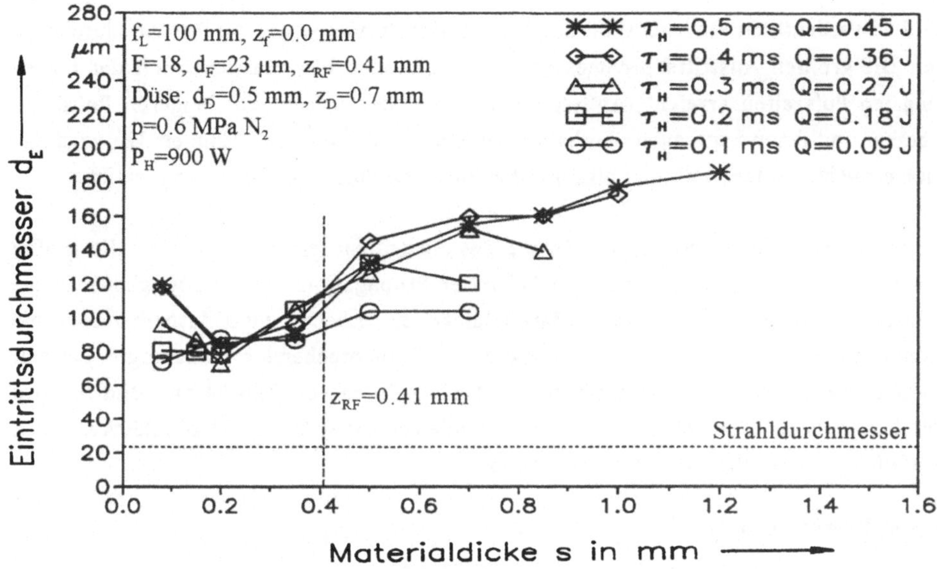

Bild 54: Eintrittsdurchmesser in Abhängigkeit von der Materialdicke und unterschiedlichen Pulszeiten bei gleicher Pulsleistung von 900 W.

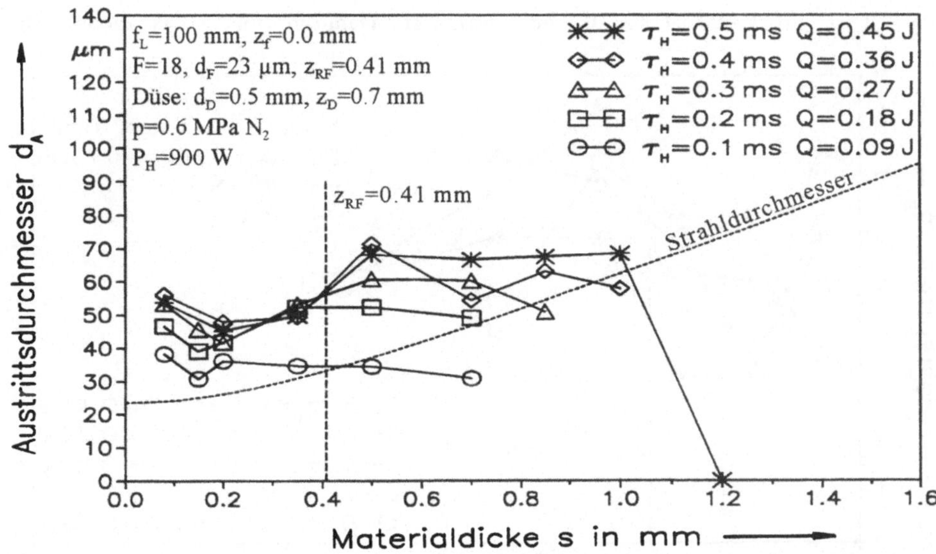

Bild 55: Austrittsdurchmesser in Abhängigkeit von der Materialdicke und unterschiedlichen Pulszeiten bei gleicher Pulsleistung von 900 W.

Bild 55 verdeutlicht eindrucksvoll den Einfluß der Pulsdauer auf die Austrittsdurchmesser. Die größten Austrittsdurchmesser werden bei allen Materialdicken mit den beiden längsten Pulszeiten erreicht. Außerdem wird nun der Vorteil der längeren Pulsdauer sichtbar: mit ihnen kann auch oberhalb einer Materialdicke von 0.7 mm ein Durchgangsloch erreicht werden, während dies mit den kürzeren Pulszeiten nicht möglich ist.

In den meisten Fällen erlangt die Größe des Austrittsdurchmesser erst für die größte Materialdicke den Strahldurchmesser bei freier Propagation. Um eine möglichst kleine Bohrungen bei einer bestimmten Materialdicke zu erzielen, muß deshalb immer die Kombination mit der kürzesten Pulsdauer und entsprechender Pulsenergie gewählt werden, die zu der geforderten Leistung führt. An Hand von Bild 54 und Bild 55 wird deutlich, daß die Überschreitung der Rayleighlänge mit größerer Materialdicke keinen Einfluß auf die Austrittsdurchmesser ausübt.

5.3.4 Bohreffizienz

Obwohl in Bild 56 die gleiche Pulsleistung vorliegt, ergeben sich unterschiedliche Bohreffizienzen für die Pulszeiten, wobei für jede Materialdicke eine maximale Effizienz mit einer bestimmten Pulsdauer erzielt wird. Begründet wird dieser Effekt der Effizienzänderung durch die Verschlechterung der Strahlqualität, die sich von K=0.955 bei 0.1 ms auf K=0.624 bei 0.5 ms verringert. Dadurch nimmt das theoretische

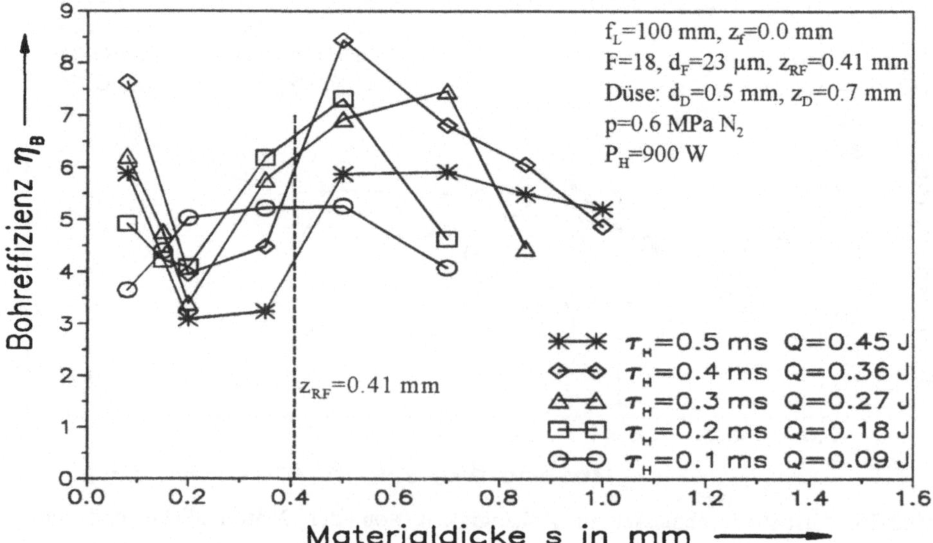

Bild 56: Bohreffizienz in Abhängigkeit von der Materialdicke und unterschiedlichen Pulszeiten bei gleicher Pulsleistung von 900 W.

Strahlvolumen mit längerer Pulsdauer stärker zu, während das abgetragene Volumen sich nicht wesentlich vergrößert. Dies ist insofern erstaunlich, zumal für eine längere Pulsdauer sich sowohl die Durchdringzeit verlängert als auch das Verhältnis von Durchdringzeit und Pulsdauer verkleinert. Offensichtlich wird der maximal erreichbare Lochdurchmesser durch die räumliche Intensitätsverteilung über den endlichen Strahldurchmesser begrenzt, der mittels der Schmelzisothermen bei eindimensionaler Wärmeleitung bestimmt werden kann. Das bedeutet, daß bei einer Steigerung der Pulsenergie korreliert mit der Pulsdauer es nur zu einer geringen Änderung des Lochdurchmessers durch Wärmeleitung kommt, die durch die Verlängerung der Pulsdauer nicht verbessert wird. Dadurch vergrößert sich das Lochvolumen gemessen an der zugeführten Energie nur noch geringfügig, so daß eine Minderung der Effizienz entsteht. Dieses Verhalten der Effizienz entspricht dem Verlauf der Steigerung der Pulsenergie mit konstanter Pulsdauer in Kapitel 5.1. Daraus folgt, daß die Änderung der Pulsenergie einen stärkeren Einfluß auf die Effizienz ausübt als die Pulsdauer. Der einzige Vorteil der längeren Pulsdauer bei gleicher Pulsleistung liegt in der Möglichkeit, auch in größeren Materialdicken noch Durchgangsbohrungen zu erzielen.

5.4 Einfluß des Gasdrucks

Um die Auswirkungen des Prozeßgasdruckes an unterschiedlichen Parametern zu erläutern, müssen zwei verschiedene Fokusdurchmesser 17 µm und 35 µm verwendet werden. Im Fall des Fokusdurchmesser von 17 µm wird die Pulsdauer und der Gasdruck bei einer konstanten Pulsenergie von 0.18 J variiert, während für den Fokusdurchmesser von 35 µm die Pulsdauer mit 0.2 ms konstant gehalten wird und die Pulsenergie und der Gasdruck verändert werden.

5.4.1 Durchdringzeit

Der Einfluß des Bearbeitungsgasdruckes auf die Durchdringzeit unter Verwendung von Stickstoff ist in Bild 57 und Bild 58 dargestellt. In Bild 57 ist deutlich zu erkennen, daß die Durchdringzeit bis zu einer Materialdicke von 0.5 mm für beide Gasdrücke von 0.6 und 1.4 MPa annähernd gleich lang ist. Oberhalb dieser Materialdicke tritt mit dem höheren Gasdruck eine längere Durchdringzeit auf. Andererseits ist es nur mit dem höheren Gasdruck möglich, auch größere Materialdicken mit einem Laserpuls zu durchdringen. Die Verlängerung der Pulslänge bewirkt eine längere Durchdringzeit, die aber, wie Bild 57 zeigt, unabhängig vom Gasdruck ist. Im Gegensatz dazu ist die Verlängerung der Durchdringzeit mit höherem Gasdruck oberhalb von 0.5 mm um so größer, je länger die Pulsdauer ist.

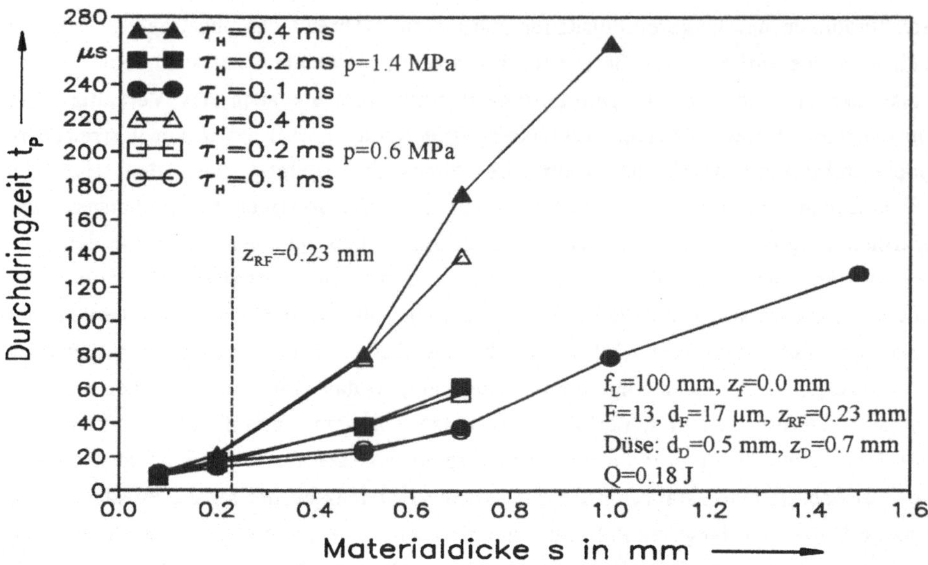

Bild 57: Durchdringzeit als Funktion der Materialdicke für unterschiedliche Pulszeiten und Prozeßgasdrücke.

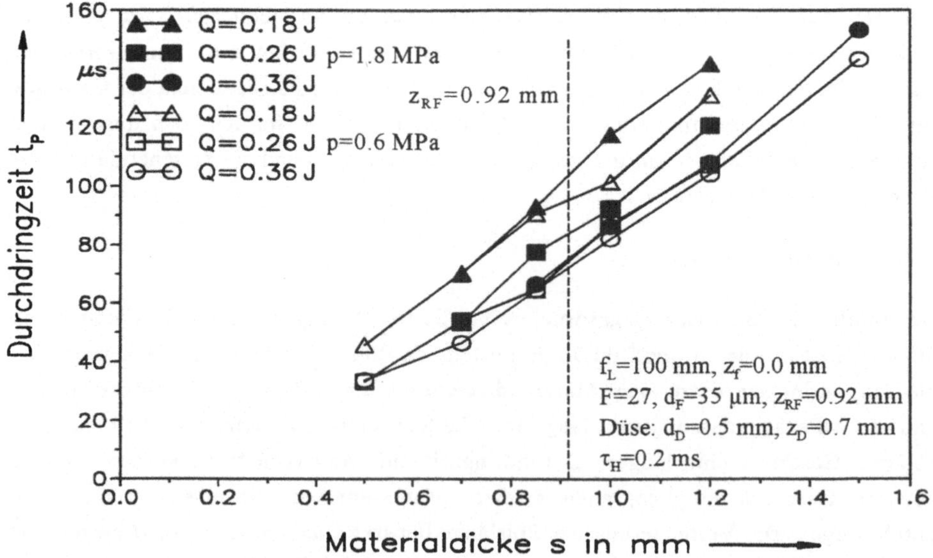

Bild 58: Durchdringzeit als Funktion der Materialdicke für unterschiedliche Pulsenergien und Prozeßgasdrücke.

Auch für den größeren Fokusdurchmesser von 35 µm verlängert sich die Durchdringzeit für einen höheren Gasdruck oberhalb einer Materialdicke von 0.5 mm, wie Bild 58 veranschaulicht. Aus Gründen der Übersichtlichkeit sind hier die Durchdringzeiten für beide Gasdrücke erst ab einer Dicke von 0.7 mm eingetragen. Wie schon erläutert, verringert sich die Durchdringzeit mit Steigerung der Pulsenergie. Allerdings ist die Zunahme der Durchdringzeit mit höherem Gasdruck um so größer, je kleiner die Pulsenergie ist. Die Verlängerung der Durchdringzeit bei größerer Materialdicke läßt sich wie folgt erklären: Zu Beginn des Bohrvorgangs verursacht der größere Gasdruck einen stärkeren Impuls auf die Schmelze, da zu diesem Zeitpunkt ein Dampfdruck erst entstehen muß. Dadurch verringert sich die Filmdicke der heißen Schmelze. Zum anderen ist Stickstoff ein reaktionsträges Gas, das bei höheren Drücken kühlend auf die Schmelze wirken kann. Beide Effekte entziehen dem Bohrprozeß Energie, was zu einer Verlangsamung führt. Bei dünneren Materialien sind die Effekte ebenfalls vorhanden, aber auf Grund des schnelleren Durchdringungsprozesses mit der Durchdringzeit nicht meßbar.

5.4.2 Bohrgeschwindigkeit

Infolge der längeren Durchdringzeiten mit Erhöhung des Gasdruckes verringert sich die Bohrgeschwindigkeit entsprechend, wodurch die Geschwindigkeit nach der maximalen Bohrgeschwindigkeit stärker abnimmt. Diese Tendenz gilt für alle Pulszeiten, -energien und Fokusdurchmesser. Dadurch existiert nun auch bei dem Fokusdurchmesser von 70 µm eine maximale Geschwindigkeit bei einer bestimmten Materialdicke.

5.4.3 Lochdurchmesser

In Bild 59 und Bild 60 wird die unterschiedliche Wirkung des Prozeßgasdrucks auf die Eintrittsdurchmesser für verschiedene Fokusdurchmesser sichtbar. Für den Fokusdurchmesser von 17 µm und Materialdicken bis 0.2 mm ist in Bild 59 die Größe der Eintrittsdurchmesser unabhängig vom Gasdruck. Oberhalb dieser Materialdicke ist bei allen Pulszeiten keine eindeutige Tendenz bezüglich der Gasdrücke zu erkennen, was auch für den Fokusdurchmesser von 23 µm gilt.

Bild 60 dagegen ist zu entnehmen, daß sich für den Fokusdurchmesser von 35 µm die Eintrittsdurchmesser bei allen Pulsenergien mit Zunahme des Prozeßgasdrucks erheblich vergrößern. Dadurch vergrößert sich das Verhältnis von Eintrittsdurchmesser zu Strahldurchmesser. Dieser Vergrößerungseffekt ist ein weiteres Indiz dafür, daß die Wirkung des Gasdrucks zu Beginn des Bohrprozesses am größten ist. Folglich werden schon frühzeitig geringe Schmelzmengen abgetragen, wodurch ein größerer Lochdurchmesser am Eintritt erzielt wird.

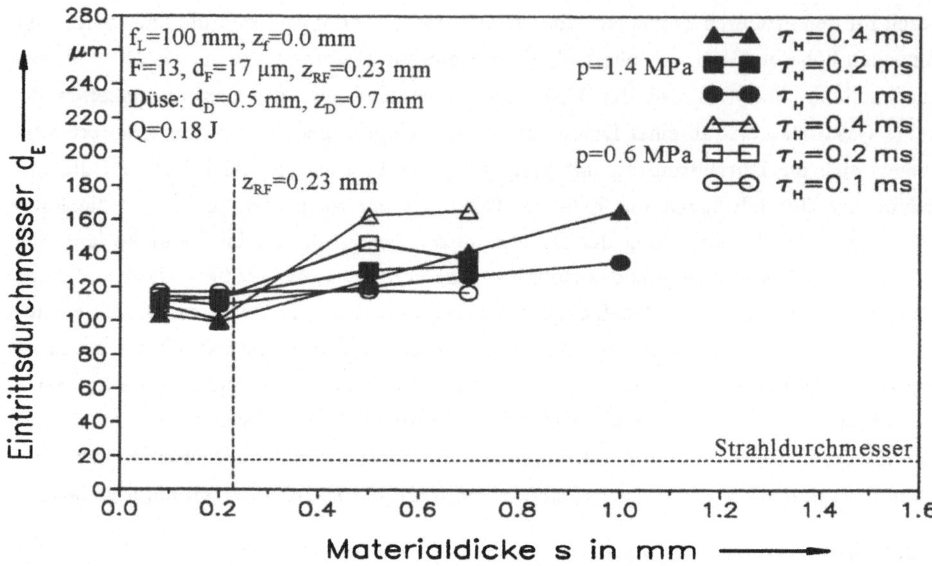

Bild 59: Eintrittsdurchmesser als Funktion der Materialdicke mit der Pulsdauer und dem Prozeßgasdruck als Parameter.

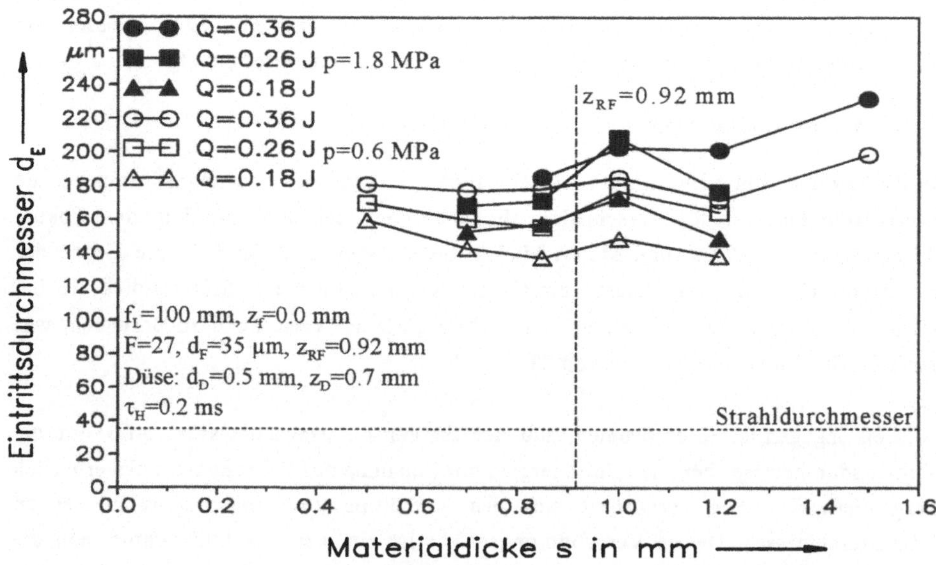

Bild 60: Eintrittsdurchmesser als Funktion der Materialdicke mit der Pulsenergie und dem Prozeßgasdruck als Parameter.

Die Vergrößerung der Eintrittsdurchmessers infolge der Druckerhöhung tritt ebenfalls bei dem Fokusdurchmesser von 70 µm auf. Eine Erklärung für die unterschiedliche Wirkung bei den verschiedenen Fokusdurchmessern ist in der Intensität zu suchen. Denn mit den kleineren Fokusdurchmessern erreicht das Material nach Gleichung (20) viel schneller die Verdampfungstemperatur als für die größeren Fokusdurchmesser, so daß wesentlich weniger Schmelze entsteht. Als Folge wird in Bild 59 ein schwächerer Einfluß des Gasdrucks beobachtet.

In Bild 61 ist der entsprechende Austrittsdurchmesser für den Fokusdurchmesser von 17 µm als Funktion der Materialdicke für unterschiedliche Gasdrücke dargestellt. Bis zu einer Materialdicke von 0.2 mm sind die Austrittsdurchmesser für beide Gasdrücke etwa gleich groß. Erst oberhalb dieser Materialdicke äußert sich der Einfluß des Gasdrucks. Für die Materialdicke von 0.5 mm wird mit dem höheren Gasdruck ein kleinerer Austrittsdurchmesser erzielt. Bei weiterer Steigerung der Materialdicke sind Durchgangsbohrungen nur noch mit dem höheren Gasdruck möglich. Als Erklärungsmöglichkeit hierfür kommt die verstärkte Schmelzbildung bei größeren Materialdicken in Betracht, die schon im Kapitel 4.4 und 4.3 erläutert wurde. Bei einem höheren Gasdruck kann die Schmelze noch aus der Bohrung ausgetrieben werden, während sie bei einem niedrigeren Gasdruck in der Bohrung verbleibt und diese wieder verschließt. Um den Einfluß des größeren Gasdrucks besser verstehen zu können, sind die HeNe-Signalformen mitzuberücksichtigen. Sie zeigen, daß für den Gasdruck von 0.6 MPa überwiegend die *Puls-Pausen-Linie* auftritt, während bei dem Gasdruck von 1.4 MPa die *Puls-Bogen-Linie* dominiert. Bei der *Puls-Pausen-Linie* erfolgt die Öffnung der Bohrung schlagartig. Offensichtlich wird bei einem schlagartigen Austrieb mehr Material abgetragen, als bei einem langsamen Austrieb. Dies würde auch den Anstieg der Austrittsdurchmesser für größere Materialdicken erklären, wo ebenfalls das HeNe-Signal der *Puls-Pausen-Linie* überwiegt.

Bild 62 zeigt den Verlauf der Austrittsdurchmesser in Abhängigkeit der Materialdicke für verschiedene Pulsenergien und Gasdrücke bei einem Fokusdurchmesser von 35 µm. Die Verwendung des höheren Gasdrucks verursacht für alle Materialdicken immer einen größeren Austrittsdurchmesser. Deshalb lassen sich auch für die niedrigeren Pulsenergien Durchgangsbohrungen bis zu einer Materialdicke von 1.2 mm erzielen, während für den Gasdruck von 0.6 MPa die Grenze schon bei 0.7 mm erreicht ist. Die geschilderten Tendenzen der Austrittsdurchmesser können auch auf die Fokusdurchmesser von 23 und 70 µm übertragen werden.

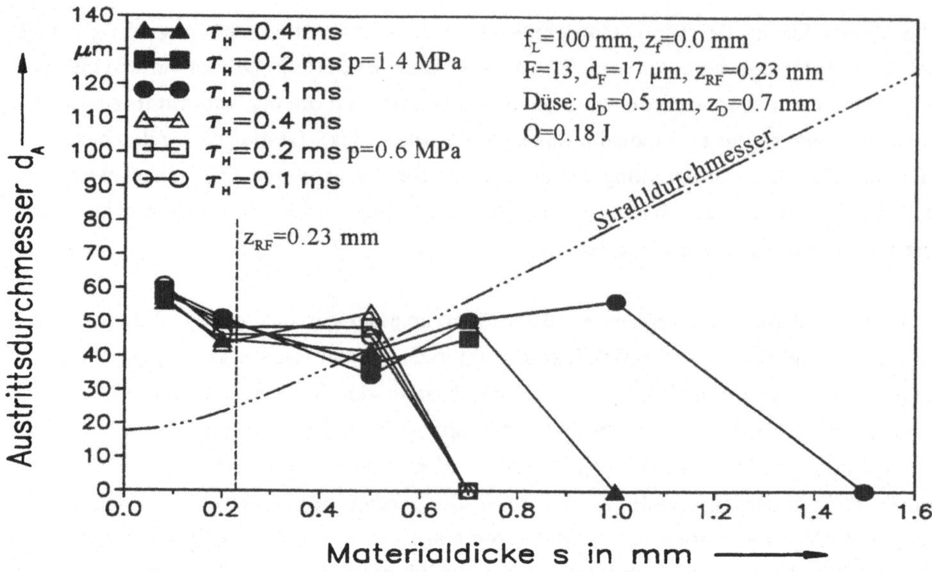

Bild 61: Austrittsdurchmesser als Funktion der Materialdicke mit der Pulsdauer und dem Prozeßgasdruck als Parameter.

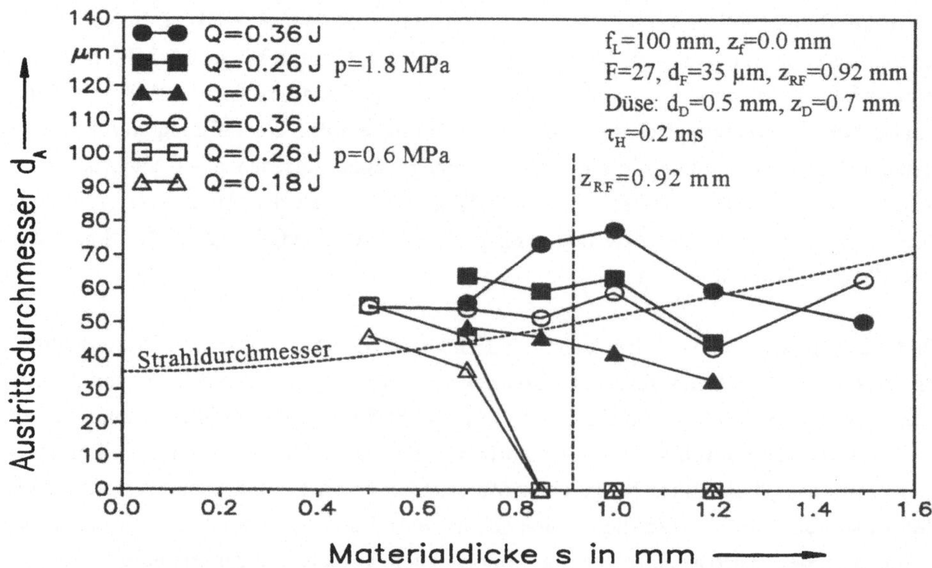

Bild 62: Austrittsdurchmesser als Funktion der Materialdicke mit der Pulsenergie und dem Prozeßgasdruck als Parameter.

5.5 Einfluß der Fokuslage

Die Variation der Fokuslage erfolgte bei den Experimenten durch die Änderung des Abstands des fokussierenden Objektives relativ zur Werkstückoberfläche. Der Abstand zwischen dem Austritt der Gasdüse und der Werkstückoberfläche bleibt dabei konstant, und die Strömungsverhältnisse ändern sich somit auch nicht.

Zu Beginn der Bohruntersuchungen stand das schon in Kapitel 3.2.2 erwähnte Strahldiagnosesystem noch nicht zur Verfügung. Deshalb wurden Fokusreihen mit einer 10 µm dicken Metallfolie und verschiedenen Teleskopen durchgeführt, um einerseits die Fokuslage zu definieren und andererseits die Qualität des Laserstrahls und der Optik nach der Methode von Nonhof [42] zu bestimmen (ein auf wenige µm fokussierter Laserstrahl läßt sich zur Zeit mit keinem Diagnosesystem direkt messen). In Bild 63 werden für zwei Fokusdurchmesser nach [42] experimentell ermittelte und für einen Grundmode berechnete Durchmesserwerte verglichen. Es zeigt sich eine gute Übereinstimmung.

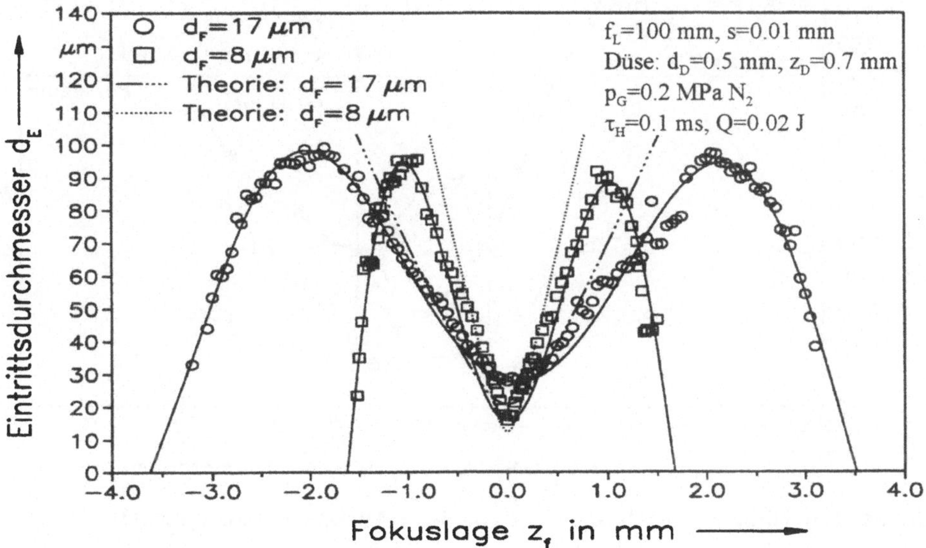

Bild 63: Experimentelle und theoretische Bohrungsdurchmesser als Funktion der Fokuslage für ein 4- und ein 8fach aufweitendes Teleskop (-oberhalb, +unterhalb der Metalloberfläche).

5.5.1 Durchdringzeit

Um den Einfluß der Fokuslage auf die Durchdringzeit zu bestimmen und gleichzeitig den Einfluß der Schärfentiefe bei unterschiedlichen Materialdicken sichtbar zu machen, werden die Fokusdurchmesser 23 und 35 µm verwendet,. Die Kombination der Laser- und Prozeßparameter ist so gewählt, daß bei gleichen Parametern sowohl für eine dünne als auch für eine entsprechend dickere Materialstärke eine Durchdringung in einem Puls statt finden kann.

In Bild 64 ist die Durchdringzeit als Funktion der Fokuslage für drei Materialdicken und einem Fokusdurchmesser von 23 µm dargestellt. Der Verlauf der Durchdringzeit zeigt für alle Materialdicken zwei signifikante Punkte, an denen eine minimale Werte erreicht werden. Sie werden zum einen bei einer Fokuslage erreicht, die um 0.3 mm unterhalb der Werkstückoberfläche liegt. Die Fokuslage für diese minimale Durchdringzeit erweist sich als unabhängig von der Materialdicke.

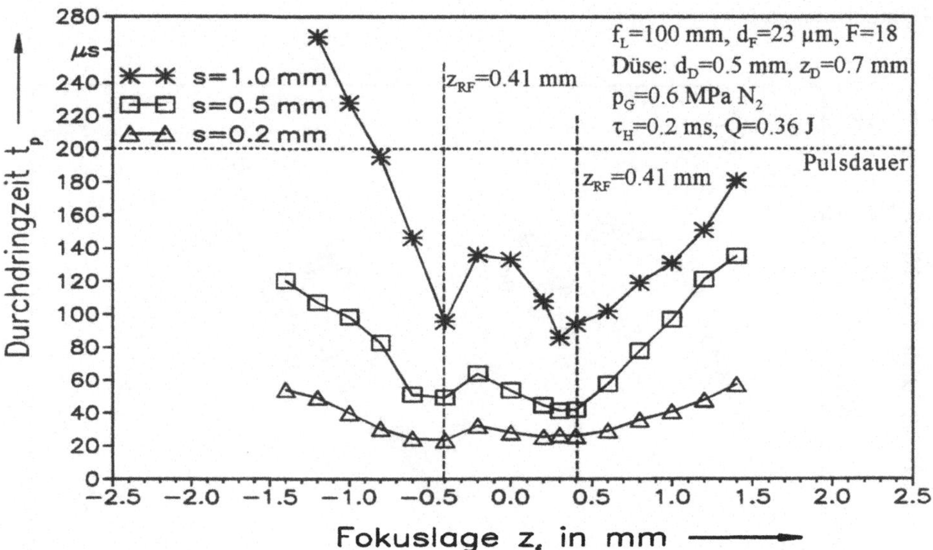

Bild 64: Durchdringzeit in Abhängigkeit von der Fokuslage und Materialdicke.

Bei dem zweiten lokalen Minimum befindet sich der Fokus 0.4 mm oberhalb der Materialoberfläche, das für diesen Fokusdurchmesser exakt der Schärfentiefe der Laserstrahlung entspricht. Mit einer größeren Materialdicke ändert sich auch hier die Lage des Minimums nicht. Die Durchdringzeit ist, im Vergleich zur Fokusposition 0.3 mm unterhalb der Metalloberfläche, bei dieser Fokusposition für die Materialdicken von 0.5 und 1.0 mm etwas länger und für die Materialdicke von 0.2 mm, also kleiner als die Schärfentiefe, gleich lang.

Die minimale Durchdringzeit für eine Fokusposition 0.3 mm unterhalb der Metalloberfläche erhärtet die Feststellung, wodurch in verschiedenen Untersuchungen zum Bohren, Schneiden und Schweißen für eine Fokuslage 0.5 bis 2 mm unterhalb der Werkstückoberfläche die besten Resultate bezüglich der Lochtiefe, Geschwindigkeit und Rauhigkeit erzielt wurden [85], [92], [132], [133], [134]: Je kürzer die Durchdringzeit bei gleichen Laserparametern ist, desto mehr Laserenergie steht für die restliche Pulsdauer zur Verfügung. Diese überschüssige Energie kann sowohl positive Auswirkungen auf den Bearbeitungsprozeß in Form von einer Geschwindigkeitserhöhung oder Qualitätsverbesserung besitzen als auch negative Effekte verursachen, wie zum Beispiel die Verbreiterung der Schnittfuge oder eine vergrößerte Wärmeeinflußzone.

Als Folge einer Fokusposition unterhalb der Metalloberfläche wird eine Vergrößerung des Strahldurchmessers an der Oberfläche erreicht. Auf diese Weise steigert sich die Intensität mit zunehmender Lochtiefe durch die Verkleinerung des Strahldurchmessers. Über die Fokuslage wird auf diese Weise der Einkoppelmechanismus der Laserenergie gesteuert und somit auch die Ausbildung der Bohrkapillare. Ein Optimum zwischen Defokussierung des Strahles an der Oberfläche und der Intensitätssteigerung mit steigender Lochtiefe ist mit jener Fokuslage erreicht, wo die Durchdringzeit am kürzesten ist. Bei weiterer Verschiebung der Fokuslage in das Werkstück hinein wird die Defokussierung an der Oberfläche so groß, daß die Intensität sich erheblich verringert und die Durchdringzeit wieder ansteigt.

Um die minimale Durchdringzeit für eine Fokuslage oberhalb der Materialdicke erklären zu können, müssen auch die Ergebnisse in Bild 65 betrachtet werden. Hier ist Durchdringzeit als Funktion der Fokuslage für die Materialdicke von 0.5 mm mit unterschiedlichen Laserparametern und den Fokusdurchmessern 23 µm und 35 µm dargestellt. Mit der Vergrößerung des Fokusdurchmessers ändert sich auch die Schärfentiefe. Bei beiden Fokusdurchmessern entsteht bei gleichen Laserparametern und einer identischen Fokuslage von 0.3 mm unterhalb der Werkstückoberfläche eine minimale Durchdringzeit, während mit einem Fokuspunkt oberhalb der Werkstückoberfläche die minimale Durchdringzeit für unterschiedliche Fokuslagen erreicht wird, die in beiden Fällen in etwa der Schärfentiefe entsprechen.

Infolge der Leistungsänderung von 1.8 W auf 6.5 W durch die Erhöhung der Pulsfrequenz verschiebt sich die Fokuslage für die kürzeste Durchdringzeit von -0.8 mm bis auf -1.2 mm oberhalb der Werkstückoberfläche. Im Gegensatz dazu ändert sich die Lage des Fokuspunktes unterhalb der Werkstückoberfläche für die minimale Durchdringzeit nicht.

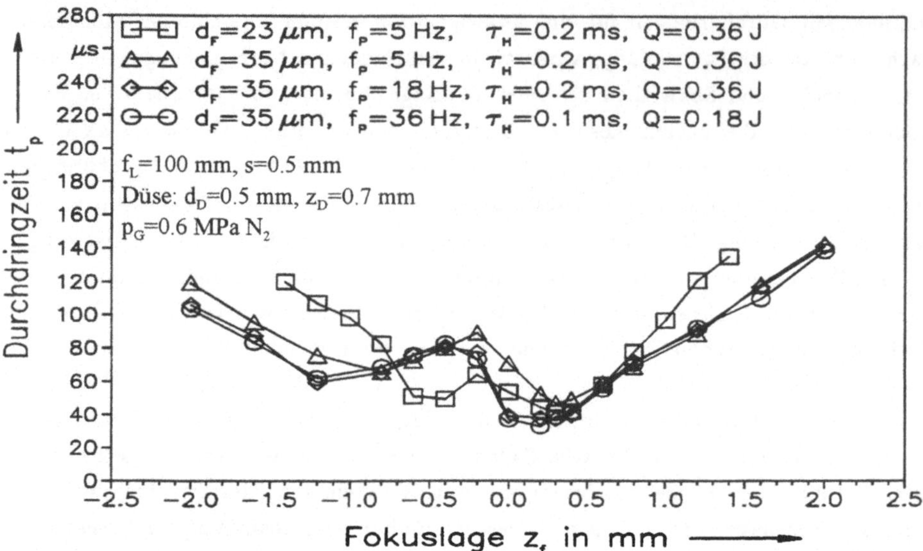

Bild 65: Durchdringzeit in Abhängigkeit von der Fokuslage, dem Fokusdurchmesser, der Pulsdauer und der Frequenz für eine Materialdicke von 0.5 mm.

Weiterhin wird in Bild 65 eine kürzere Pulsdauer von 0.1 ms bei gleicher Pulsleistung und mittlerer Laserleistung verwendet. Aufgrund der Änderung der Pulsdauer erfolgt keine Verschiebung der Fokuslagen für die minimale Durchdringzeit. Das lokale Minimum für die Fokuslage oberhalb der Werkstückoberfläche ändert sich folglich nur mit der Laserleistung. Eine vermutliche Ursache hierfür ist die sich ändernde Strahlqualität mit steigender Laserleistung. Bei Verschlechterung der Strahlqualität vergrößert sich die Schärfentiefe nach Gleichung (35). Demnach korreliert die optimale Fokuslage oberhalb der Werkstückoberfläche mit der Schärfentiefe, die sowohl von der Laserleistung als auch dem Fokusdurchmesser abhängt. Diese Abhängigkeit ist auch die Ursache für die schwierige Einstellung der optimalen Fokuslage. Die Frage, weshalb diese Fokuslage exakt mit der Schärfentiefe übereinstimmt, kann an Hand der durchgeführten Versuche nicht beantwortet werden.

5.5.2 Bohrgeschwindigkeit

Ein weiterer interessanter Gesichtspunkt ergibt sich aus dem Verlauf der Bohrgeschwindigkeit als Funktion der Fokuslage für verschieden Materialdicken in Bild 66.

Für die Fokuslage 0.0 mm, die bisher bei allen anderen Versuchen verwendet wurde, wird die größte Bohrgeschwindigkeit für die Materialdicke von 0.5 mm erreicht. Dies entspricht dem Resultat einer maximalen Bohrgeschwindigkeit bei einer bestimmten Materialdicke im Kapitel 5.2 für die Fokusdurchmesser kleiner als 35 µm. Für die Fokuslagen der maximalen Bohrgeschwindigkeit ist die Geschwindigkeit für die Materialdicken von 0.5 mm und 1.0 mm nahezu gleich groß und gleichzeitig deutlich höher als für die Materialdicke von 0.2 mm. Dieser Verlauf würde bedeuten, daß sich die Bohrgeschwindigkeit ab einer bestimmten Materialdicke einem konstantem Wert annähert, ähnlich dem Verlauf der Bohrgeschwindigkeit für den Fokusdurchmesser von 70 µm in Kapitel 5.1.

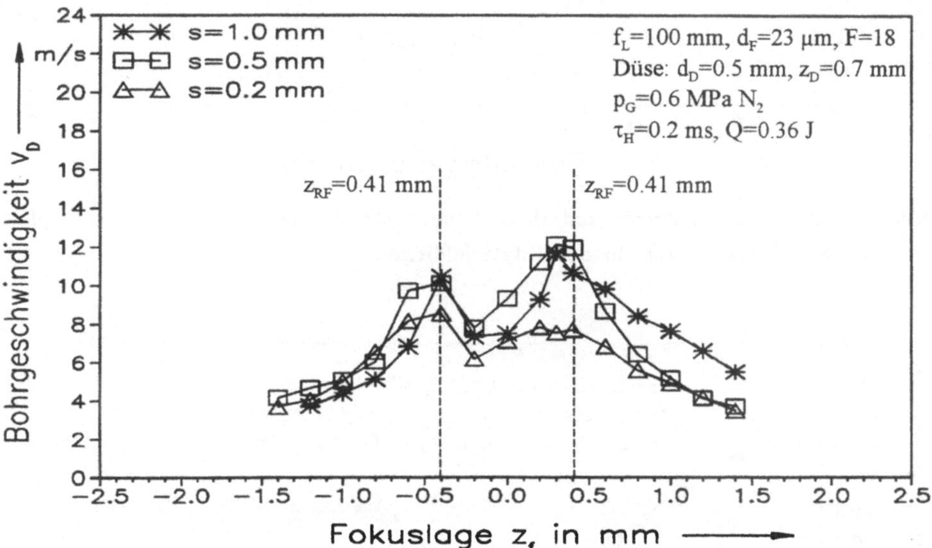

Bild 66: Bohrgeschwindigkeit in Abhängigkeit von der Fokuslage und Materialdicke.

5.5.3 Lochdurchmesser

Eintrittsdurchmesser

Die Auswirkungen unterschiedlicher Fokuslagen auf die Eintrittsdurchmesser bei unterschiedlichen Materialdicken zeigt Bild 67. Daraus wird ersichtlich, daß für alle Materialdicken der kleinste Eintrittsdurchmesser für die Fokuslage 0.2 mm oberhalb der Werkstückoberfläche erzielt wird. Bei einer Fokusreihe in einer 10 µm Metallfolie indessen befindet sich die Fokuslage für den kleinsten Eintrittsdurchmesser exakt auf der Oberfläche der Metallfolie, was an Hand der experimentell ermittelten Durchmesser und der Kurve "Experiment" in Bild 67 sichtbar wird.

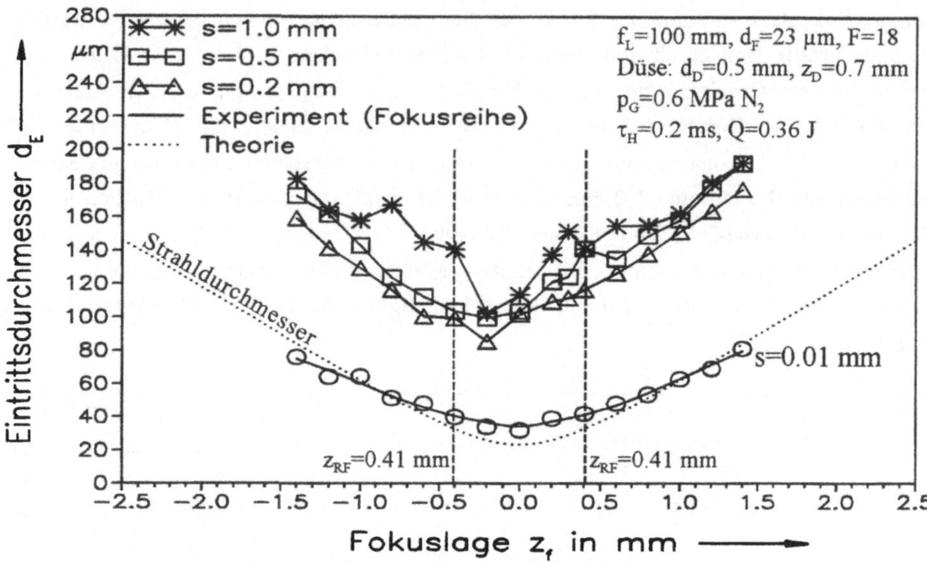

Bild 67: Eintrittsdurchmesser und theoretischer Strahldurchmesser als Funktion der Fokuslage für verschiedene Materialdicken.

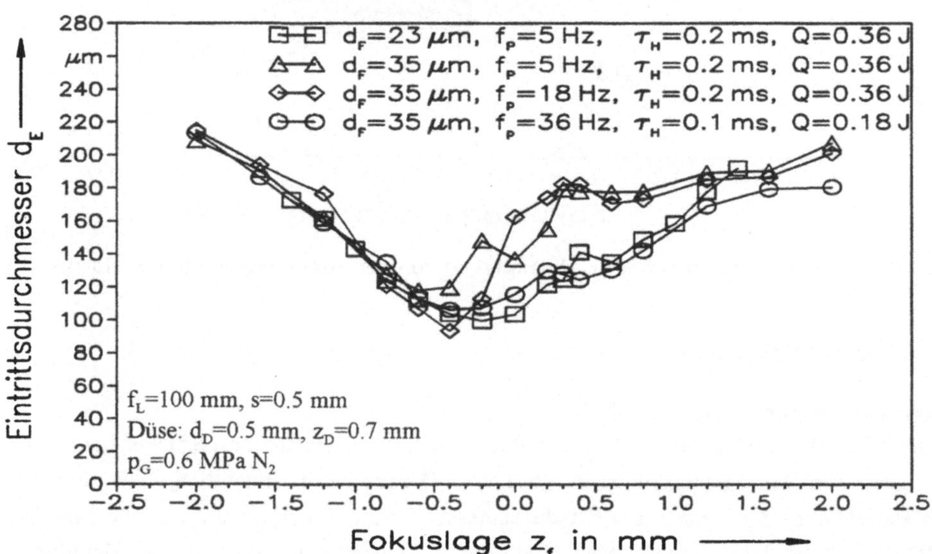

Bild 68: Eintrittsdurchmesser in Abhängigkeit von der Fokuslage, dem Fokusdurchmesser, der Pulsdauer und der Pulsfrequenz für eine Materialdicke von 0.5 mm.

Als Ursache für die Verschiebung der Fokuslage kann eine mechanische Ungenauigkeit in der z-Achse ausgeschlossen werden. Allerdings wurde die Fokusreihe in der Metallfolie mit den Laserparametern τ_H=0.1 ms und Q=0.02 J durchgeführt. Aus diesem Grund ist anzunehmen, daß die Ursache für die Fokuslagenabhängigkeit des kleinsten Eintrittsdurchmessers auf die Abnahme der Intensität an der Oberfläche zurückzuführen ist, die eine Verkleinerung des Durchmessers bewirkt. Weiterhin ist die Tatsache augenfällig, daß die optimale Fokuslage für den kleinsten Eintrittsdurchmesser weder mit der Fokuslage oberhalb noch unterhalb der Werkstückoberfläche für die kürzeste Durchdringzeit übereinstimmt. Vor allem für den Fokuspunkt, der um +0.3 mm unterhalb der Oberfläche liegt, vergrößert sich der Eintrittsdurchmesser für alle Materialdicken erheblich, während sich im gleichem Maße die Durchdringzeit verkürzt bzw. die maximale Bohrgeschwindigkeit erreicht wird.

Der Einfluß unterschiedlicher Fokuslagen, Laserparameter und Fokussierzahlen auf den Eintrittsdurchmesser ist in Bild 68 anhand eines 0.5 mm dicken Blechs gezeigt. Auch hier wird der kleinste Eintrittsdurchmesser mit einer Fokuslage etwas oberhalb der Metalloberfläche erzielt. Diese Fokuslage ist ebenfalls nicht identisch mit jener, bei der die minimalen Durchdringzeiten erreicht werden. Oberhalb einer Fokuslage von -0.4 mm sind die Eintrittsdurchmesser nahezu unabhängig von den Laserparametern und Fokussierzahlen. Im Gegensatz dazu weisen die Eintrittsdurchmesser mit Verschiebung des Fokuspunktes unterhalb der Oberfläche zum Teil erhebliche Unterschiede in der Größe auf. Markant ist vor allem der Effekt der Vergrößerung des Durchmessers mit längerer Pulsdauer bei gleicher Pulsleistung, der schon anhand von Bild 54 in Kapitel 5.3 diskutiert wurde. Hieraus wird deutlich, daß der Effekt auch von der Fokuslage abhängt.

Austrittsdurchmesser

Die Auswirkungen unterschiedlicher Fokuslagen auf die Austrittsdurchmesser bei verschiedenen Materialdicken gibt Bild 69 wieder. Ferner ist noch für jede Materialdicke der theoretische Strahldurchmesser in der Austrittsebene angegeben, um das Verhalten der experimentell ermittelten Durchmesser besser einordnen zu können. Die optimale Fokuslage für den kleinsten Austrittsdurchmesser befindet sich für ein 0.2 mm starkes Metall, dessen Dicke kleiner als die Schärfentiefe ist, im Bereich zwischen 0.0 mm und -0.2 mm oberhalb der Oberfläche. Diese Fokuslage stimmt zwar mit der Fokuslage für den kleinsten Eintrittsdurchmesser überein, sollte sich aber nach der Theorie der freien Strahlpropagation bei +0.2 mm unterhalb der Oberfläche befinden.

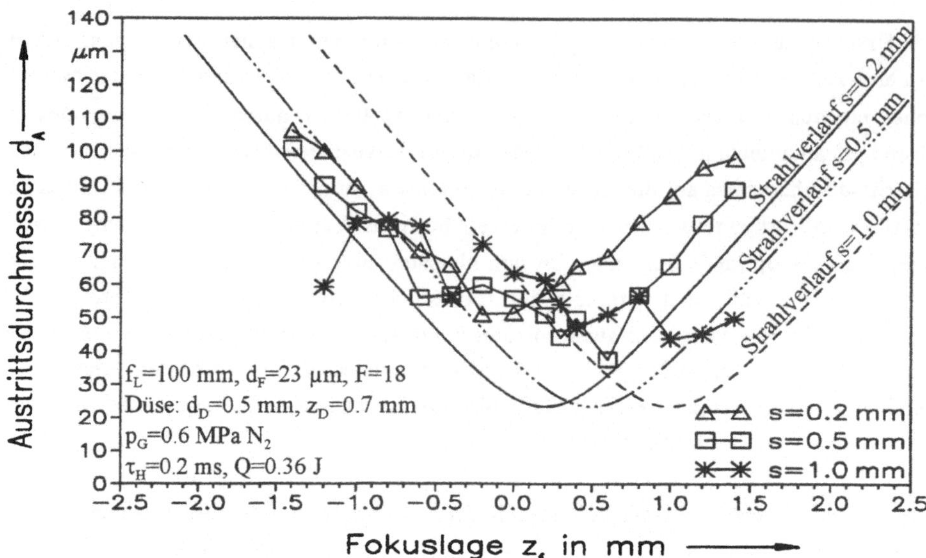

Bild 69: Austrittsdurchmesser und theoretischer Strahlverlauf als Funktion der Fokuslage für verschiedene Materialdicken.

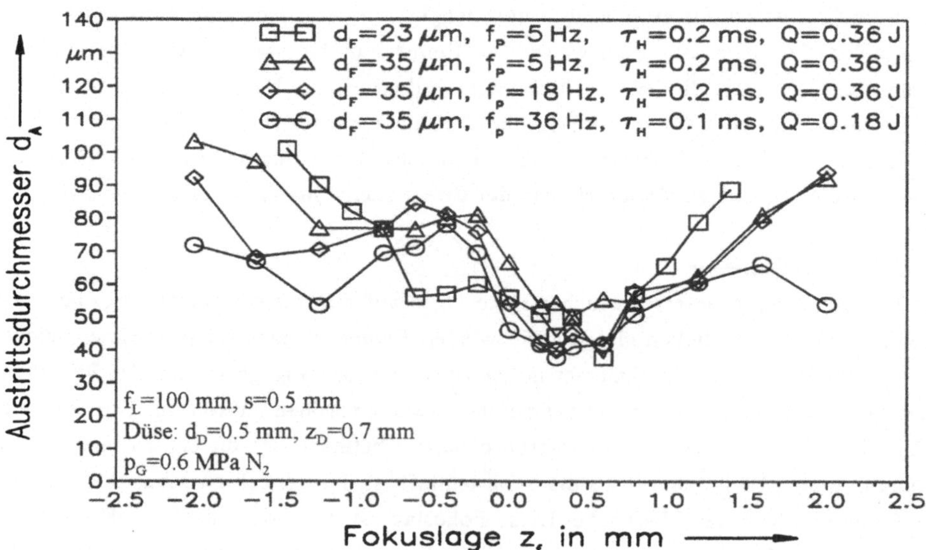

Bild 70: Austrittsdurchmesser in Abhängigkeit von der Fokuslage, dem Fokusdurchmesser, der Pulsdauer und der Pulsfrequenz für eine Materialdicke von 0.5 mm.

Bei der Betrachtung der anderen Materialdicken, die beide größer als die Schärfentiefe sind, fällt auf, daß die experimentell erzielten Fokuslagen für den kleinsten Austrittsdurchmesser mit denen der Theorie übereinstimmen. Das heißt, der Fokuspunkt befindet sich hier in der Austrittsebene.

Die erzielbaren Austrittsdurchmesser in Abhängigkeit der Fokuslagen, der Laserparameter und der Fokussierzahlen sind in Bild 70 für eine Materialdicke von 0.5 mm wiedergegeben. Für alle Parameter werden die kleinsten Austrittsdurchmesser im Fokuslagenbereich von +0.4 mm bis +0.6 mm unterhalb der Oberfläche erzielt. Dies bedeutet, daß sich die optimale Fokuslage für den kleinsten Austrittsdurchmesser bei einer größeren Materialdicke immer etwa in der Ebene der Austrittsseite befindet. Das Resultat für den größeren Fokusdurchmesser von 35 µm ist insofern bemerkenswert, da die entsprechende Schärfentiefe von 0.92 mm beinahe doppelt so groß ist wie die Materialdicke. Allerdings wird in Bild 69 für die Materialdicke von 0.2 mm, die also ebenfalls kleiner als die Schärfentiefe von 0.41 mm ist, eine andere optimale Fokuslage gefunden. Demnach spielt also nicht nur die Schärfentiefe eine Rolle, sondern auch die Materialdicke bzw. das Verhältnis von Fokusdurchmesser und Materialdicke.

5.5.4 Konizität

Ein weiterer Punkt, der bislang bei den vorgestellten Ergebnissen noch nicht diskutiert wurde, ist der Einfluß der Fokuslage auf die Konizität t' der Bohrungen, der in Bild 71 für unterschiedliche Materialdicken dargestellt ist. Hieraus ist ersichtlich, daß für die größeren Materialdicken ein Minimum der Konizität für eine Fokuslage von -0.2 mm oberhalb der Metalloberfläche vorliegt, die mit der optimalen Fokuslage für den kleinsten Eintrittsdurchmesser übereinstimmt. Bei der Materialdicke von 0.2 mm befindet sich dieses Minimum bei der Fokuslage von -0.6 mm. Der Vergleich von Konizitätswerten für verschiedenen Materialdicken ist allerdings problematisch, da die Konizität umgekehrt proportional zur Materialdicke ist. So wird, wie aus Bild 71 ersichtlich, allein mit einer steigenden Materialdicke eine deutliche Verbesserung der Konizität erreicht, obwohl sich die Differenz zwischen den Ein- und Austrittsdurchmesser nicht oder nur kaum ändert. Deshalb wurde bisher auf die Darstellung der Konizität verzichtet.

Aus Bild 72 geht hervor, daß die optimale Fokuslage für eine minimale Konizität für verschiedene Laserparameter bei gleicher Materialdicke und Fokusdurchmesser nicht variiert. Die bestmögliche Fokuslage für die kleinste Konizität befindet sich für den Fokusdurchmesser von 35 µm bei -0.4 mm oberhalb der Werkstückoberfläche, die wiederum mit der optimalen Fokuslage für den kleinsten Eintrittsdurchmesser übereinstimmt.

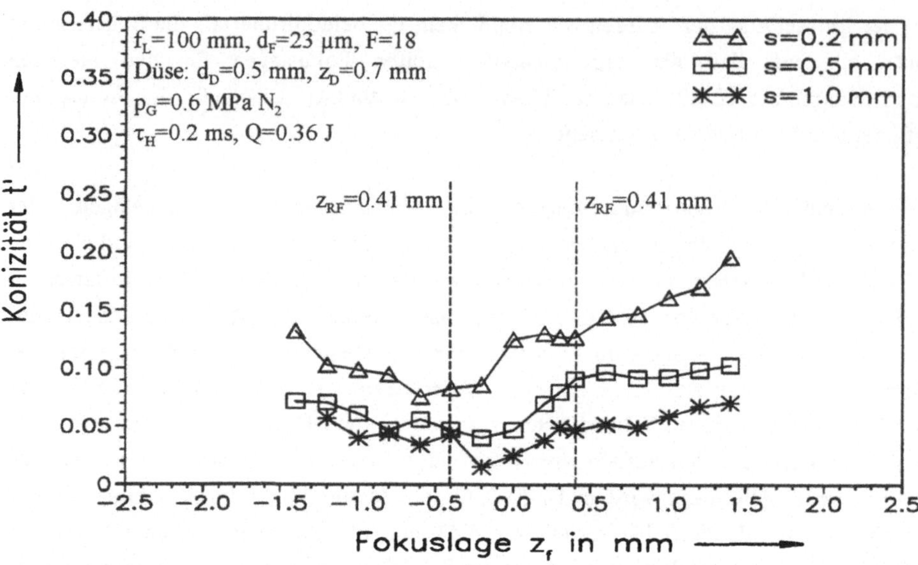

Bild 71: Konizität der Bohrung als Funktion der Fokuslage für verschiedene Materialdicken.

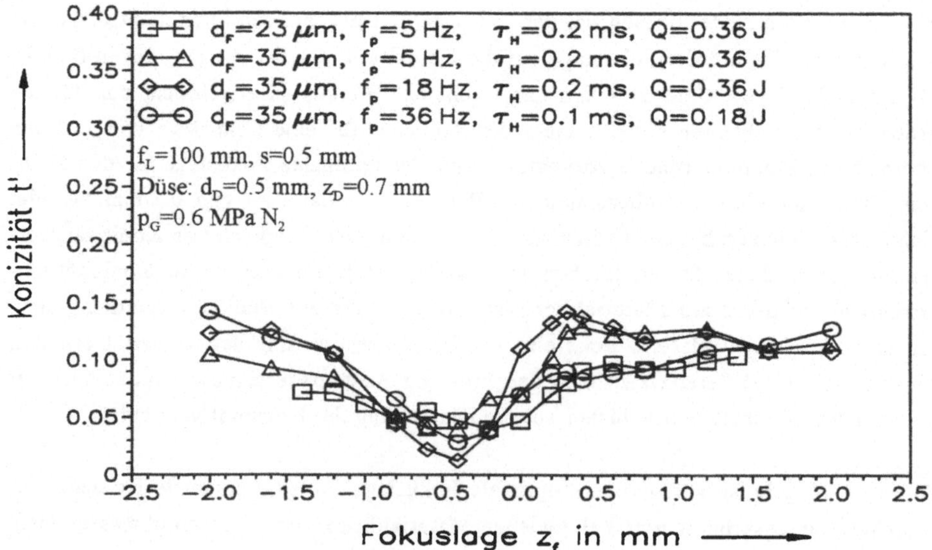

Bild 72: Konizität in Abhängigkeit von der Fokuslage, dem Fokusdurchmesser, der Pulsdauer und der Pulsfrequenz für eine Materialdicke von 0.5 mm.

Als Fazit der Fokuslagenvariation ist festzustellen, daß zu mindestens für größere Materialdicken die optimale Fokuslage für jeweils die kürzeste Durchdringzeit bzw. die kleinsten Ein- und Austrittsdurchmesser sich nicht am selben Ort befindet. Eine minimale Konizität der Bohrung wird meist bei der gleichen Fokuslage wie für den kleinsten Eintrittsdurchmesser erzielt. Deshalb ist immer eine Entscheidung notwendig, welches Bearbeitungsziel mit der Variation der Fokuslage erreicht werden soll.

5.5.5 Lochform

Bild 73 soll verdeutlichen, wie sich die Form der Bohrung und das HeNe-Signal während der Lochentstehung mit der Fokuslage ändert. Mit der Fokuslage 0.0 mm entsteht erwartungsgemäß eine Bohrung mit einem wesentlich kleineren Durchmesser am Eintritt als mit der Fokuslage unterhalb der Oberfläche. Demgegenüber weist die Bohrung für den Fokuspunkt unterhalb der Oberfläche einen wesentlich schlankeren Verlauf im Material auf, als die Bohrung mit z_F=0.0 mm, bei der im unteren Teil eine Verbreiterung erkennbar ist, die infolge der Strahlaufweitung und der damit verstärkten

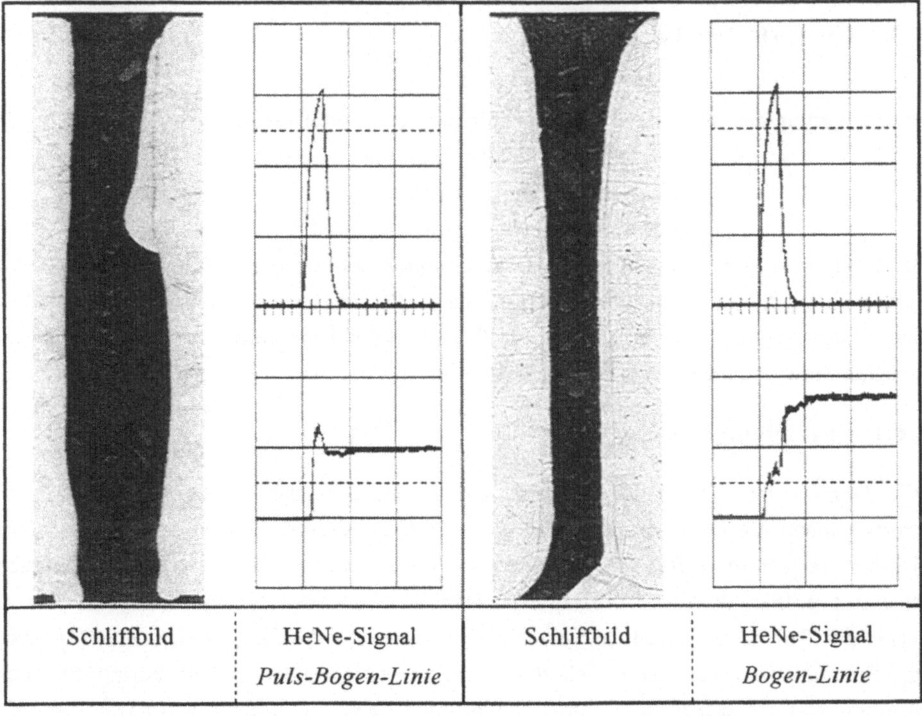

Bild 73: Vergleich der Lochgeometrie in 0.5 mm dickem Stahl und der HeNe-Signale für zwei unterschiedliche Fokuslagen.

Energieeinkopplung in die Bohrwand entsteht. Der kleinere Austritt ist vermutlich die Folge von Selbstfokussierung durch Mehrfachreflexionen. Ein markanter Unterschied ist auch in der Bildung der wiedererstarrten Schmelzschicht zu sehen, die sich bei der Fokuslage 0.3 mm mit steigender Lochtiefe anreichert und sich bei der Fokuslage 0.0 mm hauptsächlich am Ein- und Austritt konzentriert.

Aus der Korrelation von HeNe-Signal und Schmelzfilm erhärten sich die schon diskutierten Erkenntnisse bezüglich der Bohrlochbildung. So vergrößert sich die Bohrung bei der Fokuslage 0.3 mm nach der Bildung einer kleinen Anfangsbohrung stufenweise durch Aufschmelzen der Bohrwände, womit sich die dickere Schmelzschicht entlang der Bohrungswände erklären läßt. Im Fall der Fokuslage auf dem Werkstück wird auf Grund der längeren Durchdringzeit viel länger und dabei mehr Material nach oben durch den Dampfdruck ausgetrieben. Nach Erreichen der Unterseite entsteht sofort eine Bohrung mit großem Austrittsdurchmesser. Die Schmelztropfen, die sich am Eintritt und Austritt der Bohrung befinden, bewirken die Verkleinerung des HeNe-Signals.

5.6 Einfluß der Intensität

Die Steigerung der Intensität kann über folgende Parameter erfolgen:

- ❑ Verkleinerung des Fokusdurchmessers,
- ❑ Erhöhung der Pulsenergie,
- ❑ Verkürzung der Pulsdauer.

Der Einfluß der ersten beiden Parameteränderungen wird in diesem Kapitel an Hand der kürzesten in diesem Lasersystem einstellbaren Pulsdauer von 0.1 ms erörtert. Für Intensitätsänderungen bei Pulszeiten von 0.2 ms und 0.3 ms gelten im wesentlichen die gleichen Zusammenhänge wie bei der Pulsdauer von 0.1 ms.

5.6.1 Durchdringzeit

Bild 74 zeigt den Einfluß der Intensität auf die Durchdringzeit. Mit zunehmender Intensität nimmt die Durchdringzeit bei gleicher Materialdicke linear ab; sie vergrößert sich bei gleicher Intensität mit zunehmender Materialdicke. Die Steigung der Geraden ist um so größer, je dicker die Materialdicke ist. Dadurch verringert sich der Unterschied der Durchdringzeiten für verschiedene Materialdicken mit zunehmender Intensität. Erstaunlicherweise setzt sich der Trend einer abfallenden Durchdringzeit auch oberhalb von 10^8 W/cm^2 fort, obwohl hier nach [68] die laserunterstützten Detonationswellen entstehen, die zur Absorption der Laserstrahlung führen. Nur für die dünnen Materialien von 0.08 und 0.2 mm wird oberhalb der Intensität von 3×10^8 W/cm^2

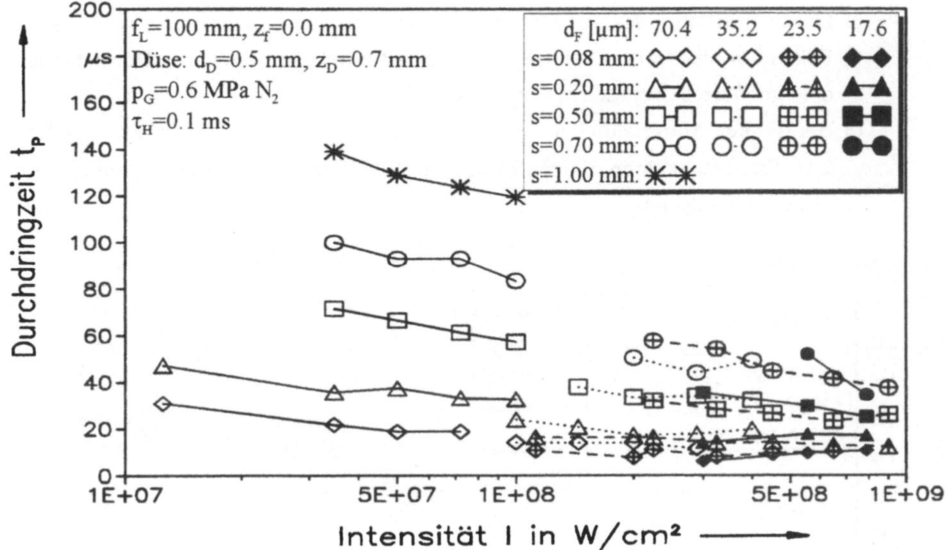

Bild 74: Durchdringzeit als Funktion der Intensität mit der Materialdicke und dem Fokusdurchmesser als Parameter.

ein leichter Anstieg beziehungsweise eine Konstanz der Durchdringzeit beobachtet. Dieses Verhalten deutet daraufhin, daß sich die Ausbildung eines Plasmas in Form einer sich von der Werkstückoberfläche wegbewegenden Absorptionswelle nur bei dünnen Materialien bemerkbar macht. Bei den größeren Materialdicken verbleibt das Metalldampfplasma infolge des größeren Verhältnisses zwischen Lochtiefe und Strahldurchmesser in der Bohrkapillare und führt dort zur Aufschmelzung der Bohrwände.

5.6.2 Bohrgeschwindigkeit

Das Verhalten der Bohrgeschwindigkeit als Funktion der Intensität ist in Bild 75 gezeigt. Zusätzlich sind die Geschwindigkeiten für Materialabtrag in Form von reiner Schmelze und reiner Verdampfung eingetragen, wobei eine Energieeinkopplung von 100 % angenommen wird. Aus Bild 75 lassen sich folgende Zusammenhänge und Erkenntnisse ableiten:

- Bei gleichem Strahldurchmesser und Pulsdauer bewirkt eine Reduzierung der Pulsenergie und somit eine Verminderung der Intensität eine Verschiebung der Bohrgeschwindigkeit in Richtung zu reinem Schmelzaustrieb.
- Die Bohrgeschwindigkeit ist für gleichen Strahldurchmesser in grober Näherung proportional zur Intensität.

- Durch Änderung des Fokusdurchmessers wird – mit Ausnahme des kleinsten Fokusdurchmessers – bei gleicher Intensität mit dem kleineren Durchmesser eine größere Bohrgeschwindigkeit erzielt.
- Bei dünnen Materialdicken bis 0.35 mm unterschreitet die Bohrgeschwindigkeit für Intensitäten oberhalb von 4×10^{8} W/cm² die Geschwindigkeit für reine Verdampfung.

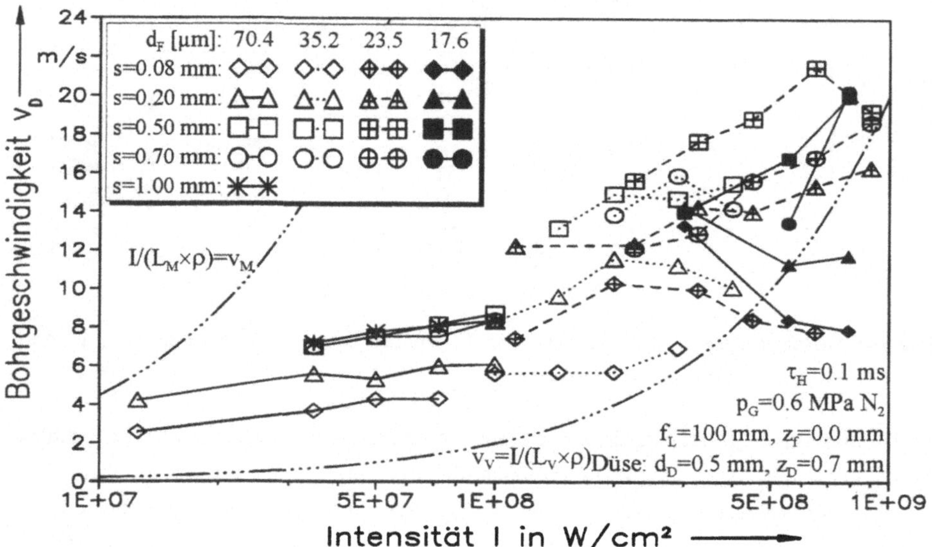

Bild 75: Bohrgeschwindigkeit in Abhängigkeit der Intensität für verschiedene Strahldurchmesser und Materialdicken.

Der erste Punkt zeigt, daß mit der Änderung der Intensität sich die Art des Materialabtrags ändert. Dies stellt bei der Mikrobearbeitung insofern ein Problem dar, als gerade geringe Bohrdurchmesser bzw. große Aspektverhältnisse den Schmelzaustrieb erschweren. Die bei dünneren Materialien beobachtete Unterschreitung der Verdampfungsgeschwindigkeit oberhalb einer Intensität von 4×10^{8} W/cm² kann vermutlich auf die Abschirmeffekte durch das Plasma zurückgeführt werden.

Die höhere Bohrgeschwindigkeit bei gleicher Intensität infolge eines kleineren Fokusdurchmessers wird durch das geringere Abtragsvolumen erreicht, was an Hand der Lochdurchmesser noch gezeigt wird. Die geringe Schärfentiefe führt bei dem kleinsten Fokusdurchmesser trotz der hohen Intensität an der Oberfläche nicht zu einer hohen Bohrgeschwindigkeit. Demzufolge ist neben der Höhe der Intensität auch die Angabe der Strahlgeometrie eine Bedingung, um Daten miteinander vergleichen zu können.

5.6.3 Lochdurchmesser

Eintrittsdurchmesser

Bild 76 veranschaulicht die Auswirkungen der Intensitätssteigerung auf die Eintrittsdurchmesser. Für jeden Fokusdurchmesser ergibt sich ein linearer Anstieg der Eintrittsdurchmesser mit steigender Intensität, wobei mit der dünnsten Materialdicke auch der kleinste Durchmesser erzielt wird. Bei gleicher Intensität und Materialdicke wird der kleinste Eintrittsdurchmesser generell mit dem kleinsten Fokusdurchmesser erzielt. Andererseits sind alle Eintrittsdurchmesser wesentlich größer als der Strahldurchmesser.

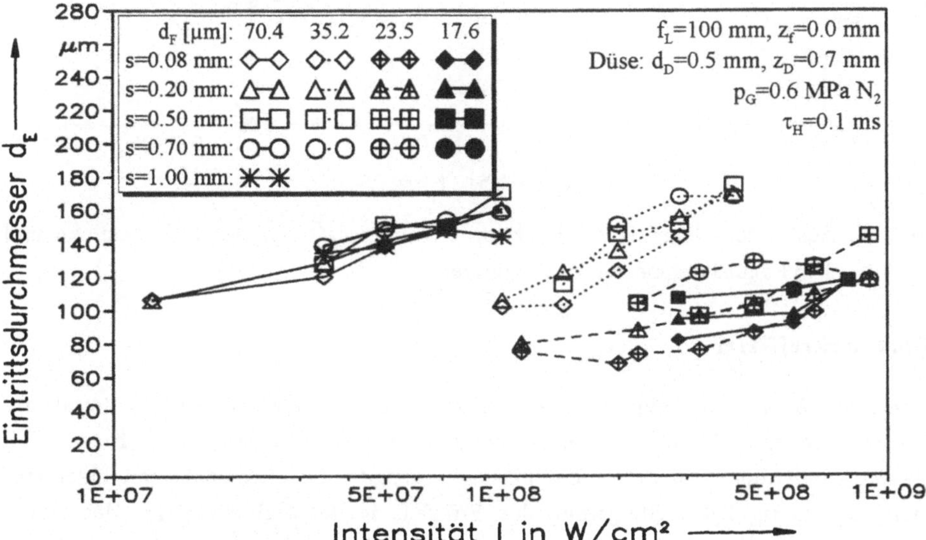

Bild 76: Eintrittsdurchmesser als Funktion der Intensität mit der Materialdicke und dem Fokusdurchmesser als Parameter.

Austrittsdurchmesser

Das Verhalten der Austrittsdurchmesser ist sehr ähnlich, wie dies Bild 77 zeigt. Ein Unterschied besteht jedoch darin, daß für unterschiedliche Materialdicken die Differenz zwischen den Austrittsdurchmessern bei gleicher Intensität und Fokusdurchmesser erheblich größer ist. Dabei werden die kleinsten Austrittsdurchmesser mit dem kleinsten Fokusdurchmesser erzielt. Dies zeigt auch hier, daß allein die Angabe der Intensität, wie dies häufig in der Literatur geschieht, nicht ausreicht, um den Bohrprozeß zu beschreiben.

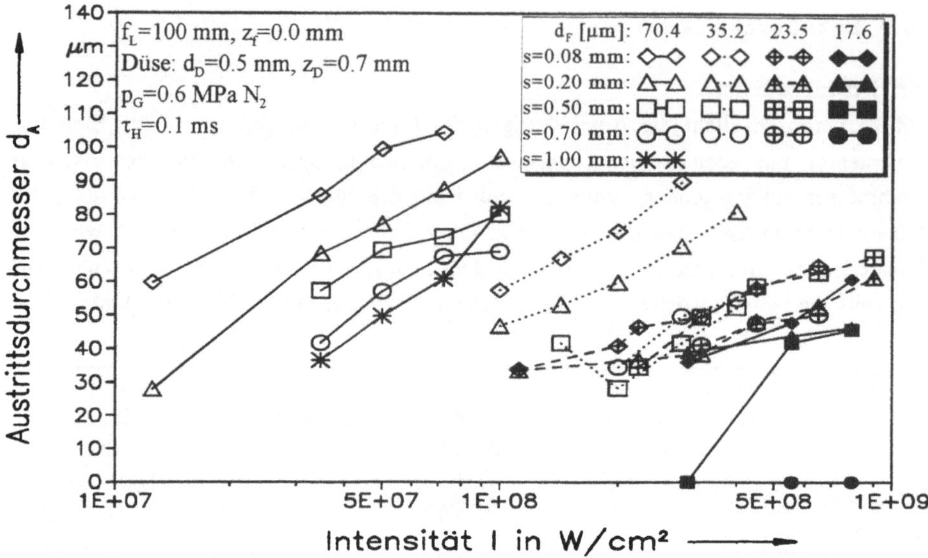

Bild 77: Austrittsdurchmesser als Funktion der Intensität mit der Materialdicke und dem Fokusdurchmesser als Parameter.

5.6.4 Bohreffizienz

Aus Bild 78 läßt sich eine prägnante Einteilung der Bohreffizienz an Hand der Fokusdurchmesser ablesen, was auch schon für die Durchmesser möglich war. Bei gleicher Intensität und Fokusdurchmesser nimmt die Effizienz mit kleinerer Materialdicke zu. Diese Steigerung der Effizienz ist letztlich die Folge der immer kürzeren Durchdringzeiten, die bei gleichbleibender Pulsdauer zu einer stärkeren Aufheizung der Bohrungswände und somit zur Aufweitung der Bohrung führt.

Bei der Betrachtung der Effizienz wird sichtbar, daß tendenziell bei gleicher Intensität mit dem kleineren Fokusdurchmesser eine größere Effizienz erreicht wird, obwohl das Abtragsvolumen geringer ist, wie dies die Werte der Ein- und Austrittsdurchmesser in Bild 76 und Bild 77 veranschaulichen. Demzufolge werden die Bohrungen bei kleinen Fokusdurchmesser unabhängig von der Intensität viel stärker aufgeweitet.

Folglich ist bei der Mikrobearbeitung, deren Ziel es ist, möglichst feine Bohrungen zu erzielen, nicht nur die Intensität sondern vielmehr die Strahlgeometrie die entscheidende Komponente für einen kleinen Bohrungsdurchmesser.

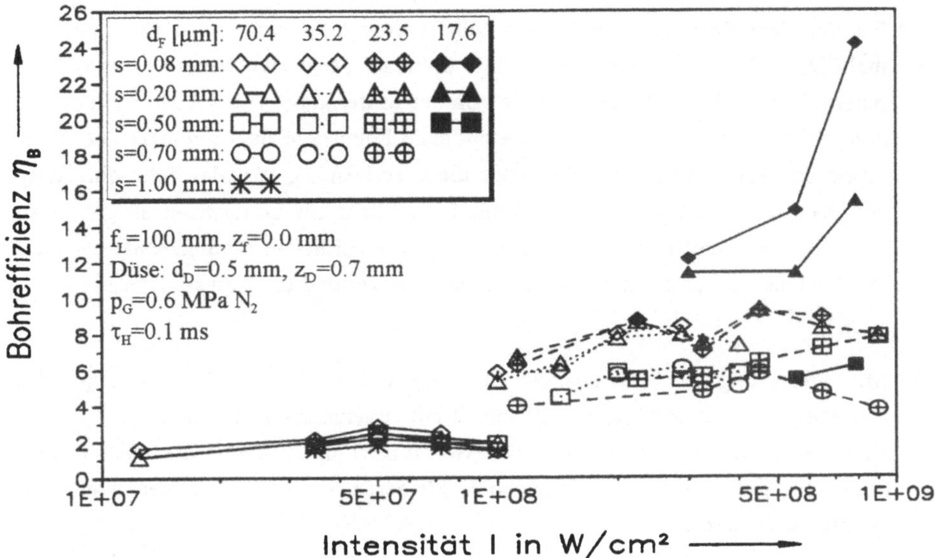

Bild 78: Bohreffizienz als Funktion der Intensität mit der Materialdicke und dem Fokusdurchmesser als Parameter.

5.7 Zusammenfassung der Ergebnisse für unmodulierte Laserpulse

An Hand der experimentellen Untersuchung des Bohrvorgangs werden die wesentlichen Ergebnisse noch einmal zusammengefaßt:

Durchdringzeit t_P:

- Mit größerer *Materialdicke* steigt die Durchdringzeit linear an. Bei den Fokusdurchmessern 35, 23 und 17 µm ändert sich die Steigung der Geraden bei einer bestimmten Materialdicke in Abhängigkeit der Pulsenergie.
- Der Unterschied zwischen *Pulsdauer* und Durchdringzeit ist um so größer, je länger die Pulsdauer ist. Bei gleicher Pulsleistung steigt die Durchdringzeit mit längerer Pulsdauer an. Nur für die Pulsdauer von 0.1 ms und den Fokusdurchmessern von 70 µm und 35 µm überschreitet die Durchdringzeit bei sehr dickem Material (s≥0.85 mm bzw. 1.2 mm) die Pulsdauer.
- Je größer die *Intensität* ist, um so kleiner ist die Durchdringzeit. Bei gleicher Intensität wird eine kürzere Durchdringzeit mit einem kleineren Fokusdurchmesser erreicht.
- Ein größerer *Gasdruck* wirkt sich ab einer Materialdicke von s≥0.5 mm verlängernd auf die Durchdringzeit aus.

- Bei der Veränderung der *Fokuslage* gibt es zwei Positionen, an denen eine minimale Durchdringzeit erzielt wird. Eine optimale Fokuslage befindet sich 0.3 mm innerhalb des Materials, unabhängig von der Materialdicke, der Laserleistung und dem Fokusdurchmesser. Die andere optimale Fokuslage liegt oberhalb der Werkstückoberfläche und ändert sich, wenn die Laserleistung oder der Fokusdurchmesser geändert wird. Bei starker Defokussierung kann die Durchdringzeit größer als die Pulsdauer sein. Die Fokuspositionen für die zeitlichen Minima sind aber nicht identisch mit denen für minimale Lochdurchmesser und die kleinste Konizität.

Offsetzeit t_O:

- Mit Steigerung der *Pulsenergie* fällt die Offsetzeit linear ab. Bei gleicher Pulsenergie verlängert sich die Offsetzeit mit zunehmender Pulsdauer.
- Eine Verkleinerung des *Fokusdurchmesser* von 70 bis 23 µm bewirkt eine Verkürzung der Offsetzeit. Für einen noch kleineren Fokusdurchmesser nimmt die Offsetzeit wieder zu.

Bohrgeschwindigkeit v_D:

- Mit steigender *Materialdicke* nähert sich die Bohrgeschwindigkeit für den Fokusdurchmesser von 70 µm und allen Pulsenergien einem maximalen Wert von 7 m/s an. Bei den kleineren Fokusdurchmessern existiert für jede Pulsenergie bei einer bestimmten Materialdicke eine maximale Bohrgeschwindigkeit. Mit größerer Materialdicke fällt die Bohrgeschwindigkeit exponentiell auf einen annähernd konstanten Wert ab.
- Die Erhöhung der *Intensität* führt bis 4×10^8 W/cm^2 zu einer Steigerung der erreichbaren Bohrgeschwindigkeit bei allen Materialdicken. Oberhalb diesem Wert kommt es bei dünnen Materialien bis 0.35 mm zu einer Stagnation bzw. Abnahme der Bohrgeschwindigkeit. Für den Fokusdurchmesser von 70 µm liegen die Bohrgeschwindigkeiten zwischen reinem Schmelzaustrieb und reiner Verdampfung. Bei kleineren Fokusdurchmessern werden Bohrgeschwindigkeiten erreicht, die nahe an der theoretischen Linie für reine Verdampfung liegen und für sehr dünne Materialien ($s \leq 0.35$ mm) sogar unterschritten werden.
- Bei gleichem *Fokusdurchmesser* und Pulsdauer ist die Bohrgeschwindigkeit um so größer, je größer die Pulsenergie ist. Eine größere Bohrgeschwindigkeit wird bei sonst konstanten Parametern mit kleineren Fokusdurchmesser erzielt.

Eintrittsdurchmesser d_E:

- Die Eintrittsdurchmesser vergrößern sich bei den Fokusdurchmessern kleiner als 70 µm linear mit steigender *Materialdicke*.
- Eine höhere *Pulsenergie* bewirkt einen linearen Anstieg der Eintrittsdurchmesser.

- Eine kürzere *Pulsdauer* führt bei gleicher Pulsleistung und Materialdicke tendenziell zu einem kleineren Eintrittsdurchmesser. Bei gleicher Pulsenergie vergrößert sich der Eintrittsdurchmesser mit längerer Pulsdauer.
- Mit Zunahme der *Intensität* steigt der Eintrittsdurchmesser linear an. Bei gleicher Intensität und Materialdicke wird mit einem kleineren Fokusdurchmesser ein kleinerer Eintrittsdurchmesser erreicht.
- Der Eintrittsdurchmesser steigt mit höherem *Gasdruck* geringfügig an.
- Für eine *Fokuslage* im Bereich zwischen -0.2 und -0.4 mm oberhalb der Werkstückoberfläche werden die kleinsten Eintrittsdurchmesser erreicht.

Austrittsdurchmesser d_A:

- Mit steigender *Materialdicke* nimmt der Austrittsdurchmesser exponentiell ab.
- Eine geringere *Pulsenergie* bewirkt eine lineare Abnahme der Austrittsdurchmesser.
- Eine kürzere *Pulsdauer* erzielt bei gleicher Pulsleistung und Materialdicke tendenziell einen kleineren Austrittsdurchmesser.
- Mit Zunahme der *Intensität* steigt der Austrittsdurchmesser linear an. Bei gleicher Intensität und Materialdicke wird mit dem kleinsten Fokusdurchmesser in den meisten Fällen auch der kleinste Austrittsdurchmesser erlangt.
- Die kleinsten Austrittsdurchmesser werden bei einer *Fokuslage* unterhalb der Werkstückoberfläche erzielt, die etwa der Materialdicke entspricht.

Bohreffizienz η_B:

- Die ermittelten Bohreffizienzen sind grundsätzlich größer als eins.
- Mit zunehmender *Materialdicke* nimmt die Effizienz annähernd linear ab. Bei gleicher Materialdicke ist die Effizienz in den meisten Fällen für die Energie, mit der noch eine Bohrung erzeugt werden kann, am kleinsten.
- Mit Steigerung der *Intensität* nimmt die Effizienz für jede Materialdicke und Fokusdurchmesser linear zu, wobei die Höhe der Zunahme vom Fokusdurchmesser abhängt.

Konizität t':

- Die Konizität kann nur bei gleicher Materialdicke als Qualitätsparameter für die Bohrungen verwendet werden. Bei unterschiedlichen Materialdicken wird die Konizität, vor allem bei Mikrobohrungen mit großem Aspektverhältnis, zu sehr von der Materialdicke dominiert, so daß eine Aussage über die Qualität nicht möglich ist.

6 Experimentelle Ergebnisse zum Einzelpulsbohren mit adaptierten Laserpulsen

Unter "adaptierte" Laserpulse werden in dieser Arbeit solche verstanden, die mittels der in Kapitel 3.3.2 beschriebenen Modulationseinheit in ihrer zeitlichen Länge variiert werden. Dadurch lassen sich kürzere Laserpulse als 100 µs erzeugen. In den ersten Versuchen wird der ursprüngliche Laserpuls "vom Ende her verkürzt", wie dies in Bild 79 exemplarisch gezeigt wird. Mit der Modulationseinheit kann nur die Zeit τ_{HM} bis zum Maximum eingestellt werden, während die Abfallszeit sich als Konsequenz der verwendeten Pockelszelle ergibt. Sie ist deshalb wesentlich kürzer als bei einem unmodulierten Laserpuls. Der Materialabtrag wird durch die Abfallszeit bei adaptierten Laserpulsen nur gering beeinflußt.

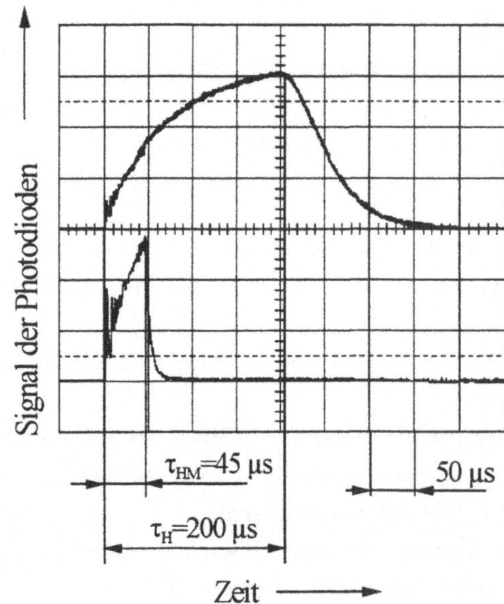

Bild 79: Vergleich des zeitlichen Leistungsverlaufs eines adaptierten und unmodulierten Laserpulses.

6.1 Berechnete Austrittsdurchmesser

Die Idee, den Laserpuls dergestalt zu verkürzen, geht von den Interpretationen der aufgenommenen HeNe-Signale in Bild 21 und Bild 22 aus, bei denen nach der Gesamtzeit t_G immer ein charakteristisches, relatives erstes Maximum erreicht wird. Auswertungen, die in Kapitel 4.2 erläutert wurden, zeigen, daß der fiktive Durchmesser d_{S1} zu diesem Zeitpunkt sehr viel kleiner als der Austrittsdurchmesser d_A am Ende des Bohrvorgangs ist. Ein Vergleich des berechneten Durchmessers d_{S1} und des experimentell ermittelten Austrittsdurchmessers d_A ist in Bild 80 und Bild 81 für die Fokusdurchmesser von 70 bzw. 35 µm wiedergegeben. Bis zu einer Materialdicke von 0.35 mm ist d_{S1} erheblich kleiner als der Austrittsdurchmesser. Offenkundig ist dieser Unterschied die Folge der gegenüber der eingestellten Pulsdauer geringen Gesamtzeit (Bild 33). Demnach erfolgt bei voller Ausnutzung der Pulsdauer eine extreme Erweiterung der

Lochdurchmesser bei dünnen Materialien. Weiterhin zeigen beide Bilder einen berechneten Durchmesser, der bis zur Materialdicke von 0.35 mm auch bemerkenswert geringer als der theoretische Strahldurchmesser ist.

Für den Fokusdurchmesser von 70 µm in Bild 80 nähert sich der Austrittsdurchmesser d_A, der mit den unmodulierten Laserpulsen erzielt wurde, oberhalb einer Materialdicke von 0.35 mm den berechneten fiktiven Durchmessern d_{S1} mit steigender Materialdicke an. Dabei wird, je nach Pulsenergie, auch ein kleinerer Austrittsdurchmesser im Vergleich zu dem Strahldurchmesser bei freier Propagation erzielt. Dieser Verlauf läßt sich mit Hilfe der Gesamtzeit in Bild 33 erklären, die mit steigender Materialdicke die Länge der Pulsdauer τ_H erreicht. Infolgedessen besteht zwischen den beiden Bohrvorgängen kein Unterschied mehr, weshalb auch die gleichen Durchmesser erreicht werden.

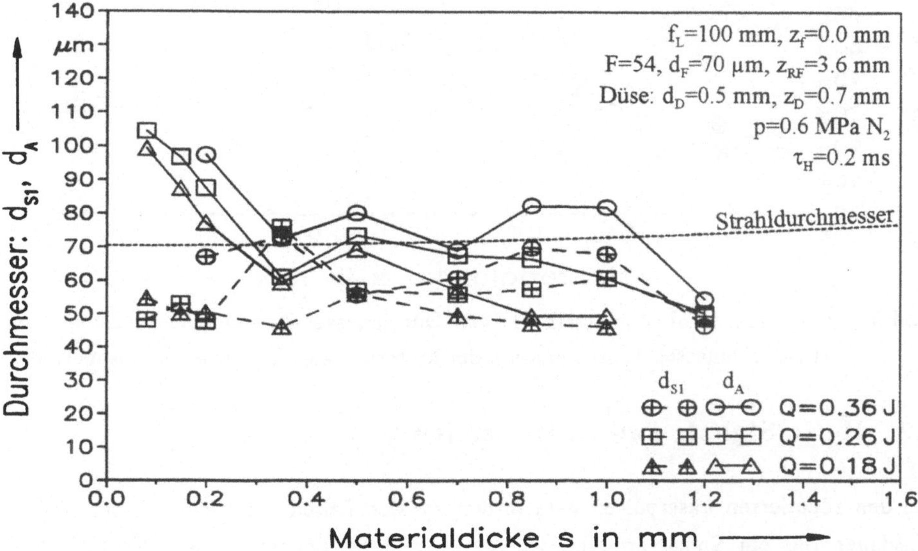

Bild 80: Vergleich zw. berechnetem fiktiven Durchmesser d_{S1} und gemessenem Austrittsdurchmesser d_A als Funktion der Materialdicke für variierte Pulsenergie.

Bei einer längeren Pulsdauer oder einem kleineren Fokusdurchmesser vergrößert sich das Verhältnis von Pulsdauer τ_H zur Durchdringzeit und somit auch zur Gesamtzeit beträchtlich, wie in den Kapiteln 5.1.1 und 5.2.1 schon diskutiert. Dadurch erreicht die Gesamtzeit die Pulsdauer erst im Falle wesentlich größerer Materialdicken. Deshalb treten in Bild 81 für den halben Fokusdurchmesser gegenüber jenen in Bild 80 auch bei größeren Materialdicken erhebliche Unterschiede zwischen dem berechneten, fiktiven Durchmesser und dem gemessenen Austrittsdurchmesser auf. Durch die Halbierung des

Fokusdurchmesser wird die Schärfentiefe entsprechend reduziert. In Bild 81 fällt auf, daß die berechneten Durchmesser d_{S1} mit zunehmender Materialdicke zunächst ansteigen und oberhalb einer Materialdicke, die der Schärfentiefe entspricht, wieder abfallen. Dieser Verlauf wird vermutlich durch eine Selbstfokussierung oberhalb der Schärfentiefe erreicht, die wiederum zu einer Abnahme der Austrittsdurchmesser führt.

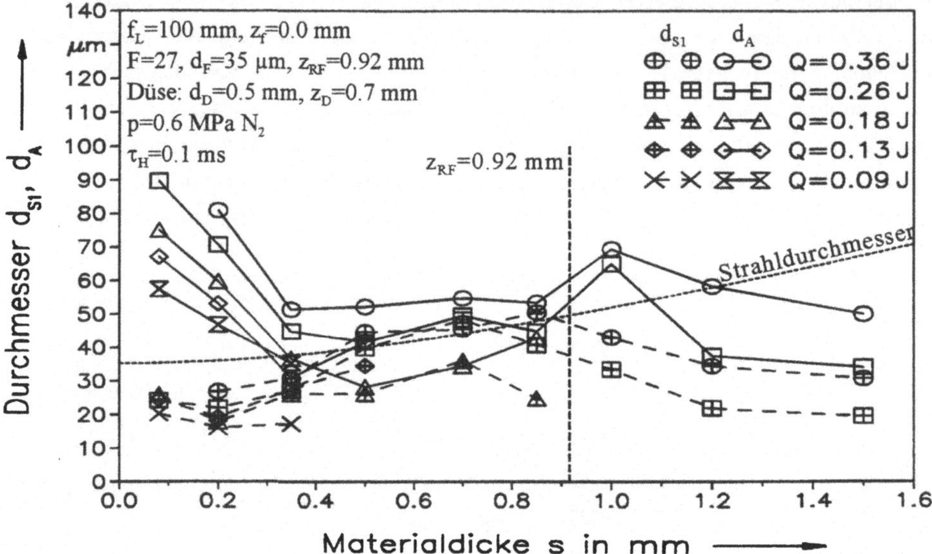

Bild 81: Vergleich zw. berechnetem fiktiven Durchmesser d_{S1} und gemessenem Austrittsdurchmesser d_A als Funktion der Materialdicke für variierte Pulsenergie.

6.2 HeNe-Signale und Gesamtzeiten

Bei den adaptierten Laserpulsen wird in den meisten Fällen bei "richtig" eingestellter Pulsdauer τ_{HM} ein Signal erreicht, wie es in Bild 82 dargestellt ist. Dieses Signal entspricht der *Geraden-Linie* aus Gruppe 2. Da das Vorhandensein von Schwingungen im Zusammenhang mit einer vermehrten Schmelzbildung steht und hier keine Schwingungen auftreten, bildet sich bei adaptierten Laserpulsen keine oder nur eine sehr dünne Schmelzschicht in der Bohrung aus. Ein Problem stellt die Bestimmung der modulierten Pulsdauer dar. Als Pulsdauer τ_{HM} wird die Gesamtzeit, die während der Bohrversuche für unmodulierte Laserpulse ermittelt wurde, gewählt und eingestellt. Diese Zeit ist ein Mittelwert aus 4 Messungen an verschiedenen Bohrungen und wird als "angepaßter" Wert bezeichnet. Infolge von Schwankungen in der Gesamtzeit ist es möglich, daß diese Zeit nicht mit der Pulsdauer τ_{HM} für den adaptierten Laserpuls übereinstimmt, wie dies in Bild 82 zu sehen ist. Hier beträgt die Gesamtzeit t_G 51 µs

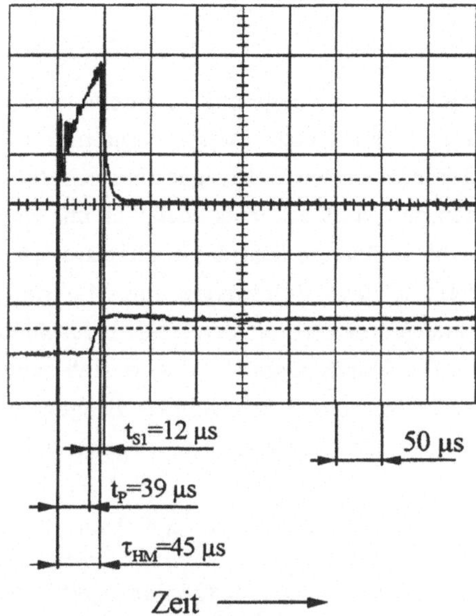

Bild 82: Zeitlicher Verlauf der Signale der Photodioden.

gegenüber der Pulsdauer τ_{HM} von 45 µs. Bei großen Abweichungen der Gesamtzeit von der Pulsdauer wurden auch andere HeNe-Signale beobachtet, die sowohl kleine Schwingungen als auch eine Abnahme des HeNe-Signals aufwiesen.

Ein Vergleich zwischen der angepaßten Pulsdauer und den gemessenen Gesamtzeiten für die jeweilige Materialdicke ist in Bild 83 bei gleicher Pulsenergie und unterschiedlicher Pulsdauer dargestellt. Tendenziell nimmt mit steigender Materialdicke die Abweichungen der Gesamtzeit von der Pulsdauer τ_{HM} zu. Dabei ist die Gesamtzeit mehrheitlich länger als die modulierte Pulsdauer. Auf den Bearbeitungsprozeß wirkt sich eine etwas kürzere Pulsdauer τ_{HM} gegenüber der Gesamtzeit eher vorteilhaft aus, da so die Bildung von Schmelze verhindert wird.

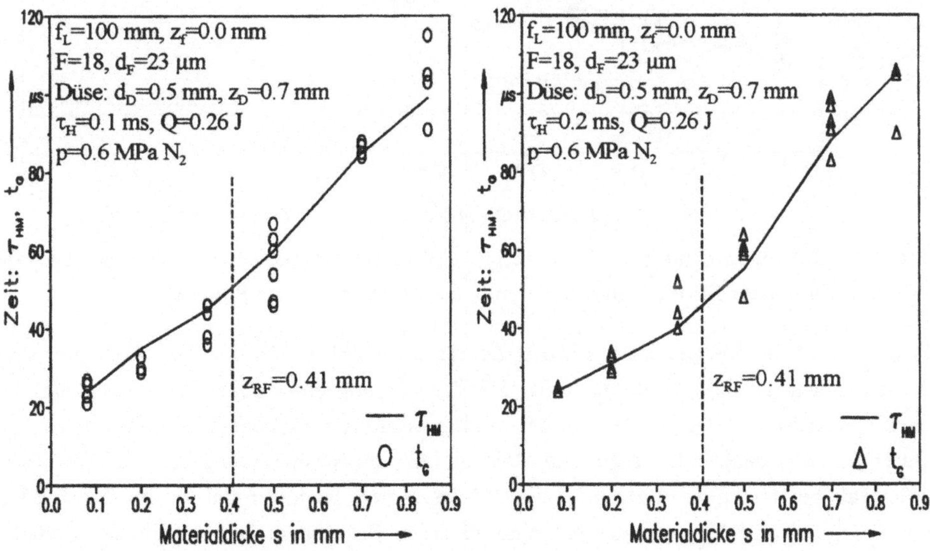

Bild 83: Vergleich zwischen angepaßter Pulsdauer τ_{HM} und Gesamtzeit t_G.

6.3 Lochdurchmesser

In diesem Kapitel wird der Einfluß der adaptierten Pulslänge auf die Lochdurchmesser diskutiert. Bild 84 zeigt einen Vergleich der Eintrittsdurchmesser erhalten mit der unmodulierten Pulslänge von 0.1 ms und den adaptierten Pulslängen, die ebenfalls auf einer Pulsdauer von 0.1 ms beruhen. Sehr deutlich ist zu erkennen, daß sich mit einer an die Materialdicke adaptierten Pulsdauer erheblich kleinere Eintrittsdurchmesser erzielen lassen. Die Reduktion der Durchmesser liegt je nach Pulsenergie und Materialdicke zwischen 21 und 41 %. Die Tendenz zu einer Vergrößerung der Eintrittsdurchmesser mit steigender Materialdicke bleibt erhalten. Der Durchmesser verringert sich nach wie vor mit der Abnahme der Pulsenergie für eine bestimmte Materialdicke. Hingegen wird auch mit der adaptierten Pulsdauer die Größe des Strahldurchmessers nicht erreicht.

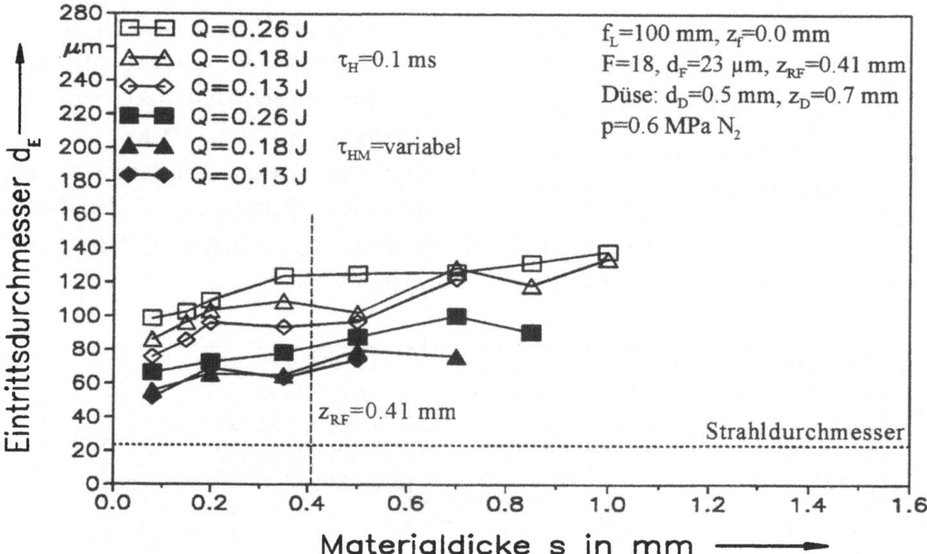

Bild 84: Eintrittsdurchmesser als Funktion der Materialdicke mit der Pulsenergie als Parameter für die Pulsdauer von 0.1 ms und adaptierte Pulszeiten.

In Bild 85 ist der Vergleich der Eintrittsdurchmesser auf der Basis einer Pulsdauer von 0.2 ms wiedergegeben. Auch hier führt die Verwendung einer adaptierten Pulsdauer zu einer merklichen Reduktion der Eintrittsdurchmesser. Jedoch liegt die Verringerung der Durchmesser je nach Pulsenergie und Materialdicke im Bereich von 38 bis 56 % weitaus höher, als bei der kurzen Pulsdauer von 0.1 ms. Somit bestätigt sich die in Kapitel 5.1 und 5.3 geäußerte Vermutung, daß eine zu lange Pulsdauer eine erhebliche "Schädigung" des Eintrittsdurchmessers bewirkt. Die Tendenz einer Vergrößerung des Eintrittsdurchmessers mit steigender Materialdicke und zunehmender Pulsenergie ist auch hier vorhanden.

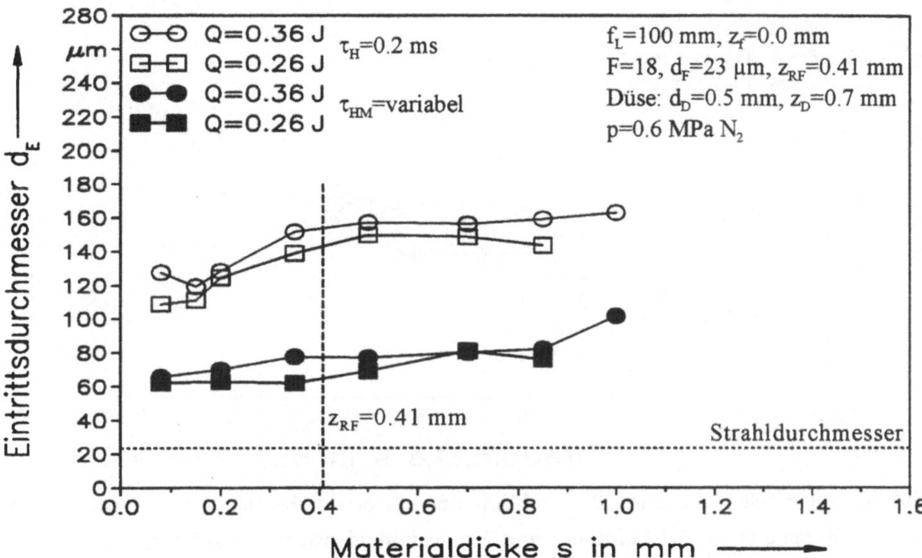

Bild 85: Eintrittsdurchmesser als Funktion der Materialdicke mit der Pulsenergie als Parameter für die Pulsdauer von 0.2 ms und adaptierte Pulszeiten.

Ein weiterer Punkt ist ebenfalls bemerkenswert. Ein Vergleich zwischen Bild 84 und Bild 85 zeigt, daß die Durchmesser, die mit Hilfe von adaptierten Laserpulsen auf Basis von 0.1 ms oder 0.2 ms erzielt wurden, die gleiche Größe besitzen. Dies läßt sich anschaulich an Hand der adaptierten Pulsdauer τ_{HM} in Bild 83 erklären, wo zu sehen ist, daß die adaptierten Pulszeiten bei gleicher Pulsenergie fast identisch sind, obwohl als Basis zwei unterschiedliche Pulszeiten verwendet werden. Die Pulsenergien sind so gewählt, daß dabei die Pulsleistungen gleich groß sind. Demnach ist die Dauer der Bestrahlzeit entscheidend, und die leichte Variation im Anstieg des Laserpulses spielt dabei offensichtlich nur eine untergeordnete Rolle.

Von weiterer Bedeutung ist natürlich der Einfluß der adaptierten Pulslänge auch auf die Größe der Austrittsdurchmesser, der in Bild 86 und Bild 87 anschaulich für die gleichen Parameter wie in den zwei vorangegangenen Bildern gezeigt wird.

Nach Bild 86 wird eine deutliche Abnahme der Austrittsdurchmesser mit adaptierten Laserpulsen erreicht, wie dies schon durch den rechnerischen, fiktiven Durchmesser d_{S1} angedeutet wurde. Die Verkleinerung der Durchmesser gegenüber jenen mit

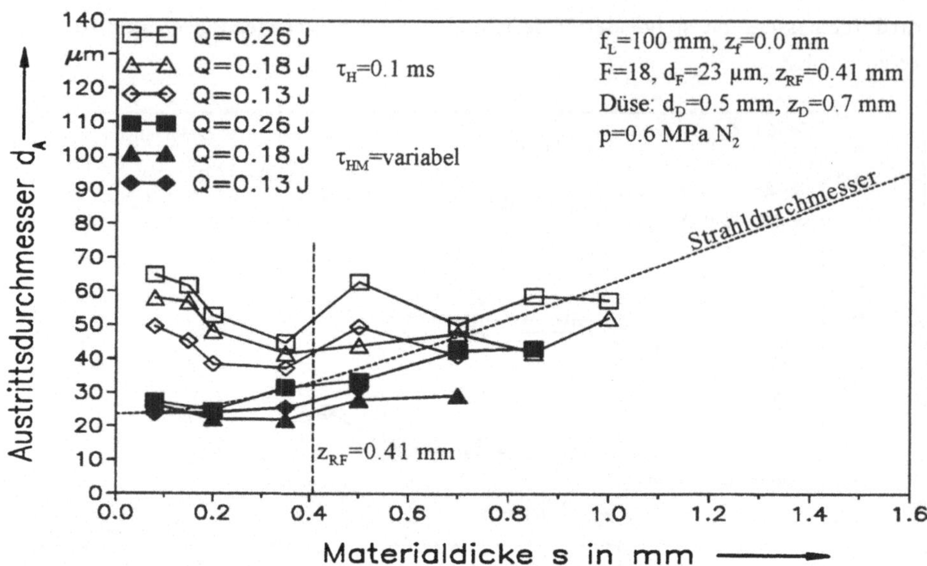

Bild 86: Austrittsdurchmesser als Funktion der Materialdicke mit der Pulsenergie als Parameter für die Pulsdauer von 0.1 ms und adaptierte Pulszeiten.

unmodulierten Laserpulsen liegt je nach Pulsenergie und Materialdicke im Bereich zwischen 18 und 55 %. Vor allem bis zu einer Materialdicke von 0.35 mm ist die Reduktion der Austrittsdurchmesser beträchtlich. Weiterhin werden bis zu dieser Materialdicke mit adaptierten Laserpulsen Austrittsdurchmesser erzielt, die in etwa der Größe des Strahldurchmessers bei freier Propagation entsprechen. Oberhalb dieser Materialdicke breitet sich der Laserstrahl kegelförmig mit Zunahme der Entfenung aus, wodurch mit adaptierten Pulsen kleinere Austrittsdurchmesser als Strahldurchmesser erreicht werden. Wie schon bei den rechnerischen Durchmessern d_{S1} in Bild 80 und Bild 81 beobachtet, nimmt der Unterschied zwischen den Austrittsdurchmessern von adaptierten und unmodulierten Laserpulsen bei großen Materialdicken immer mehr ab. Dieser Effekt läßt sich wie folgt erklären: Mit Zunahme der Materialdicke verringert sich der Unterschied von der adaptiven Pulsdauer τ_{HM} und der Pulsdauer τ_H, so daß folglich nur noch ein geringer Unterschied im Bohrprozeß existiert.

Für die adaptierten Laserpulse, die auf einem ursprünglichen Laserpuls der Länge von 0.2 ms basieren, ergibt sich ebenfalls eine erhebliche Reduktion der Austrittsdurchmesser, wie dies Bild 87 zeigt. Die Verkleinerung der Durchmesser erfolgt in Abhängigkeit von der Pulsenergie und Materialdicke in einem weiten Bereich von 5 bis 70 %. Die Ursache für den großen Schwankungsbereich liegt im Vorhandensein des Schmelztropfens, der das Meßergebnis bei unmodulierten Laserpulsen verfälscht. Dadurch entstehen scheinbar kleinere Austrittsdurchmesser, so daß der Unterschied zu den Durchmessern mit adaptierten Laserpulsen verringert wird. Interessanterweise sind in Bild 87 auch die Austrittsdurchmesser für die adaptierten Laserpulse bei entsprechender Pulsleistung gleich groß, obwohl sich die ursprünglichen Pulszeiten τ_H unterscheiden. Insofern wird die Aufweitung der Austrittsdurchmesser infolge einer längeren Pulsdauer für adaptierte Laserpulse verhindert, wie dies bei unmodulierten Laserpulsen in Bild 55 beobachtet wurde.

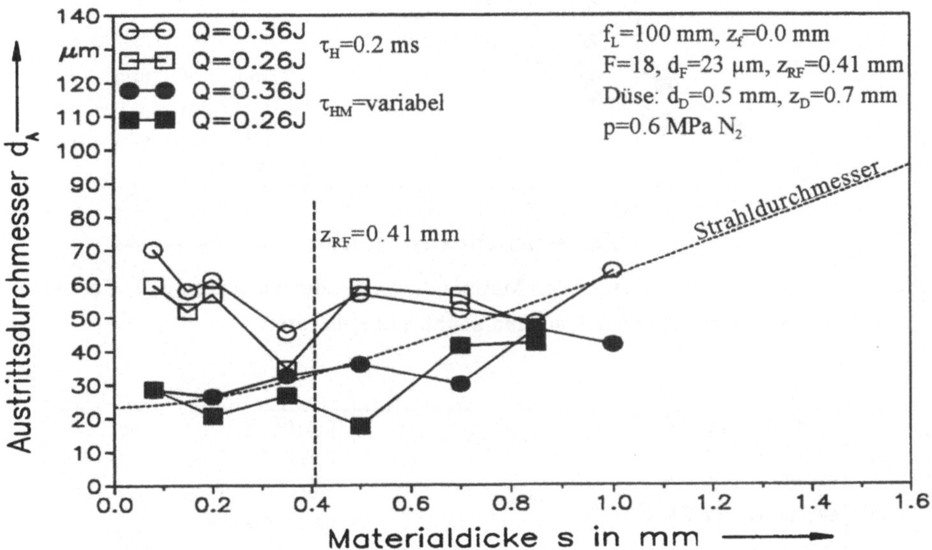

Bild 87: Austrittsdurchmesser als Funktion der Materialdicke mit der Pulsenergie als Parameter für die Pulsdauer von 0.2 ms und adaptierte Pulszeiten.

6.4 Abtragsrate

Um die Wirksamkeit des Materialabtrags bei adaptiven wie unmodulierten Laserpulsen feststellen zu können, wird hier die Abtragsrate V_A eingeführt, die einen zeitbezogenen Volumenabtrag darstellt. In Bild 88 und Bild 89 ist der Vergleich der Abtragsrate für adaptierte und unmodulierte Laserpulse in Abhängigkeit der Materialdicke und der Pulsenergie dargestellt. Aus beiden Bildern geht hervor, daß für Materialdicken, die kleiner als die Schärfentiefe sind, die Abtragsrate für adaptierte Laserpulse größer ist als die Abtragsrate für unmodulierte Laserpulse. Bei größeren Materialdicken ist die Abtragsrate für unmodulierte Laserpulse größer als für adaptierte.

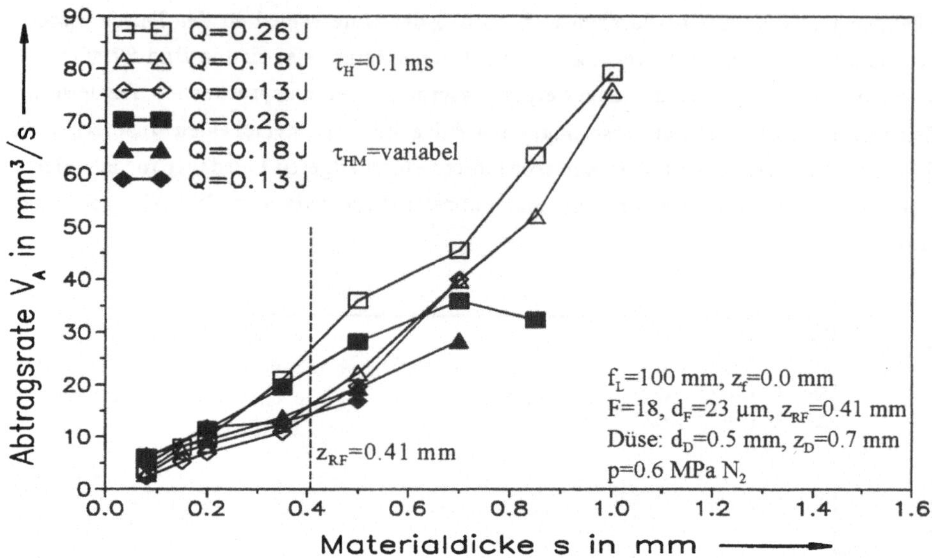

Bild 88: Abtragsrate als Funktion der Materialdicke mit der Pulsenergie als Parameter für die Pulsdauer von 0.1 ms und adaptierte Pulszeiten.

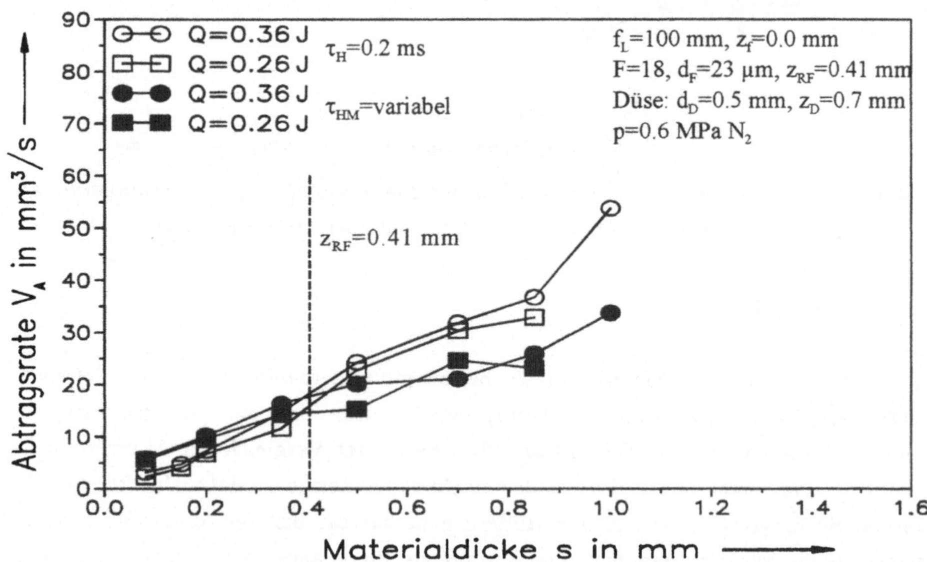

Bild 89: Abtragsrate als Funktion der Materialdicke mit der Pulsenergie als Parameter für die Pulsdauer von 0.2 ms und adaptierte Pulszeiten.

Der Unterschied vergrößert sich dabei mit steigender Materialdicke. Folglich wird bei dünneren Materialien durch die wesentlich längere unmodulierte Pulsdauer nur wenig mehr Material abgetragen. Demnach ist das abtragbare Volumen bei dünnen Materialien durch die Größe des Strahldurchmessers begrenzt, während bei dicken Materialien diese Begrenzung nicht erreicht wird. Außerdem können auch Mehrfachreflexionen und Plasmaeffekte bei größeren Materialdicken einen stärkeren Materialabtrag verursachen.

6.5 Lochform und Qualität

In diesem Kapitel werden metallographische Präzisionsschliffe von Bohrungen vorgestellt, die sowohl mit Hilfe von unmodulierten als auch adaptierten Laserpulsen hergestellt worden sind. Für diesen Vergleich werden die folgenden Pulszeiten und Pulsenergien bei sonst unveränderten Prozeßparameter wie in Kapitel 6.3 verwendet:

A.: τ_H=0.1 ms, Q=0.13 J

B.: τ_H=0.1 ms, Q=0.26 J

C.: τ_H=0.2 ms, Q=0.26 J

Bild 90 zeigt den Vergleich der Durchgangsbohrungen, die mit einem unmodulierten Laserpuls erzeugt wurden. Eine unterschiedliche Färbung und Helligkeit der Schliffe ist bedingt durch eine verschieden lange Ätzung, da die Regulierung auf Grund der Probengröße schwierig ist. Dadurch sind bei manchen Schliffen die Schmelzzone weniger gut zu erkennen.

Für die Parameterkombination A ist sehr deutlich das aufgeschmolzene Material entlang der Bohrungswände zu erkennen. Vor allem wird sichtbar, daß der Schmelztropfen, der schon in Bild 23 und Bild 24 in den Oberflächenbildern gezeigt wurde, eine Fortsetzung der Schmelzschicht aus der Bohrung ist. Dabei bildet sich auf einer Seite immer ein etwas größerer Tropfen. Sowohl die Schichtdicke als auch die Größe des Schmelztropfens nimmt mit zunehmender Materialdicke ab. Interessant ist auch die Form der Bohrung für die Materialdicke von 0.5 mm, die größer als die Schärfentiefe ist. Die Form unterscheidet sich von den anderen durch eine bauchförmige Wölbung etwa in der Mitte der Bohrung. Für die Materialdicke von 0.7 mm konnte für diese Parameterkombination keine Durchgangsbohrung erzielt werden.

Für eine doppelt so große Pulsenergie zeigen die Bohrungen einen merklich größeren Lochdurchmesser bei allen Materialdicken, wobei sich die Schmelzfilmdicke gleichzeitig erheblich verringert. Im Gegensatz zu den Bohrungen mit der Parameterkombination A tritt hier der Schmelzfilm nur im oberen Drittel und am Austritt der Bohrungen auf.

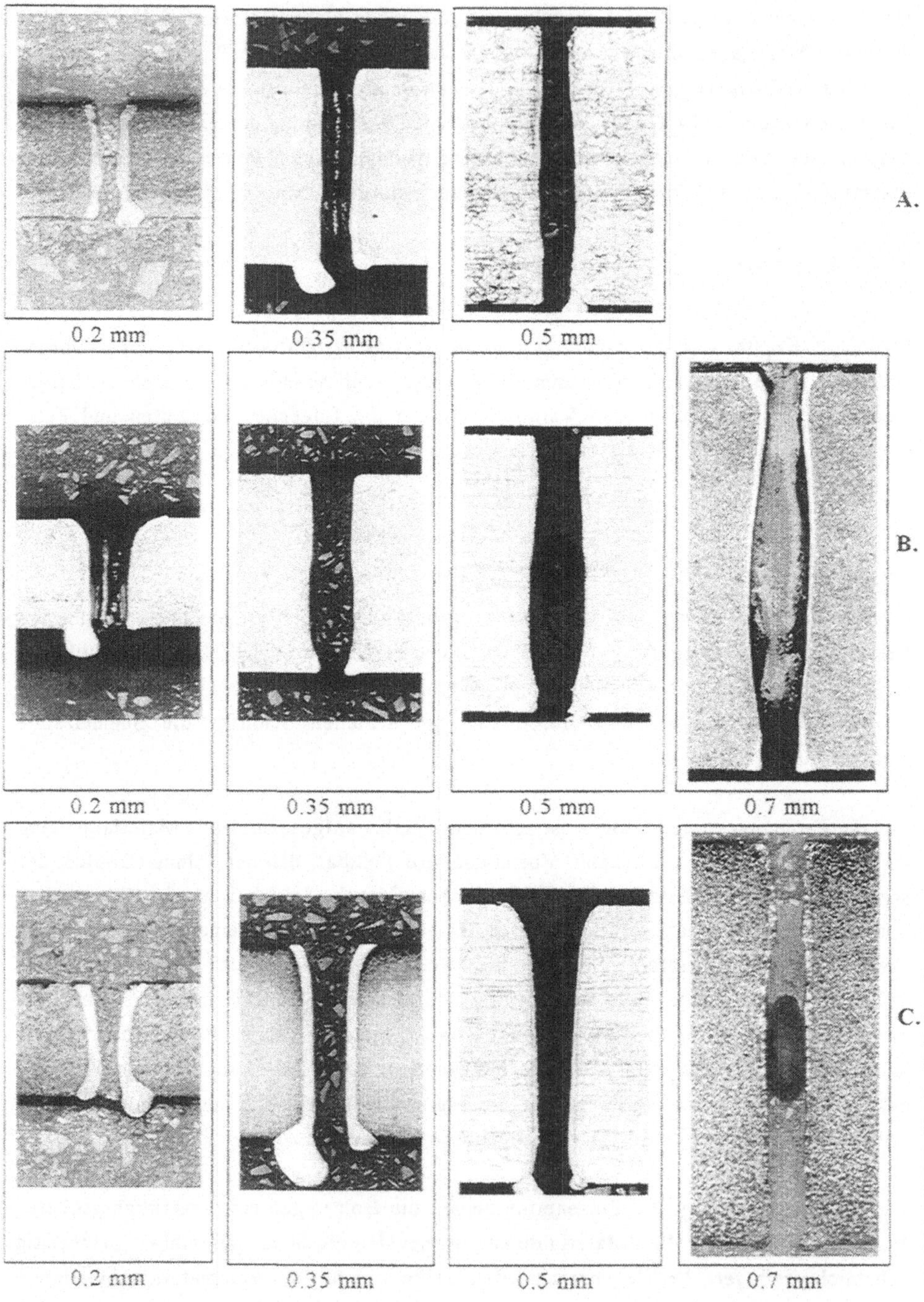

0.2 mm 0.35 mm 0.5 mm A.

0.2 mm 0.35 mm 0.5 mm 0.7 mm B.

0.2 mm 0.35 mm 0.5 mm 0.7 mm C.

Bild 90: Vergleich von metallographischen Schliffen für unmodulierte Laserpulse.

Überdies wird für alle Materialdicken, mit Ausnahme von 0.2 mm, eine bauchförmige Wölbung in der Bohrung beobachtet. Infolge der doppelt so großen Intensität wird das Material mehrheitlich als Dampf abgetragen, der wiederum in Wechselwirkung mit der Bohrwand tritt, und so eine bauchige Lochform verursacht.

Eine interessante Gegenüberstellung zu den anderen Bohrergebnissen stellt die Parameterkombination C in Bild 90 dar, bei der die gleiche Pulsleistung wie in Reihe A und die gleiche Pulsenergie wie in Reihe B gegeben ist. Ein Vergleich zwischen den Bohrungen in Reihe A und C veranschaulicht, daß in beiden Fällen bei allen Materialdicken eine dicke Schmelzschicht existiert und ein Schmelztropfen am Austritt auftritt. Allerdings ist die Schicht für die längere Pulsdauer um einige µm dicker. Die Tendenz zur Abnahme der Schicht und des Tropfens mit steigender Materialdicke ist auch für die längere Pulsdauer gegeben. Bezüglich der Form der Bohrung besteht zwischen Reihe A und C nur für die Dicke von 0.5 mm ein Unterschied, wo wohl wegen der geringen Intensität bei Reihe C keine bauchförmige Wölbung auftritt. Generell werden bei gleicher Pulsleistung mit der kürzeren Pulsdauer kleinere Lochdurchmesser für alle Materialdicken erreicht. Dafür sind mit einer längeren Pulsdauer auch Bohrungen in einem dickeren Material (s=0.7 mm) möglich.

Eine zwischen Reihe B und C vergleichbare Bohrungsform tritt nur bei der Materialdicke von 0.7 mm auf, wobei mit der kleineren Pulsleistung eine kleinere Bohrung erzielt wird. Die Dicke der Schmelzschicht und ihr Auftreten ist in beiden Fällen sehr ähnlich. Bei dünneren Materialien ist die Schmelzschicht für die längere Pulsdauer viel dicker.

In Bild 91 sind mit adaptierten Laserpulsen bei den in Bild 90 vergleichbaren Prozeßparametern hergestellte Durchgangsbohrungen gezeigt. Bei allen Bohrungen fällt sofort auf, daß durch die Verwendung von adaptierten Laserpulsen sich die Schmelzbildung drastisch reduziert und dadurch auch die Bildung eines Schmelztropfens an der Austrittsseite verhindert wird. Für die Materialdicken 0.2 mm und 0.35 mm entstehen kegelförmige Lochformen. Ein Vergleich mit Reihe A in Bild 90 zeigt, daß infolge der starken Aufschmelzung der Bohrungswände und der damit verbundenen wiedererstarrten Schmelze diese Form bei unmodulierten Laserpulsen "verwischt" wird. Bei der Materialdicke von 0.5 mm, also größer als die Schärfentiefe, zeigt sich für beide Pulsarten eine bauchförmige Wölbung der Bohrung, die etwa ab der Mitte der Materialdicke beginnt. Am Austritt der Bohrungen tritt allerdings ein erheblicher Unterschied auf. Hier wird bei der Bohrung in Reihe A, Bild 91 ein wesentlich engerer Lochdurchmesser auf einer Länge von etwa 30 µm beobachtet.

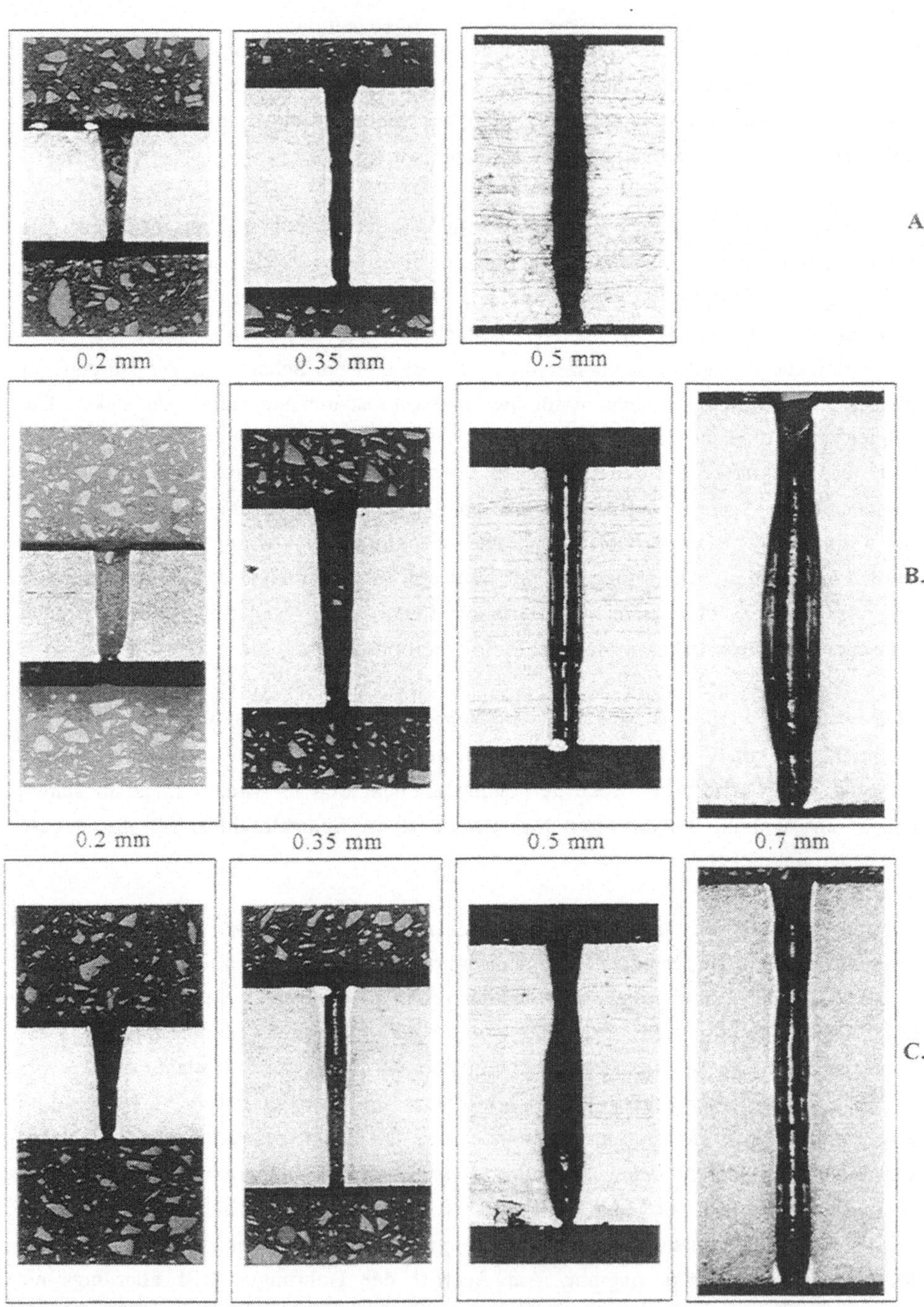

Bild 91: Vergleich von metallographischen Schliffen für adaptierte Laserpulse.

Offensichtlich wird bei dieser Materialdicke durch die längere Pulsdauer die Verengung weggeschmolzen und es entsteht ein Schmelztropfen. Der unmodulierte Laserpuls sorgt außerdem in der oberen Hälfte der Bohrung für eine Erweiterung, die sich in einer verstärkten Schmelzbildung äußert.

Bis zu einer Materialdicke von 0.5 mm wird mit Hilfe eines adaptierten Laserpulses eine deutlich Verringerung des Lochdurchmessers in Reihe B Bild 91 erreicht. In Bezug auf die Dicke der Schmelzschicht sind nur geringe Verbesserungen möglich. Allerdings tritt die bauchige Wölbung überhaupt nicht bzw. nur ansatzweise bei der Materialdicke von 0.5 mm auf. Bei einer Materialdicke von 0.7 mm besteht nur ein geringer Unterschied in der Form der Bohrungen und der Schmelzschicht für die beiden Laserpulse. Dies läßt sich sehr einfach an Hand der adaptierten Pulsdauer in Bild 83A erklären. Danach besteht zwischen beiden Laserpulsen nur ein zeitlicher Unterschied von 15 µs, und somit wird mit dem adaptierten Laserpuls nahezu der volle unmodulierte Laserpuls ausgenützt. Trotzdem weisen beide Bohrungen vor allem im oberen Drittel und am Austritt Unterschiede auf. Danach tritt für den adaptierten Laserpuls am Austritt der Bohrung wieder eine Verengung mit einer Länge von etwa 40 µm auf. Zusätzlich wird am Eintritt eine dünnere Schmelzschicht sowie ein kleinerer Lochdurchmesser beobachtet.

Die Bohrungen in Reihe C, verglichen mit den entsprechenden in Bild 90, zeigen etwa die gleichen Tendenzen, wie der Vergleich der Bohrungen in den Reihen A. Mit der Verwendung von adaptierten Laserpulsen wird auch in diesem Fall sowohl eine deutliche Reduzierung der Schmelzschicht erzielt, als auch die Bildung eines Schmelztropfens verhindert. Bezüglich der Form der Bohrungen ergeben sich aber ein paar interessante Aspekte. Bei der Materialdicke von 0.2 mm und 0.35 mm wird mit den adaptierten Laserpulsen ein Lochform erzielt, die der eines Kegelstumpfes entspricht. Diese Form wird bei unmodulierten Laserpulsen sehr stark aufgeweitet, so daß der Winkel des Kegels flacher wird. Für die Materialdicke von 0.5 mm und 0.7 mm entstehen bei adaptierten Laserpulsen bauchförmige Wölbungen, die jedoch bei unmodulierten Laserpulsen völlig verschwinden.

Demnach bewirkt in Reihe C eine längere Pulsdauer τ_H bei großen Materialdicken eine Glättung der Bohrwände, währenddessen bei dünnen Materialien dies zu einer großen Schmelzzone führt. Aus diesem Grund bleibt auch für die unmodulierte Pulsdauer in Reihe A und B und einer Materialdicke ab 0.5 mm die bauchförmige Wölbungen der Bohrung erhalten, die auch mit adaptierter Pulsdauer erzielt wurde. Zwar unterscheiden sich nach Bild 52 die Durchdringzeiten bei gleicher Pulsleistung und unterschiedlicher Pulsdauer, jedoch vergrößert sich das Verhältnis von Pulsdauer zu Durchdringzeit mit steigender Pulsdauer. Dadurch bleibt bei längeren Pulszeiten für den Bohrprozeß Zeit übrig, in der Aufschmelzen und Glättung der Bohrwände erfolgen kann.

Für das Auftreten der bauchförmigen Wölbungen bei größeren Materialdicken existieren, wie schon kurz erwähnt, mehrere Ursachen. Bei Materialdicken, die größer als die Schärfentiefe sind, wird mittels Mehrfachreflexionen eine verstärkte Einkopplung der Laserstrahlung in die Bohrwände möglich [86], [102]. Eine weitere Ursache ist in der Entstehung von Dampf bzw. Plasma zu sehen. Bei großen Materialdicken kann der Dampf die Bohrung weniger gut verlassen, so daß es zum einen zu Wechselwirkungen zwischen Dampf und Bohrwand kommt [108] und zum anderen eine Beugung des Laserlichtes infolge des temperaturabhängigen Brechungsindex im Dampf erfolgt [85]. Für diese Wechselwirkungen spricht die Tatsache, daß die Durchdringzeit nach Bild 74 ab einer bestimmten Intensität bei dünnen Materialien wieder zunimmt, während bei dickeren Materialien eine stetige Abnahme beobachtet wurde. Zusätzlich würden beide Mechanismen die Eigenheit erklären, daß die Wölbung der Bohrungen mehrheitlich in der unteren Hälfte auftritt.

Bild 92 und Bild 93 dokumentieren die Ein- und Austrittsseiten der Bohrungen, die mit einem unmodulierten bzw. adaptierten Laserpuls erzeugt wurden. Danach wird deutlich, welch markanten Einfluß ein adaptierter Laserpuls nicht nur auf die Größe des Durchmesser wie der Schmelzzone besitzt, sondern sich auch erheblich auf das Aussehen und die Qualität der Bohrungen auswirkt. Durch die Verwendung von adaptierten Laserpulsen ergeben sich folgende qualitative Veränderungen:

- Der Materialauswurf auf der Eintrittsseite wird sehr stark vermindert,
- der Durchmesser des Eintrittskraters wird ebenfalls wesentlich reduziert,
- die Rundheit des Eintritts wird erheblich verbessert,
- auf der Austrittsseite existiert der Schmelzring zum Teil überhaupt nicht mehr bzw. wird drastisch verkleinert,
- der Austritt weist in vielen Fällen nur eine sehr geringe Rundung der Kanten auf und
- die Rundheit des Austritts wird ebenfalls verbessert.

Ein weiterer Vorteil, der nicht direkt aus den Bildern zu sehen ist, liegt in der Schwankungsbreite der Lochdurchmesser am Ein- und Austritt. Für einige Materialdicken wird eine Reduktion der Schwankungsbreite um bis zu 10 µm erreicht. Eine eindeutige Tendenz dieses Effekts bezüglich der Parameter oder Materialdicke konnte aber nicht festgestellt werden.

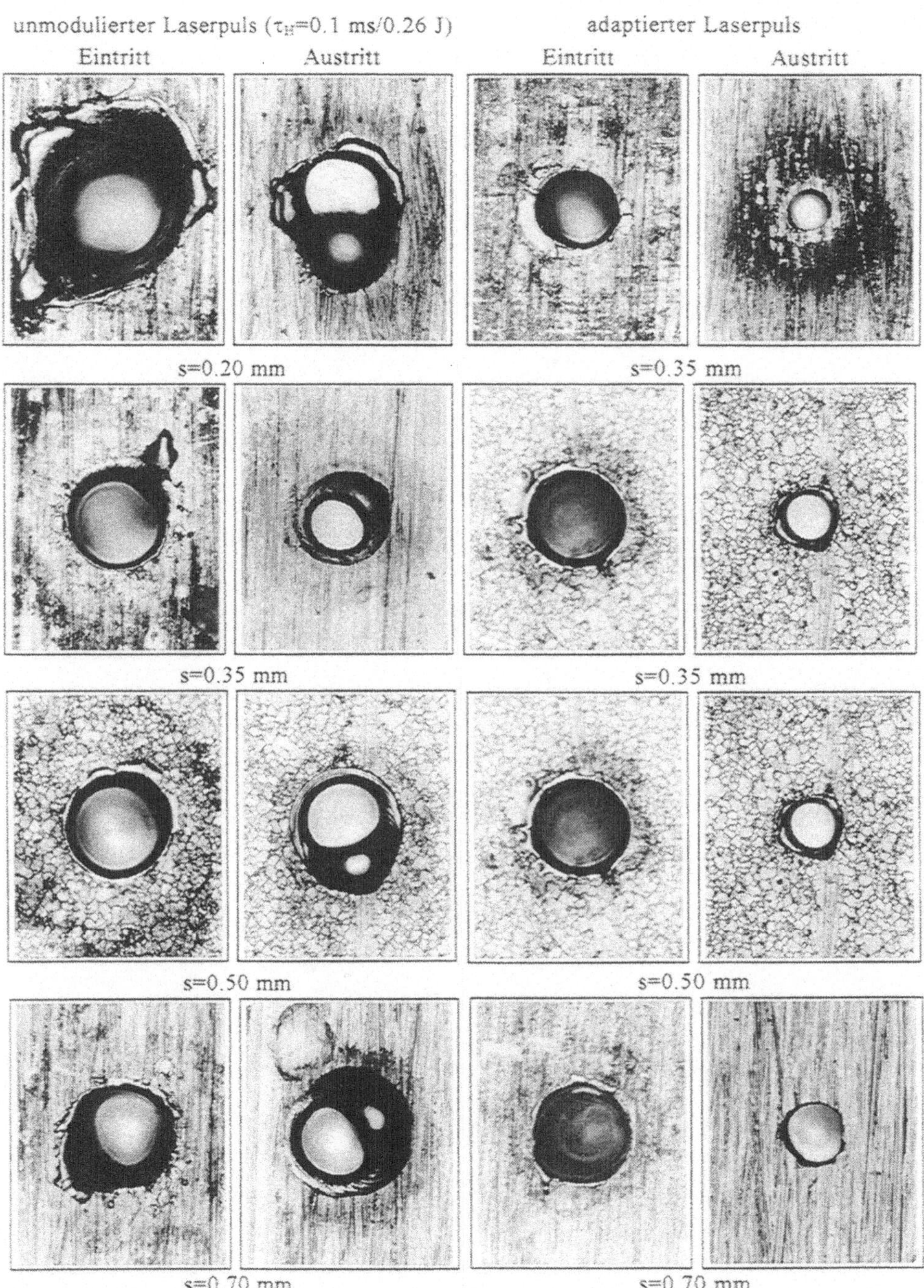

Bild 92: Vergleich des Ein- und Austritts für unmodulierte und adaptierte Laserpulse.

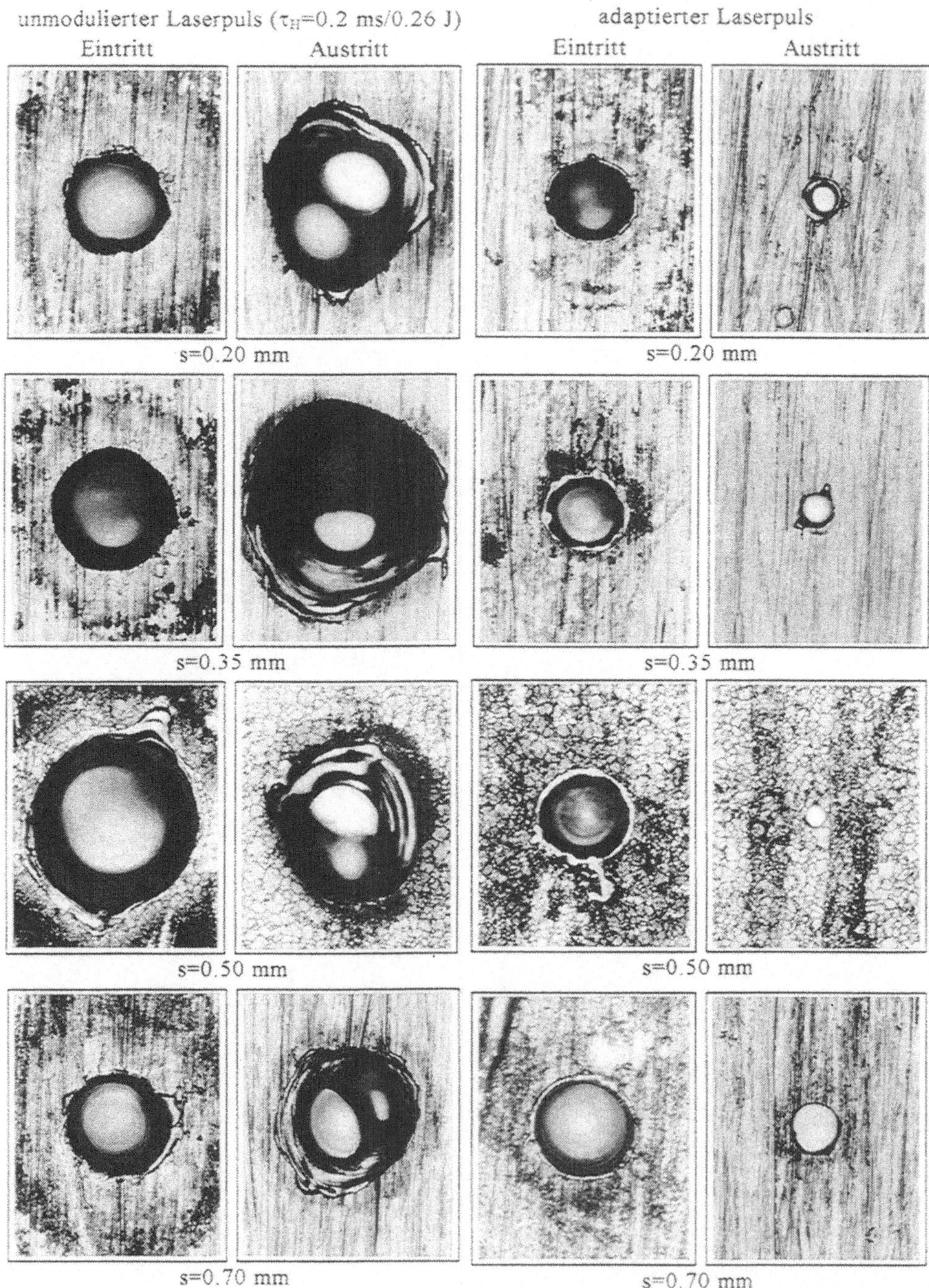

Bild 93: Vergleich des Ein- und Austritts für unmodulierte und adaptierte Laserpulse.

6.6 Vergleich zwischen verschiedenen Laserpulsformen

Bislang wurden die vorgestellten Bohrversuche entweder mit unmodulierten oder adaptierten Laserpulsen durchgeführt. In diesem Kapitel wird nun noch eine dritte Art der Pulsformung vorgestellt und an einem praktischem Beispiel mit den anderen beiden Pulsformen verglichen. Hierbei wird ein kürzerer Laserpuls aus einem unmodulierten Laserpuls mit Hilfe der Pockelszelle "ausgeschnitten". Dazu wurde immer ein unmodulierter Puls der Zeit τ_H=0.2 ms verwendet. Die Vorschaltzeit τ_{HV} liegt dabei im Bereich von 60 bis 70 µs. Bezüglich der Modulationszeit τ_{HM*} wird zwischen zwei Arten unterschieden. Zum einen wird die zeitliche Breite des Laserpulses so angepaßt, daß dessen Zeit τ_{HM*} mit der ermittelten Gesamtzeit bzw. der adaptierten Zeit τ_{HM} übereinstimmt. Dieser Puls besitzt aber auf Grund der höheren Energie im Puls immer eine größere Intensität als der nur am Ende abgeschnittene Laserpuls. Bei der anderen Variante wird die zeitliche Breite τ_{HM*} so gewählt, daß der Puls die gleiche Pulsleistung besitzt, wie der Laserpuls mit der Zeit τ_{HM}. Dadurch muß die Zeit τ_{HM*} immer kürzer als die Zeit τ_{HM} sein. Ein solcher Puls ist in Bild 94 dargestellt. Grundsätzlich unterscheidet sich dieser Art der Modulation durch das Fehlen der Spikes zu Beginn des Laserpulses. Außerdem ist die Anstiegsflanke wesentlich steiler und etwa gleich groß wie die Abfallsflanke des Pulses. Dadurch entsteht ein zeitlich nahezu konstanter Laserpuls.

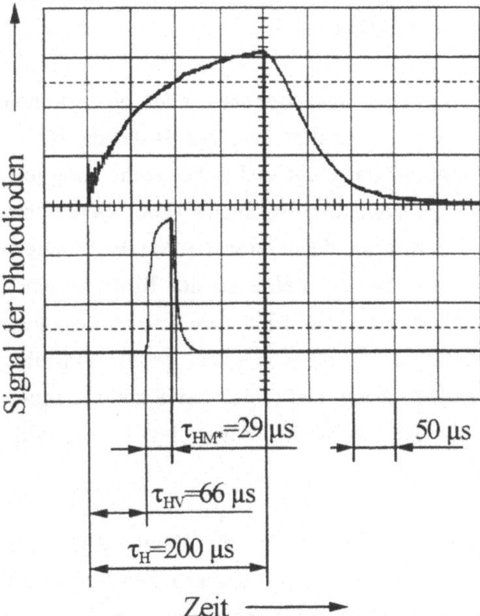

Bild 94: Vergleich vom zeitlichen Verlauf für einen adaptierten und unmodulierten Laserpuls.

Es stellt sich nun die Frage, in wie weit sich die Veränderung des Laserpulses auf das Bearbeitungsergebnis auswirkt. Ein Vergleich von verschieden hergestellten Bohrungen in einer Materialdicke von 0.5 mm ist in Bild 95 sowohl als metallographischer Schliff als auch in Form von Oberflächenaufnahmen der Ein- und Austrittsseite der Bohrung dargestellt. Die Bohrungen wurden mit den folgenden Laserparametern bzw. Laserpulsformen hergestellt:

1. d_F=23.5 µm, z_F=0.3 mm, Q=0.36 J, τ_H=0.2 ms
2. d_F=23.5 µm, z_F=0.3 mm, Q=0.36 J, τ_H=0.2 ms, τ_{HM}=47 µs
3. d_F=23.5 µm, z_F=0.3 mm, Q=0.36 J, τ_H=0.2 ms, τ_{HM^*}=29 µs, τ_{HV}=66 µs
4. d_F=23.5 µm, z_F=0.3 mm, Q=0.36 J, τ_H=0.2 ms, τ_{HM^*}=47 µs, τ_{HV}=66 µs

Bei der Bohrung in der ersten Spalte, die mit einem unmodulierten Laserpuls gebohrt wurde, bildet sich infolge der langen Pulsdauer eine deutliche Schmelzschicht in der Bohrung aus, und am Austritt existiert ein typischer Schmelztropfen. Der Eintritt weist einen großen Krater und ausgeworfene Schmelze an den Kanten auf. Bei der zweiten Bohrung ist die Pulslänge an die Materialdicke angepaßt, wodurch eine wesentlich kleinere Schmelzbildung zu verzeichnen ist. Außerdem werden dadurch Qualitätsminderungen am Ein- und Austritt der Bohrung verringert (die Ablagerungen in der Bohrung sind nachträglich beim Schleifen der Bohrung entstanden).

Die dritte Bohrung wurde mit einem Laserpuls gebohrt, der aus dem eigentlichen Laserpuls "herausgeschnitten" ist und die gleiche Intensität wie bei Bohrung Nr. 2 besitzt. Mit diesem Puls ist eine Durchdringung der Materialdicke nicht möglich. Trotzdem verfügt diese Bohrung über einige interessante Merkmale: Die Kanten am Eintritt sind um einiges rechtwinkliger als die Kanten der ersten beiden Bohrungen. Außerdem befindet sich trotz der Sackbohrung keine Schmelze an der Eintrittskante. Infolgedessen muß das Material überwiegend verdampft worden sein. Bemerkenswert ist auch die Form der Bohrung, die hauptsächlich die gauß'sche Form des Laserstrahls widerspiegelt. Dies wurde schon von Wagner [58] festgestellt, der bei Sackbohrungen eine Lochform berechnete, die primär durch die räumliche Form des Laserstrahls bestimmt wird.

Bei der Bohrung in Spalte 4 wurde ein Laserpuls verwendet, der die gleiche Pulsdauer wie jener in Spalte 2 besitzt. Da dieser Puls aber aus dem eigentlichen Laserpuls herausgeschnitten ist, weist er eine größere Intensität auf. Es entsteht eine Bohrung, die am Eintritt keine Verrundung und nur einen geringen Schmelzauswurf zeigt. Außerdem wird in dieser Bohrung so gut wie kein Schmelzfilm beobachtet. Sehr interessant ist die Form am Austritt. Etwa 90 µm vor dem Austritt beginnt in der Bohrung eine Krümmung, die der räumlichen Form des Laserstrahls entspricht. Am Austritt selbst ist ein Durchbruch von einer Länge von etwa 15 µm zu erkennen. Die Oberfläche des Austritts weist überhaupt keine Schmelzbildung auf. Diese Form des Durchbruchs wurde auch schon in Bild 91 bei größeren Materialdicken gezeigt. An Hand dieses Vergleichs wird deutlich, welche immense Bedeutung die Form des Laserpulses auf das Bearbeitungsergebnis besitzt. Die Laserpulse bei den letzten beiden Bohrungen unterscheiden sich von den anderen hauptsächlich durch zwei Merkmale.

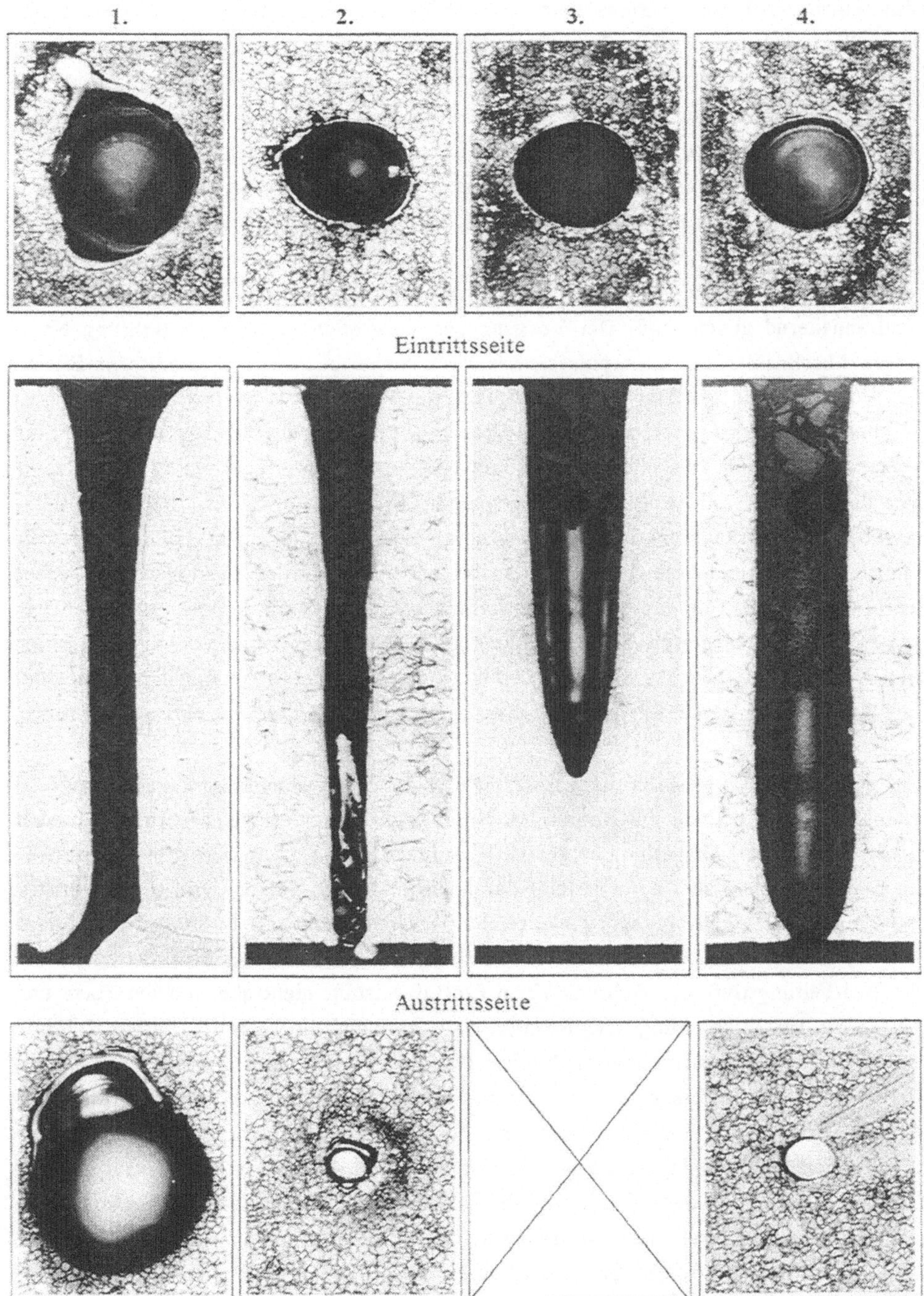

Bild 95: Vergleich von Bohrungen für unterschiedliche Pulsformen, Parameter s. Text.

Zum einen existieren am Pulsanfang keine Spikes und zum anderen werden die seitlichen Flanken der gauß'schen Strahlform während des Bohrens, auf Grund eines nahezu konstanten Energieflusses, energiemäßig nicht angehoben. Das energiemäßig Anheben der Flanken bewirkt bei Bohrung Nr.1, daß während des Bohrvorgangs die Intensität ansteigt und die radiale Wärmeleitung zunimmt. Dementsprechend werden die Bohrwände nach dem Durchdringen des Materials aufgeschmolzen. Mittels des Prozeßgasdrucks wird die Schmelze ausgetrieben und die Bohrung aufgeweitet. Dieser Vorgang ist demnach nicht so effizient, weshalb der Durchmesser von Bohrung 4 im Material größer ist als derjenige von Bohrung 1. Nur die Eintrittsdurchmesser beider Bohrungen sind annähernd gleich groß. Der Vorgang der Vergrößerung wird bei Bohrung Nr. 2 durch Abschneiden des Laserpulses verhindert, wobei auch hier ein konischer Einzug deutlich zu erkennen. Dieser wird am Anfang des Pulses entweder durch den zeitlichen Anstieg der Energie oder durch die Spikes bewirkt. Letzterer Aspekt läßt die Frage offen, ab wann ein Puls energiemäßig konstant ist. Dieser Fragestellung wurde z. B. von Rykalin [55] und Ready [52] nachgegangen. Danach folgt die Oberflächentemperatur der Intensitätsänderung in einem Lichtpuls. Dies würde bedeuten, daß die Spikes als einzelne Laserpulse wirken, die einem ansteigenden Energiefluß überlagert sind. Diese Form des Bohrens, die dem Perkussionsbohren sehr ähnlich ist, könnte für das Auftreten des Einzugs und für die Schmelzbildung am Eintritt verantwortlich sein. Denn Robin und Nordin [135] haben ermittelt, daß bei einem cw-Laserstrahl, der mit einem oder mehreren Laserpulsen überlagert wird, dies zu einem verstärkten Schmelzaustrieb führt.

Bei gleicher Intensität spielt die zeitliche Dauer der Energieeinbringung in das Material ebenfalls eine Rolle, da die Bohrungen Nr. 2 und 3 mit der gleichen Intensität aber unterschiedlichem Pulsverlauf hergestellt wurden. Durch das größere Abtragsvolumen im Eintrittsbereich, aber auch bedingt durch die fehlenden Spikes, wird bei der dritten Bohrung eine Durchdringung nicht erreicht. Weiterhin geht aus Bohrung Nr. 3 und 4 hervor, daß bei einem zeitlich konstanten Energiefluß die Dauer der Bestrahlung nur auf die Bearbeitungstiefe der Bohrung einen Einfluß ausübt, nicht aber auf die Form und Größe der Eintrittsbohrung. Das Resultat ist letztendlich in Form der vierten Bohrung zu sehen, die am Austritt dem gauß'schen Profil entspricht. Ein interessantes Ergebnis liefert auch die Untersuchung der HeNe-Signale und die Durchdringzeit für diese Bohrungen. Für die Bohrung Nr.2 und Nr.4 wird das Signal der *Geraden-Linie* erhalten, während bei der Bohrung Nr. 1 das Signal der *Schwingungs-Linie* auftritt. Bei den Bohrungen Nr.1 und Nr.2 wurde die gleiche gemittelte Durchdringzeit von 35 µs gemessen. Im Gegensatz dazu wurde bei der Bohrung Nr.4 eine um 10 µs längere mittlere Durchdringzeit erreicht. Somit wird durch die Änderung der Pulsform nicht nur das Abtragsvolumen geändert, sondern auch die Abtragsgeschwindigkeit.

7 Diskussion der Bohrergebnisse

Auf der Basis der vorgestellten experimentellen Bohrergebnisse werden in diesem Abschnitt Bezüge zu den bestehenden Modellen und Annahmen aus Kapitel 2 diskutiert. Zudem wird ein qualitatives Modell zum Entstehungsprozeß von Durchgangsbohrungen skizziert. Schließlich werden in 7.3 nochmals Wege aufgezeigt, die zu einer optimalen Lochgeometrie führt.

7.1 Vergleich der Ergebnisse mit den bestehenden Bohrmodellen

Wie in Kapitel 5.1 schon erwähnt, enthält die Durchdringzeit t_P auch die Zeitanteile, die zu Beginn des Bohrprozesses zum Aufheizen des Werkstücks auf Schmelz- bzw. Verdampfungstemperatur notwendig sind. In Tabelle 5 sind diese Zeitanteile, die an Hand

I	1E+7	5E+7	1E+8	5E+8	1E+9	W/cm^2
t_M	8.01E-2	3.20E-3	8.01E-4	3.20E-5	8.01E-6	µs
t_V	3.33E-1	1.33E-2	3.33E-3	1.33E-4	3.33E-5	µs
t_{ges}	4.13E-1	1.65E-2	4.13E-3	1.65E-4	4.13E-5	µs

Tabelle 5: Zeit zum Erreichen der Schmelz- (t_M) bzw. Verdampfungstemperatur (t_V)

von Gleichung (20) berechnet wurden, für den verwendeten Intensitätsbereich angegeben. Hieraus geht hervor, daß dieser Zeitanteil t_{ges} sowohl gegenüber der Offsetzeit, die Werte von 6 bis 20 µs erreicht, als auch gegenüber der Durchdringzeit vernachlässigbar klein ist. Die Offsetzeit enthält alle Energieverluste die beim Bohrvorgang entstehen können, wie z. B. Absorption von Laserstrahlung im Plasma oder Wärmeleitung. Die Zeit zum Erreichen der Schmelz- und Verdampfungstemperatur macht nur einen geringen Anteil an der gesamten Offsetzeit aus. Folglich wird die Bohrgeschwindigkeit, die sich aus der gegebenen Materialdicke und der gemessenen Durchdringzeit zusammensetzt, durch die Aufschmelz- und Verdampfungszeit nur geringfügig beeinflußt. Somit stellt die Durchdringzeit die Zeit dar, die zum Abtrag des Materials bei einer gegebenen Dicke sowohl als Schmelze als auch Dampf notwendig ist.

Aus den ermittelten Bohrgeschwindigkeiten in Bild 75 geht hervor, daß mit Steigerung der Intensität bei allen Materialdicken der Anteil des Materialabtrags, der mittels Verdampfung erreicht wird, erhöht wird. Die Intensitätssteigerung kann dabei sowohl durch Steigerung der Energie als auch durch einen kleineren Fokus erreicht werden. Bild 75 zeigt aber auch, daß es sich in sehr vielen Fällen um einen Materialabtrag handelt, der sowohl aus Schmelze als auch aus Dampf besteht. Diese Art des Materialabtrags wird am besten durch Modell D in Bild 3 beschrieben. Allerdings entspricht der Bohrgrund nicht einer ebenen Fläche sondern der räumlichen Form des Laserstrahls, die bei dem verwendeten Lasersystem einer Gaußverteilung gleichkommt, was sehr deutlich in dem metallographischen Schliff der Sackbohrung in Bild 95 zu sehen ist.

Die Art und Weise, wie die Pulsenergie den Abtragsprozeß beeinflußt, stellt bei dem Bohrprozeß ein Problem dar. Zwar werden mit einer niedrigeren Pulsenergie nach den Ergebnissen von Kapitel 5 kleinere Ein- und Austrittsdurchmesser erzielt, jedoch wird die Schmelzbildung in der Bohrung erhöht. Dies führt bei kleinen Durchmessern mit entsprechenden Aspektverhältnissen zum Verschließen der Bohrung. Deshalb ist die Reduzierung der Pulsenergie ein wesentlich schlechteres Mittel, um die Größe der Lochdurchmesser zu steuern, als die Anpassung der Pulsdauer an die Durchdringzeit, da so der Energiefluß bis zum Durchbohren der Materialdicke und somit auch der Bohrprozeß unbeeinflußt bleibt.

τ_H	20	40	60	80	100	200	300	400	500	µs
l_D	17.3	24.5	30.0	34.7	38.8	54.8	67.2	77.6	86.7	µm

Tabelle 6: Thermische Eindringtiefen für verschiedene Pulszeiten.

Ein weiterer wichtiger Punkt für den Bohrprozeß ist die thermische Eindringtiefe l_D, die in Tabelle 6 nach Gleichung (9) für verschiedene Pulszeiten dargestellt ist. Für eine eindimensionale Wärmeleitung im Material existieren zwei wichtige Bedingungen. Eine davon ist nach Ungleichung (8) erfüllt, wenn die Materialdicke in Ausbreitungsrichtung der Laserstrahlung für die thermische Eindringtiefe als unendlich angesehen werden kann. Dies ist sicherlich zu Beginn des Bohrprozesses der Fall. Mit steigender Bestrahlzeit wird aber mehr Material abgetragen, so daß die verbleibende Materialdicke immer kleiner wird und sich der Dicke der Eindringtiefe annähert. Aus diesem Grund muß eine Vorheizung des Materials, wie dies bei Metallfolien in [39], [136], [137] beobachtet wurde, kurz vor dem Erreichen der Rückseite mitberücksichtigt werden. Die Aufheizung der Materialschicht führt dazu, daß das Material auf der Rückseite schon anfängt zu schmelzen, bevor die Abtragsfront diese Ebene erreicht hat [49], [136]. Dadurch tritt eine Art von "Durchbrennen" auf, was den Abtragsprozeß beschleunigt.

Einen Hinweis für das Auftreten eines Durchbrenneffekts liefern die metallographischen Schliffe für adaptierte Laserpulse in Bild 91 und Bild 95. Hier wird am Austritt eine Verengung beobachtet, die eine Länge zwischen 15 und 40 µm hat. Dies entspricht den Werten der thermischen Eindringtiefe bei der entsprechenden Durchdringzeit. Außerdem wurden bei den Experimenten mit adaptierten Laserpulsen nach jedem Bohrvorgang relativ große Materialteilchen auf dem Glasplättchen gefunden. Dies deutet darauf hin, daß ein Teil des Materials nicht nach oben abgetragen worden ist, obwohl der Laserpuls nach dem Durchdringen sofort abgeschnitten wurde. Deshalb kann ein solch starker Materialabtrag allein durch den Laserpuls eigentlich nicht stattfinden. Für die Annahme eines Durchbrenneffekts sprechen auch die aufgezeichneten HeNe-Signale in Bild 21 und Bild 22. Für alle Materialdicken und Laserparameter wurde nach der Durchdringzeit t_P ein sehr steil ansteigendes Signal innerhalb der Startzeit t_{S1} beobachtet. Folglich bildet sich eine kleine Durchgangsbohrung ebenfalls schnell aus.

Verstärkt wird dieser Durchbrenneffekt durch die Ausbildung des Dampfdrucks innerhalb der Bohrung, der wesentlich größer als der Prozeßgas- und der Umgebungsdruck [85], [107] ist. Neben der Erwärmung wird die Materialschicht vor dem Austritt also auch noch durch einen sehr hohen Druck belastet. Beide Effekte fördern offensichtlich einen plötzlich Austrieb der dünnen Materialschicht.

Für Pulszeiten, die erheblich größer als die rechte Seite von Gleichung (15) sind, dominieren dreidimensionale Wärmeleitungsverluste, und die Oberflächentemperatur im Zentrum des Laserstrahls wird dadurch nach Gleichung (17) zeitunabhängig. Bei einer thermischen Eindringtiefe, die wesentlich größer als der Strahlradius ist, beeinflussen dreidimensionale Wärmeverluste den Bearbeitungsprozeß. Dies hat für die verwendeten Strahldurchmesser nach Tabelle 3 zur Folge, daß die Wärmeverluste bei den Strahldurchmessern von 70 und 35 μm keinen bzw. nur einen kleinen Einfluß bei großen Materialdicken, respektive langen Durchdringzeiten, hervorrufen. Die beiden anderen Strahldurchmessern sind auch bei kurzen Durchdringzeiten deutlich kleiner als die thermische Eindringtiefe. Dadurch entstehen höhere Wärmeverluste. Als Folge werden höhere Intensitäten benötigt, um die Verdampfungstemperatur zu erreichen. Nach Bild 47 reduziert sich die Durchdringzeit mit kleineren Fokusdurchmessern. Der Zeitgewinn wird mit Abnahme der Durchmesser infolge der Wärmeverluste und der kleineren Schärfentiefe geringer und die Offsetzeit nimmt wieder zu.

7.2 Erklärungsmodell zum Bohrprozeß bei Durchgangsbohrungen

Die skizzierten Zusammenhänge lassen folgende qualitative Vorstellung von vier Phasen beim Einzelpulsbohren von Durchgangsbohrungen mit unmodulierten Laserpuls plausibel erscheinen:

1. Die Werkstückoberfläche wird durch den absorbierten Anteil der Laserstrahlung auf Schmelz- bzw. Verdampfungstemperatur aufgeheizt. Die Zeit zum Erreichen dieser Temperaturen kann für den eindimensionalen Fall nach Gleichung (16) bestimmt werden. Die Intensitätsverteilung im Laserstrahl entspricht der eines gauß'schen Grundmodes. Die Spikes zu Beginn des Laserpulses wirken dabei auf das Material als Pulszug wie beim Perkussionsbohren, nur daß sie einer kontinuierlichen und stetig ansteigenden Laserleistung überlagert sind. Auf Grund der hohen Intensität in den Spikes schmilzt bzw. verdampft das Material sehr rasch, und es bildet sich ein hoher Dampfdruck aus, der kleine Mengen Schmelze austreibt. Gleichzeitig werden die Flanken des Gaußprofils durch die Leistungszunahme im Puls angehoben, wodurch sowohl die Intensität als auch der Strahldurchmesser zunimmt. Beide Effekte bewirken vermutlich die Ausbildung einer ersten Lochgeometrie mit einem konischen Einzug und der Ablagerung von Schmelze an den Kanten (siehe Bild 95).
2. Nach der Ausbildung einer Lochgeometrie erreicht die Bohrgeschwindigkeit auf Grund der annähernd konstanten Intensität und der Energieerhaltung jetzt eine konstante Geschwindigkeit nach Gleichung (21). Je nach Höhe der Intensität wird das Material durch Schmelze und/oder Verdampfung abgetragen.
3. Erreicht die Wärmeeindringtiefe l_D ungefähr die Größe der momentanen Restmaterialdicke, so wird die Rückseite stärker aufgeheizt. Auf Grund der gaußähnlichen Lochform und dem einwirkenden Dampfdruck wird diese aufgeheizte Materialschicht schlagartig nach unten ausgetrieben, und der in der Bohrung enthaltene Dampf strömt durch die Öffnung sofort ab. Die schlagartige Öffnung verursacht einen geringeren Lochquerschnitt am Austritt. Das Blockdiagramm in Bild 2 muß deshalb mit der Frage ergänzt werden, wie groß die Restmaterialdicke gegenüber der Wärmeeindringtiefe l_D in Abhängigkeit der Bearbeitungsdauer ist.
4. Infolge der Öffnung der Bohrung verändert sich auch die Form des Materialabtrags. Ein beachtlicher Teil der Laserstrahlung "fällt" nun ungenützt durch die Öffnung der Bohrung hindurch. Die Bohrungswände werden infolge der weiter einfallenden Laserstrahlung durch Wärmeleitung aufgeheizt und lokal aufgeschmolzen. Dabei kann weiterhin Dampf entstehen, der sich aber nicht mehr wie ein "Kolben" auf die Schmelze auswirkt, sondern nahezu ungehindert abströmen kann. Der meiste Materialabtrag findet dabei an der Bohrungswand am Eintritt und an der Verengung am Austritt statt. Die entstehende Schmelzschicht wird sowohl durch den einwirkenden Prozeßgasdruck als auch durch die Gravitationskraft [143] nach unten aus der Bohrung ausgetrieben, wobei die Verengung am Austritt den Austriebsmechanismus verlangsamt. Dies

führt zu einer kurzzeitigen Verringerung des Lochdurchmessers, welches die kurzzeitigen, kleinen Verringerungen und den darauffolgenden raschen Anstieg der HeNe-Signale erklärt. Infolge der geringen Austriebsgeschwindigkeit bzw. der großen Menge an Schmelze bildet sich ein Schmelzring bzw. Schmelztropfen an der Austrittsseite der Bohrung. Dieser fängt bis zu seiner vollständigen Erstarrung unter dem Prozeßgasdruck an zu schwingen, was die Schwingungen bei manchen HeNe-Signalen erklärt. Die lokalen Schmelzansammlungen in der Bohrung entstehen vermutlich infolge von Verdichtungsstößen im Prozeßgas [132]. Bei entsprechender Menge an Schmelze und geringem Lochdurchmesser verschließt die Schmelzschicht die Bohrung wieder. Dies tritt vorwiegend in der unteren Hälfte und am Austritt der Bohrung auf.

7.3 Optimale Bohrbedingungen

Als Fazit der Bohrergebnisse werden die folgenden Bohrbedingungen für eine optimale Lochgeometrie mit einem gepulsten Nd:YAG Lasersystem skizziert:

⇒ Zeitlich rechteckige Intensitätsverteilung im Laserpuls; dadurch kann der konische Einzug und die Schmelzablagerungen an den Kanten am Eintritt weitgehendst vermieden werden.

⇒ Konstanter Wert der räumliche Intensitätsverteilung im Laserpuls; dies hat zur Folge, daß die Oberflächentemperatur im Zentrum des Strahls um den Faktor 0.885 kleiner ist (vgl. Gleichung (12) und (17)), und somit der Durchbrenneffekt reduziert wird. Auf diese Weise sollte ein etwa gleich großer Durchmesser am Austritt wie am Eintritt entstehen.

⇒ Der Gasdruck sollte zu Beginn des Bohrvorgangs niedrig sein (≈0.6 MPa) und kurz vor dem Erreichen der gegenüberliegenden Materialseite stark ansteigen (>1.6 MPa), damit die Wahrscheinlichkeit der Bildung eines Schmelztropfens möglichst gering ist.

⇒ Optimale Fokuslage um 0.3 mm im Material; bei dieser Fokuslage wurden die schnellsten Abtragsgeschwindigkeiten unabhängig von der Größe des Fokusdurchmessers und der Höhe der Laserleistung erreicht.

⇒ Variation der Pulsleistung über die Pulsdauer unter Verwendung einer Modulationseinheit außerhalb des Resonators; auf diese Weise bleibt die Strahlqualität erhalten.

⇒ Anpassung der Pulsdauer an die Gesamtzeit t_G, die von den Eigenschaften des Materials und des Lasersystems abhängt.

⇒ Prozeßregelung über die Pulsdauer.

8 Zusammenfassung und Ausblick

Die Forderung der Anwender nach immer kleineren Bohrungen mit gleichzeitig gesteigerten Aspektverhältnissen führen bei einigen "konventionellen" Bohrverfahren zum Erreichen der fertigungstechnischen Grenzen. Durch die Entwicklung moderner Nd:YAG-Laser mit hoher Strahlqualität wird den Anwendern die Möglichkeit gegeben, Bohrungsdurchmesser kleiner als 80 µm mit dem Laser herzustellen. Die erforderliche Strahlqualität wird, im Vergleich zu herkömmlichen Lasersystemen mit einem zylindrischen Kristall, durch die Verwendung eines Slabkristalls über einen großen Bereich der Laserleistung erreicht.

Trotz dieser guten Voraussetzungen ergaben sich bei den ersten Vorversuchen Probleme bezüglich der Lochqualität. Infolge der geringen Durchmesser konnte die Schmelze zum Teil nur schlecht ausgetrieben werden. Außerdem wurden deutlich größere Lochdurchmesser erreicht, als auf Grund des Strahldurchmessers bei freier Propagation erwartet waren.

Vor diesem Hintergrund wurden mit der verwendeten Laseranlage zunächst Untersuchungen hinsichtlich der Auswirkungen von Strahlqualität, Laserleistung, Optik und Prozeßgasstrom durchgeführt. Es hat sich gezeigt, daß sich die Strahlqualität mit zunehmender Laserleistung leicht verschlechtert, aber immer noch deutlich besser als bei Systemen mit einem zylindrischen Kristall ist. Als Folge der Strahlqualitätsverschlechterung entsteht eine Vergrößerung des Fokusdurchmessers, die bei der Mikrobearbeitung nicht vernachlässigt werden darf. Aus den Untersuchungen des Prozeßgasstroms geht hervor, daß bei verwendeten konischen Düsen im Freistrahl gasdynamische Stöße entstehen und der Gasdruck mit Zunahme der Entfernung erheblich abnimmt.

Um den Bohrprozeß untersuchen zu können, wurde eine Meßaparatur zur Beobachtung der Lochentstehung entwickelt. Mit diesem Aufbau wurden charakteristische Signale während des gesamten Bohrprozesses aufgezeichnet. An Hand der Signale, zusammen mit dem Aussehen der Bohrung bezüglich Schmelzablagerungen und dem Einzug am Eintritt, können Aussagen zu den auftretenden Mechanismen getroffen werden. Aus den Signalen ergeben sich zwei markante Zeiten, die Durchdringzeit, die der Laserstrahl benötigt, um das Material zu durchbohren, und die Startzeit, welche die Zeitdauer bis zum ersten relativen Maximum des Signals darstellt. In den experimentellen Untersuchungen wurde der Einfluß folgender Prozeßparameter auf die Durchdringzeit, die Startzeit, die Eintritts- und Austrittsdurchmesser ermittelt: Pulsenergie, -dauer, -leistung, Fokuslage, -durchmesser, Intensität, Gasdruck und Materialdicke.

Ein wichtiges Ergebnis der vorliegenden Arbeit besteht in der Aussage, daß in fast allen Fällen die Durchdringzeit wesentlich kürzer als die eingestellte Pulsdauer am Laser ist, was letztlich einem Überangebot an Energie bedeutet. Deshalb wurden in einem zweiten Schritt Bohrungen mit einer angepaßten Pulsdauer hergestellt, die der Summe aus Durchdringzeit und Startzeit entspricht. Die Anpassung der Pulsdauer erfolgte mittels einer Pockelszelle, die den Laserpuls nach der eingestellten Zeit abschneidet. Mit Hilfe der adaptierten Pulsdauer werden Bohrungen mit einem erheblich kleineren Ein- und Austrittsdurchmesser erzielt. Außerdem kann die Schmelzbildung am Austritt fast völlig verhindert werden. An Hand von Schliffbildern konnte gezeigt werden, daß sich die Belastung der Bohrungswände in Form einer Schmelzzone bei adaptierten Pulsen beträchtlich verringert und ein wesentlich kleinerer Lochdurchmesser erreicht wird. Bei Untersuchungen zum Einfluß der Fokuslage wurde ein optimaler Fokuspunkt für eine minimale Durchdringzeit bei 0.3 mm im Material festgestellt.

Um den Einfluß der zeitlichen Pulsform ermitteln zu können, wurde in einem weiteren Schritt der Laserpuls sowohl am Anfang als auch am Ende durch die Pockelszelle moduliert, wodurch ein zeitlicher Rechteckpuls ohne Spikes entsteht. Auf diese Weise konnte der Einfluß der Bestrahldauer bei konstantem Energiefluß ermittelt werden. Es hat sich herausgestellt, daß sich mit einem zeitlichen Rechteckpuls der Eintrittskonus verhindern läßt. Weiterhin wurde festgestellt, daß allein die Angabe der Intensität, wie dies vielfach in der Literatur getan wird, nicht ausreicht, um den Bohrprozeß zu beschreiben. So konnte bei zu kurzer Bestrahlzeit eine Durchdringung des Materials nicht erreicht werden, obwohl die Intensität gegenüber einem längeren Puls gleich groß war.

Bei der Untersuchung der Bohrgeschwindigkeit als Funktion der Intensität für einen Intensitätsbereich von 10^7 bis 10^9 W/cm^2 konnte gezeigt werden, daß durch die Variation der Intensität mittels der Pulsenergie eine Änderung der Form des Materialabtrags entsteht. Bei Verringerung der Intensität wird das Material im wesentlichen in Form von Schmelze abgetragen, während bei hohen Intensitäten hauptsächlich ein dampfförmiger Abtrag stattfindet. Demnach ist die Veränderung der Intensität mit Hilfe der Pulsenergie kein geeignetes Mittel, um eine Überbelastung bzw. Vergrößerung der Bohrung zu vermeiden. Denn bei geringer Intensität entsteht viel Schmelze, die wiederum schlecht aus den kleinen Bohrungen ausgetrieben werden kann. Vielmehr muß die Pulsdauer den materialspezifischen Eigenschaften angepaßt werden.

Mit Hilfe der Meßergebnisse wurde ein qualitatives Bohrmodell für Durchgangslöcher skizziert, die mit einem einzigen Laserpuls gebohrt werden. Dieses Modell besteht aus vier Phasen und kann auch auf das Perkussionsbohren übertragen werden:

- Aufheizen des Materials nach den Wärmeleitungsgleichungen für eine gauß'sche Intensitätsverteilung und Ausbildung einer Lochgeometrie.
- Ausbildung einer Bohrung mit konstantem Materialabtrag nach oben aus der Bohrung, der hinreichend durch die Modelle C und D beschrieben wird.
- Erreichen einer kritischen Restmaterialdicke, wo ein Aufheizen der Rückseite durch Wärmeleitung entsteht und mittels eines Durchbrenneffekts schlagartiger ausgetrieben wird.
- Aufschmelzen der Bohrungswände durch die restliche Laserstrahlung, wobei die Schmelze durch die Gravitationskraft und dem Prozeßgasdruck nach unten aus der Bohrung getrieben wird.

Das Durchbrennen des Materials kann mittels der aufgezeichneten Signale und der Lochform bei angepaßten Laserpulsen erklärt werden. Unterstützt wird diese Vorstellung qualitativ durch die Schmelzreste, die auf dem Schutzglas unterhalb der Bohrung auch bei angepaßten Pulszeiten gefunden wurde. Denn beim Bohren mit adaptierten Laserpulsen treten nur die ersten drei Phasen auf. In der Literatur gibt es Beispiele, wo ein Material, ein sogenanntes Backermaterial, hinter das Werkstück gelegt wird, in das die Bohrungen eingebracht werden [138]. Durch diese Methode können sowohl scharfkantige Austrittsöffnungen als auch gleichmäßigere Lochdurchmesser erzielt werden. Letztendlich bewirkt das Backermaterial nur eine Verschiebung des Durchbrenneffekts in das Backermaterial hinein, so daß im eigentlichen Werkstück der Durchbrenneffekt in Form einer Verengung nicht zu sehen ist.

Die experimentellen Ergebnisse mit adaptierten Laserpulsen dokumentieren die technische Möglichkeit, kleine Bohrungen mit einem einzigen Laserpuls herzustellen. Für die industrielle Praxis bedeutet dies, daß mit adaptierten Laserpulsen der Anteil an Laserenergie reduziert werden kann, der nutzlos durch die Bohrung "fällt". So kann mit diesem Verfahren, beispielsweise beim Bohren von Einspritzdüsen, eine Beschädigung der gegenüberliegenden Wand in der Düse mittels einem an der Austrittsseite hinterlegten Schutzmaterial vermieden werden.

Außerdem zeigen die Ergebnisse, daß beim Mikrobohren eine Prozeßregelung sinnvoll erscheint. Denn dadurch ließen sich unnötige Veränderungen, wie die Bildung einer Schmelzschicht oder die Lochaufweitung, an der Bohrung vermeiden. Dabei bietet die hier entwickelte Anpassung der Pulsdauer außerhalb des Resonators zusätzlich die Möglichkeit, die Bestrahlzeit zu variieren ohne dabei die Laserleistung zu skalieren und somit die Strahlqualität zu ändern. Nicht in dieser Schrift behandelt aber von Interesse ist, wie sich eine Änderung der Materialart, des Prozeßgases und der Wellenlänge des Laserstrahls auf die Größe der Durchdringzeit auswirken.

9 Literaturverzeichnis

[1] BRÄNDLI, H. F.; KELLER, M.; ROULIER, A.: *Microdrilling ruby watch jewels.* Laser Focus 26, May 1967.

[2] SHKAROFSKY, I. P.: *Review on industrial applications of high-poer laser beams III.* RCA Review, Vol. 36, June 1975, S.336-369.

[3] TÖNSHOFF, H. K.; von ALVENSLEBEN, F.: *Bohrungen in metallische und keramische Werkstoffe mit cw-Q-switch Nd:YAG-Laserstrahlen.* In: Junge, H. (Hrsg.): Abtragen und Bohren mit Festkörperlasern, VDI Technologiezentrum Physikalische Technologien, März 1993, S.1-7.

[4] HÜGEL, H.: *Strahlwerkzeug Laser.* Teubner Verlag, Stuttgart, 1992.

[5] HODGSON, N.; WEBER, H.: *Optische Resonatoren.* Springer Verlag, 1992.

[6] von ARB, H.-P.; LÜCHINGER, C.; STUDER, F., UNTERNAHRER, J.; DÜRR, U.; GRESSLY, A.; POLI, J.-C.; SIDLER, T.; STEFFEN, J.: *Eigenschaften von gepulsten Festkörper Slablasern.* In: Waidelich, W. (Hrsg.): Vorträge des 8. Int. Kongress Optoelektronik in der Technik Laser 87, 1987, S.339-343.

[7] KÖNIG, W.: *Fertigungsverfahren Band 3: Abtragen.* VDI Verlag, Düsseldorf, 1990.

[8] SNOEYS, R.; STAELENS, F.; DEKEYSER, W.: *Current trends in non-conventional material removal processes.* Annals of the CIRP, Vol. 35, No. 2, 1986, S.467-480.

[9] von DOBENECK, D.: *Abtragende Bearbeitungsverfahren mit dem Elektronenstrahl.* Fertigung (1972) 4, S.113-117.

[10] MEYER, E.: *Heutiger Stand des Elektronenstrahlbohrens.* In: Internationale Konferrenz "Strahltechnik", DVS-Berichte Band 63, 7. und 8. Mai 1980, S.143-146.

[11] SCHULER, A.: *Materialbearbeitung mit Elektronenstrahlen.* Technik-Report, 1982,11, S.25-27.

[12] von DOBENECK, D.: *Elektronenstrahlbohren – der Prozeß und seine Anwendung.* In: Kleine Löcher aber wie?, VDI Verlag, Böblingen, 14. Oktober 1988, S.47-57.

[13] BÖHME, D.: *Perforation, welding and surface treatment with EBM and LBM.* In: Proc. of ISEM 7, Int. Symposium for ElectroMachining, 12.-14. April 1983.

[14] ADAM, P.: *Elektrochemisches Bohren kleiner Löcher.* In: Kleine Löcher aber wie?, VDI Verlag, Böblingen, 14. Oktober 1988, S.133-161.

[15] BREIDENBACH, G.: *Feinbohren im Flugtriebwerkbau.* Industrie-Anzeiger 106 (1984) 92, S.39-43.

[16] CHRYSSOLOURIS, G.; WOLLOWITZ, M.; SUH, N. P.: *Electrochemical drilling.* Annals of the CIRP, Vol. 33, No. 1, 1984, S.99-104.

[17] KOBAYASHI, K.: *The present and future developments of EDM and ECM*. In: Griethuysen, J.-P. S.; Kiritsis, D. (Hrsg.): Proc. of ISEM 11 Int. Symposium for ElectroMachining, Lausanne, 17.-21. April 1995, S.29-49.

[18] ALLEN, D. M.; HUANG, S. X.: *An investigation into the multi-electrode EDM of micro holes*. In: Griethuysen, J.-P. S.; Kiritsis, D. (Hrsg.): Proc. of ISEM 11 Int. Symposium for ElectroMachining, Lausanne, 17.-21. April 1995, S.389-398.

[19] SCHREIBER, O.: *Maschinen und Einrichtungen für das funkenerosive Bohren*. In: Kleine Löcher aber wie?, VDI Verlag, Böblingen, 14. Oktober 1988, S.1-16.

[20] BELFORTE, D.; LEVITT, M.: *Laser vs non-laser process comparison*. In: The Industrial Laser Annual Handbook, 1987 Edition, PennWell Books, Tulsa, 1987, S.26-29.

[21] RIESEN, W.: *Herstellen kleiner Löcher in der Feinwerktechnik*. In: Kleine Löcher aber wie?, VDI Verlag, Böblingen, 14. Oktober 1988, S.33-46.

[22] POERSCHKE, H. F.; HEFENDEHL, F.; HESSLER, H.: *Herstellung kleiner Bohrungen mit Spiralbohrern aus Hochleistungsstahl*. In: Kleine Löcher aber wie?, VDI Verlag, Böblingen, 14. Oktober 1988, S.79-108.

[23] ADITHAN, M.; VENKATESH, V. C.: *An appraisal of wear mechanismus in ultrasonic drilling*. Annals of the CIRP, Vol. 27, No. 1, 1978, S.119-121.

[24] KAINTH, G. S.; NANDY, A; SINGH, K.: *On the mechanics of material removal in ultrasonic machining*. Int. Journal of Mach. Tool. Des. Res., Vol. 19, 1979, S.33-41.

[25] SIEVERS, R.: *Grundlagen und praktische Anwendungen des Ultraschall-Bohrverfahrens*. Maschinenmarkt, Würzburg, 80 (1974) 103, S.2122-2124.

[26] HAAS, R.: *Ultraschallerosion in vielen Fällen die Lösung*. In: Kleine Löcher aber wie?, VDI Verlag, Böblingen, 14. Oktober 1988, S.163-171.

[27] ROHDE, H.; VERBOVEN, P.: *Precision cutting and drilling with a Nd:YAG slab laser*. In: Griethuysen, J.-P. S.; Kiritsis, D. (Hrsg.): Proc. of ISEM 11 Int. Symposium for ElectroMachining, Lausanne, 17.-21. April 1995, S.777-783.

[28] WAGNER, D.: *Laserbohren mit Fetskörperlasern*. VDI Bildungswerk BW 1347.

[29] HEGLIN, L. M.: *Introduction to laser drilling*. In: Belforte, D.; Levitt, M. (Hrsg.): The Industrial Laser Annual Handbook, 1986 Edition, PennWell Books, Tulsa, 1986, S.116-120.

[30] van DIJK, M. H. H.: *Drilling of aero-engine components: Experiences from the shop floor*. In: Belforte, D.; Levitt, M.: Industrial Laser Handbook, Springer Verlag, New York, 1992, S.113-118.

[31] ROHDE, H; MEINERS, E.: *Trepan drilling of fuel injection nozzles with a TEM_{00} Nd:YAG slab laser*. Journal of Laser Applications, Vol. 8, No. 2, April 1996, S.95-101.

[32] DÜRR, U.: *Bohren mit dem Festkörperlaser*. In: Technische Rundschau Workshop, Laser für die Materialbearbeitung in der Mikrotechnik, März 1990.

[33] CHICHKOV, B. N.; MOMMA, C.; NOLTE, S.; von ALVENSLEBEN, F.; TÜNNERMANN, A.: *Femtosecond, picosecond and nanosecond laser ablation of solids*. Journal of Applied Physics, Vol. A63, No. 2, August 1996, S.109-115.

[34] LUFT, A.; FRANZ, U.; EMSERMANN, A.; KASPAR, J.: *A study of thermal and mechanical effects on materials induced by pulsed laser drilling*. Journal of Applied Physics, Vol. A63, No. 2, August 1996, S.93-101.

[35] SIMON, G.; VICANEK, M.; RETHFELD, B.: *Abtragen von Metallen und Isolatorenmit großer Bandlücke durch Femtosekundenlaserpulse*. Projektbericht, September 1996.

[36] KÖRNER, C.: *Theoretische Untersuchungen zur Wechselwirkung von ultrakurzen Laserpulsen mit Metallen*. Dissertation, Universität Erlangen, Mai 1997.

[37] HUMMEL, R. E.: *Optische Eigenschaften von Metallen und Legierungen*. Reine und angewandte Metallkunde in Einzeldarstellungen, Band 22, Springer Verlag, 1971.

[38] DAUSINGER, F.: *Strahlwerkzeug Laser: Energieeinkopplung und Prozeßeffektivität*. Habilitation, Laser in der Materialbearbeitung, Forschungsberichte des IFSW, Teubner, Stuttgart, 1995.

[39] PROKHOROV, A. M.; KONOV, V. I.; URSU, I; MIHAILESCU, I. N.: *Laser heating of metals*. Adam Hilger, Bristol, Philadelphia und New York, 1990.

[40] PALIK, E. D.: *Handbook of optical constants of solids, Part II*. Academic Press, Orlando, 1985, S.394.

[41] DAUSINGER, F.: *Laser-Materialbearbeitung: kostengünstiger durch Steigerung des Einkoppelgrades*. Laser und Optoelektronik, 27(2)/1995, S.54-63.

[42] NONHOF, C. J.: *Material processing with Nd-lasers*. Electrochemical Publications, 1988.

[43] CHUN, M. K.; ROSE, K.: *Interaction of high-intensity laser beams with metals*. Journal of Applied Physics Vol. 41, No. 2, February 1970, S.614-620.

[44] CARSLAW, H. S.; JAEGER, J. C.: *Conduction of heat in solids*. Clarendon Press, Oxford, 2nd Edition, 1959.

[45] READY, J. F.: *Effects of high-power laser radiation*. Academic Press, New York, 1971.

[46] DULEY, W. W.: *CO_2-Lasers effects and applications*. Academic Press, New York, 1976.

[47] DULEY, W. W.: *Laser processing and analysis of materials*. Plenum Press, New York, 1983.

[48] CHARSCHAN, S. S.: *Lasers in industry*. Van Nostrand Reinhold Co., New York, 1972.

[49] BASS, M.: *Laser heating of solids*. In: Bertolotti, M. (Hrsg.): Physical processes in laser-materials interactions, Plenum Press, New York, 1983, S.77-115.

[50] COHEN, M. I.: *Material processing*. In: Arecchi, F. T.; Schulz-Dubois, E. O. (Hrsg.): Laser Handbook, Vol. 2, North-Holland Publishing Comp., 1972, S.1577-1647.

[51] ABRAMOWITZ, M.; STEGUN, I, A.: *Handbook of mathematical functions*. Dover Publications, New York, Dezember 1972.

[52] READY, J. F.: *Effects due to absorption of laser radiation*. Journal of Applied Physics Vol. 36, No. 2, February 1965, S.462-468.

[53] LANDAU, H. G.: *Heat conduction in a melting solid*. Quart. Applied Mathematics, Vol. 8, No. 1, 1950, S. 81-94.

[54] AFANAS'EV, Y. V.; KROKHIN, O. N.: *Vaporization of matter exposed to laser emission*. Soviet Physics JETP, Vol. 25, No. 4, October 1967, S.639-645.

[55] RYKALIN, N. N.; UGLOV, A. A.; MAKAROV N. I.: *Effects of peak frequency in a laser pulse on the heating of metal sheets*. Soviet Physics-Doclady, Vol. 12, No. 6, December 1967, S.644-646.

[56] ANISIMOV, S. I.: *Vaporization of metal absorbing laser radiation*. Soviet Physics JETP, Vol. 27, No. 1, July 1968, S.182-183.

[57] KOCHER, E; TSCHUDI, L.; STEFFEN, J.; HERZIGER, G.: *Dynamics of laser processing in transparent media*. IEEE Journal of Quantum Electronics,Vol. QE-8, No. 2, February 1972, S.120-125.

[58] WAGNER, R. E.: *Laser drilling mechanics*. Journal of Applied Physics, Vol. 45, No. 10, October 1974, S.4631-4637.

[59] PAEK, U.-C.; GAGLIANO, F. P.: *Thermal analysis of laser drilling processes*. IEEE Journal of Quantum Electronics, Vol. QE-8, No. 2, February 1972, S.112-119.

[60] DABBY, F. W.; PAEK, U.-C.: *High-intensity laser-induced vaporization and explosion of solid material*. IEEE Journal of Quantum Electronics, Vol. QE-8, No. 2, February 1972, S.106-111.

[61] von ALLMEN, M.: *Laser drilling velocity in metals*. Journal of Applied Physics, Vol. 47, No. 12, December 1976, S.5460-5463.

[62] HUGENSCHMIDT, M.: *Interaction of repetitively pulsed high energy laser radiation with matter*. In: Schuöcker, D. (Hrsg.): SPIE Vol. 650 High power lasers and their industrial applications, 1986, S.195-201.

[63] KROKHIN, O. N.: *"Matched" plasma heating mode using laser radiation*. Soviet Physics – Technical Physics, Vol. 9, No. 7, January 1965, S.1024-1026.

[64] ZEL'DOVICH, Ya. B.; RAIZER, Yu. P.: *Physics of shock waves and high-temperature hydrodynamic phenomena*. Acadamic Press, Vol. I und II, 1966.

[65] BASOV, N. G.; KROKHIN, O. N.; SKLIZKOV G. V.: *Gas dynamics of laser plasma in the course of heating*. Soviet Physics JETP, Vol. 34, No. 1, January 1972, S.81-84.

[66] PROKHOROV, A. M.; BATANOV, V. A.; BUNKIN, F. V.; FEDOROV, V. B.: *Metal evaporation under powerful optical radiation*. IEEE Journal of Quantum Electronics, Vol. QE-9, No. 5, May 1973, S.503-510.

[67] HAMILTON, D. C.; JAMES, D. J.: *Hole drilling with a repetitively-pulsed TEA CO_2 laser*. Journal of Physics D: Applied Physics, Vol. 9, 1976 (Letter to the editor), S.L41-L43.

[68] HETTCHE, L. R.; TUCKER, T. R.; SCHRIEMPF, J. T.; STEGMAN, R. L.; METZ, S. A.: *Mechanical response and thermal coupling of metallic targets to high-intensity 1.06μ laser radiation*. Journal of Applied Physics, Vol. 47, No. 4, April 1976, S.1415-1421.

[69] PIRI, A. N.; ROOT, R. G.; WU, P. K. S.: *Plasma energy transfer to metal surfaces irradiated by pulsed lasers*. AIAA Journal, Vol. 16, No. 12, December 1978, S.1296-1304.

[70] PESCHKO, W.: *Abtragung fester Targets durch Laserstrahlung*. Dissertation, TH Darmstadt, Fachbereich Physik, 20. Mai 1981.

[71] MATSUNAWA, A.; YOSHIDA, H.; KATAYMA, S.: *Beam – plume interaction in pulsed YAG laser processing*. In: Proc. Materials processing ICALEO '84, Vol. 44, Laser Institute of America, Orlando, Florida, 1984, S.35-41.

[72] TREUSCH, H.-G.; HERZIGER, G.: *Metal precision drilling with lasers*. In: Schuöcker, D. (Hrsg.): SPIE Vol. 650 High power lasers and their industrial applications, 1986, S.220-225.

[73] YILBAS, B. S.: *The absorption of incident beams during laser drilling of metals*. Optics and Laser Technology, February 1986, S.27-32.

[74] YILBAS, B. S.; YILBAS, Z.: *Plasma transients during laser drilling in subatmospheric pressure atmospheres of air*. Optics and Lasers in Engineering, Vol. 7, 1986/87, S.1-13.

[75] von ALLMEN, M.; STÜRMER, E.: *Influence of laser-supported detonation waves on metal drilling with pulsed CO_2 lasers*. Journal of Applied Physics, Vol. 49, No. 11, November 1978, S.5648-5654.

[76] BONCH-BRUEVICH, A. M.; IMAS, Ya. A.; ROMANOV, G. S.; LIBENSON, M. N.; MALT'TSEV, L. N.: *Effect of a laser pulse on the reflecting power of a metal*. Soviet Physics - Technical Physics, Vol. 13, No. 5, November 1968, S.640-643.

[77] LIBENSON, M. N.; ROMANOV, G. S.; IMAS, Ya. A.: *Temperature dependence of the optical constants of a metal in heating by laser radiation*. Soviet Physics - Technical Physics, Vol. 13, No. 7, January 1969, S.925-928.

[78] BASOV, N. G.; BOIKO, V. A.; KROKHIN, O. N.: *Reduction of reflection coefficient for intense laser radiation on solid surfaces*. Soviet Physics - Technical Physics, Vol. 13, No. 1, May 1969, S.1581-1582.

[79] VILENSKAYA, G. G.; NEMCHINOV, I. V.: *Sudden increase in absorption of laser radiation and associated gasdynamic effects*. Soviet Physics - Doclady, Vol. 14, No. 6, December 1969, S.560-563.

[80] UJIHARA, K.: *Reflectivity of metals at high temperatures*. Journal of Applied Physics, Vol. 43, No. 5, May 1972, S.2376-2383.

[81] READY, J. F.: *Change of reflectivity of metallic surfaces during irradiation by CO_2-TEA laser pulses*. IEEE Journal of Quantum Electronics, Vol. QE-12, No.2, February 1976, S.137-142.

[82] von ALLMEN, M.; BLASER, P.; AFFOLTER, K.; STÜRMER, E.: *Absorption phenomena in metal drilling with Nd-lasers*. Journal of Quantum Electronics, Vol. QE-14, No. 2, February 1978, S.85-88.

[83] ARMON, E.; ZVIRIN, Y.; LAUFER, : *Metal drilling with a CO_2 laser beam. I. Theory*. Journal of Applied Physics, Vol. 65, No. 12, 15 June 1989, S.4995-5002.

[84] NOWAK, T.; PRYPUTNIEWICZ, R. J.: *Theoretical and experimental investigation of laser drilling in a partially transperent medium*. Journal of Electronic Packaging, Vol. 114, March 1992, S.71-80.

[85] ANISIMOV, S. I.; BONCH-BRUEVICH, A. M.; EL'YASHEVICH, M. A.; IMAS Ya. A.; PAVLENKO, N. A.; ROMANOV, G. S.: *Effect of powerful light fluxes on metals*. Soviet Physics-Technical Physics, Vol. 11, No. 7, January 1967, S.945-952.

[86] DULEY, W. W.; YOUNG, W. A.: *Kinetic effects in drilling with the CO_2*. Journal of Applied Physics, Vol. 44, No. 9, September 1973, S.4236-4237.

[87] GAGLIANO, F. P.; PAEK, U.-C.: *Observation of laser-induced explosion of solid materials and correlation with theory*. Applied Optics, Vol. 13, No. 2, February 1974, S.274-279.

[88] UGLOV, A. A.; KOKORA, A. N.; OREKOV, N. V.: *Laser drilling of holes in materials with different thermal properties*. Soviet Journal of Quantum Elecetronics, Vol. 6, No. 3, March 1976, S.311-315.

[89] ANTHONY, T. R.: *The random walk of a drilling laser beam*. Journal of Applied Physics, Vol. 51, No. 2, February 1980, S.1170-1175.

[90] MURTHY, J.; MUELLER, R. E; SEMAK, V. V.; MCCAY, M. H.: *Investigation of the drilling dynamics in Ti-6Al-4V using high speed photography*. In: Proc. Materials processing ICALEO '94, Vol.79, Laser Institute of America, S.820-828.

[91] BATANOV, V. A.; FEDOROV, V. B.: *Flushing out the liquid phase - A new mechanism of producing a crater in planar fully developed evaporation of a metallic target by a laser beam*. Soviet Physics JETP Letters, Vol. 17, 1973, S.247-249.

[92] BAR-ISAAC, C.; KORN, U.: *Moving heat source dynamics in laser drilling processes*. Applied Physics, 3, 1974, S.45-54.

[93] CINGOLANI, A.; FERRARA, M.; LUGARA, M.: *Metal drilling investigation by means of different high power laser radiation*. Applied Physics Communications, Vol. 2 (1&2), 1982, S.9-16.

[94] YILBAS, B. S.: *Investigation into drilling speed during laser drilling of metals*. Optics and Laser Technology, Vol. 20, No. 1, February 1988, S.29-32.

[95] BASU, S.; DebROY, T.: *Liquid metal expulsion during laser irradiation*. Journal of Applied Physics, Vol. 72, No. 8, 15. October 1992, S.3317-3322.

[96] von ALLMEN, M.: *Prozesse beim Laserbohren in Metallen*. Dissertation, Institut für Exakte Wissenschaften, Bern, 1975.

[97] YILBAS, B. S.: *Study of affecting parameters in laser hole drilling of sheet metals*. Transaction of the ASME, Vol. 109, October 1987, S.282-287.

[98] READY, J. F.: *Industrial applications of lasers*. Academic Press, Orlando FL, 1978.

[99] ROOS, S.-O.: *Laser drilling with different pulse shapes*. JOURNAL of Applied Physics, Vol. 51, No. 9, September 1980, S.5061-5063.

[100] DICKMANN, K.; von ALVENSLEBEN, F.; FRIEDL, S.: *Fein- und Mikrobohren mit Nd:YAG-Q-switch-Laser hoher Strahlqualität*. Laser und Optoelektronik 23 (6)/1991, S.56-62.

[101] OLSON, R. W.; SWOPE, W. C.: *Laser drilling with focused Gaussian beams*. Journal of Applied Physics, Vol. 72, No. 8, 15. October 1992, S.3686-3696.

[102] KAR, A; MAZUMDER, J.: *Mathematical model for multiple reflections during laser drilling*. In: Proc. Materials processing ICALEO '94, Vol.79, Laser Institute of America, S.490-498.

[103] TAM, S. C.; YEO, C. Y.; JANA, S.: *Optimization of laser deep-hole drilling of Inconel 718 using the Taguchi method*. Journal of Materials Processing Technology, 37 (1993), S.741-757.

[104] HAN, Y.-H.: *Werkstoffveränderungen beim Laserschneiden von Stählen, Ni-Basis- und Cu-Ni-Legierungen und deren Einfluß auf die Schwingfestigkeit*. VDI Verlag, Reihe 5: Grund- und Werkstoffe, Nr.167.

[105] MEINERS, E.: *Abtragende Bearbeitung von Keramiken und Metallen mit gepulsten Nd:YAG-Laser als zweistufiger Prozeß*. Dissertation, Laser in der Materialbearbeitung, Forschungsberichte des IFSW, Teubner Verlag, Stuttgart, 1995.

[106] STÜRMER, M.: *Materialabtrag mit Nd:YAG-Lasern*. Dissertation, Fortschritt-Berichte VDI, Reihe 2: Fertigungstechnik, Nr. 352, VDI-Verlag, 1995.

[107] BATANOV, V. A.; BUNKIN F. V.; PROKHOROV, A. M.; FEDOROV, V. B.: *Evaporation of metallic targets caused by intense optical radiation*. Soviet Physics JETP, Vol. 36, No. 2, February 1973, S.311-322.

[108] TREUSCH, H. G.: *Geometrie und Reproduzierbarkeit einer plasmaunterstützten Materialabtragung durch Laserstrahlung*. Dissertation, TH Darmstadt, Fachbereich Physik, 1985.

[109] MEINERS, E.: *Phänomenologische Untersuchungen zum Bohren von Metallen*. Institut für Strahlwerkzeuge (IFSW) Stuttgart, Interner Bericht, 1992.

[110] von ALLMEN, M.; BLATTER, A.: *Laser-beam interactions with materials*. Springer Verlag, Series Material Science Nr.2, 2nd Edition, 1995.

[111] EICHLER, J.; HODGSON, N.: *Slab-Laser-Technologie – Ein Überblick*. Laser Magazin, 4/89, S.12-18.

[112] EICHLER, J.: *Thermische Effekte in Slab Lasern*. In: Waidelich, W. (Hrsg.): Vorträge des 8. Int. Kongress Optoelektronik in der Technik Laser 87, 1987, S.49-52.

[113] STEFFEN, J.; LÖRTSCHER, J.-P.; HERZIGER, G.: *Fundamental mode radiation with solid-state lasers*. IEEE Journal of Quantum Electronics, Vol. QE-8, No. 2, February 1972, S.239-245.

[114] HODGSON, N.; LÜ, Q.; DONG, S.; EPPICH, U.; WITTROCK, U.: *Hochleistungs-Festkörper-Laser in Stab-, Slab- und Rohr-Geometrie*. Laser und Optoelektronik, 23(3), 1991, S.82-92.

[115] MARTIN, W. S.; CHERNOCH, J. P.: *Multiple internal reflection face pumped laser*. United States Patent 3,633,126, 1972.

[116] EGGLESTON, J. M.; KANE, T. J.; UNTERNAHRER, J.; BYER, R. L.: *The slab geometry laser – Part I: Theory*. IEEE Journal of Quantum Electronics, Vol. QE-20, No. 3, March 1984, S.289-301.

[117] KANE, T. J.; EGGLESTON, J. M.; BYER, R. L.: *The slab geometry laser – Part II: Thermal effects in a finite slab*. IEEE Journal of Quantum Electronics, Vol. QE-21, No. 8, August 1985, S.1195-1209.

[118] EGGLESTON, J. M.; FRANTZ, L. M.; INJEYAN, H.: *Derivation of the Frantz-Nodvik equation for Zig-Zag optical path, slab geometry, laser amplifiers*. IEEE Journal of Quantum Electronics, Vol. QE-25, No. 8, August 1989, S.1855-1862.

[119] HELLO, P.; DURAND, E.; FRITSCHEL, P. K.; MAN, C. N.: *Thermal effects in Nd:YAG slabs 3D modelling and comparison with experiments*. Journal of Modern Optics, Vol. 41, No. 7, 1994, S.1371-1390.

[120] von ARB, H.-P.; DÜRR, U.; GRESSLY, A.; STUDER, F.: *Laser with improved cooling system*. United States Patent 4,881,233, 14.Nov. 1989.

[121] ROHDE, H.: *Präzisionsbohren mit einem gepulsten Nd:YAG Slab-Laser*. Diplomarbeit 93-30, Institut für Strahlwerkzeuge (IFSW), Stuttgart, 1993.

[122] SIDLER, T.: persönliche Mitteilungen.

[123] KNEUBÜHL, F. K.; SIGRIST, M. W.: *Laser*. Teubner Verlag, Stuttgart, 1989.

[124] SIEGMAN, A. E.: *Lasers*. University Science Book, Mill Valey, 1986, S.746ff..

[125] DIN V 18730: *Grundbegriffe der Lasertechnik*. 1991.

[126] KOECHNER, W.: *Solid-state laser engineering*. 4th Edition, Springer Verlag, 1995.

[127] GOLDSTEIN, R.: *Electro-optic devices in review*. Lasers & Applications, April, 1986.

[128] HERZIGER, G.; LOOSEN, P. (Hrsg.): *Werkstoffbearbeitung mit Laserstrahlung*. Hanser Verlag, 1993.

[129] FIERET, J.; TERRY, M. J.; WARD, B. A.: *Overview of flow dynamics in gas-assisted laser cutting*. In: High Power Lasers, SPIE Vol.801, 1987, S.243-250.

[130] EDLER, R.; BERGER, P.: *Vorstellung eines neuen Düsenkonzepts zum Lasertrennen*. Laser und Optoelektronik 23(5), 1991, S.54-61.

[131] KAR, A; MAZUMDER, J.: *Two-dimensional model for materials removal for laser drilling*. In: Mordike, B. L.: Laser treatment of materials. Proceedings of ECLAT'92, DGM Informationsgesellschaft, 1992.

[132] VDI Technologiezentrum (Hrsg.): *Schneiden mit CO_2-Lasern*. VDI-Verlag, Handbuchreihe Laser in der Materialbearbeitung, Band 1, 1993.

[133] MOHR, U.: *Geschwindigkeitsbestimmende Strahleigenschaften und Einkoppelmechanismen beim CO_2-Laserschneiden von Metallen*. Dissertation, Laser in der Materialbearbeitung, Forschungsberichte des IFSW, Teubner Verlag, Stuttgart, 1994.

[134] SEMRAU, H.: *Laserschneiden: Erzeugen von oxidfreien Schnittflächen*. Verlag Moderne Industrie, 1990.

[135] ROBIN, J. E.; NORDIN, P.: *Improved cw laser penetration of solids using a superimposed pulsed laser*. Applied Physics Letters, Vol. 29, No. 1, July 1976, S.3-5.

[136] HARRACH, R. J.: *Analytical solutions for laser heating and burnthrough of opaque solid slabs*. Journal of Applied Physics, Vol. 48, No. 6, June 1977, S.2370-2383.

[137] TAKAMOTO, K.; NAKAYAMA, S.: *Temperature distribution in thin metal films irradiated by a gaussian laser beam*. Review of the Electrical Communication Laboratories, Vol. 21, No. 9-10, September-Oktober 1973, 647-653.

[138] N. N.: *Steuerung der Bearbeitungsdauer beim Laserbohren zur Kontrolle des Bohrungsdurchmessers*. Abschlußbericht, Fraunhofer-Institut für Lasertechnik, Aachen, 1.2.86 bis 31.5.87.

[139] AFANASYEV, Yu. V.; KROKHIN, O. N.; SKLIZKOV G. V.: *7A5 – Evaporation and heating of a substance due to laser radiation*. IEEE Journal of Quantum Electronics, Vol. QE-2, No. 9, September 1966, S.483-486.

[140] ANDREEV, S. I.; VERZHIKOVSKII, I. V.; DYMSHITS, Y. I.; KULIKOV, V. V.; NEVEROV, V. G.: *Time taken for a laser pulse to make a hole in a metal*. Soviet Physics – Technical Physics, Vol. 17, No. 4, October 1972, S.705-707.

[141] DULEY, W. W.; GONSALVES, J. N.: *Interaction of CO_2 laser radiation with solids. II. Drilling of fused Quartz*. Canadian Journal of Physics, Vol. 50, 1972, S.216-221.

[142] BAR-ISAAC, C.; KORN, U.; SHTRIKMAN, S; TREVES, D.: *Thermal structure of the evaporation front in laser drilling processes*. Applied Physics, 5, 1974, S.121-125.

[143] ROBIN, J. E.; NORDIN, P.: *Effects of gravitationally induced melt removal on cw laser melt-through of opaque solids*. Applied Physics Letters, Vol. 27, No. 11, December 1975, S.593-595.

[144] ANTHONY, T. R.; LINDNER, P. A.: *The reverse laser drilling of transparent materials*. Journal of Applied Physics, Vol. 51, No. 11, November 1980, S.5970-5975.

[145] TREUSCH, H.-G.; POPRAWE, R.; HERZIGER, G.: *Werkstoffbearbeitung mit Laserstrahlung: Teil 8 Bohren mit Laserstrahlung*. Feinwerktechnik & Messtechnik 95 (1987) 6, S.381-388.

[146] CHAN, C. L.; MAZUMDER, J.: *One-dimensional steady-state model for damage by vaporization and liquid expulsion due to laser-material interaction*. Journal of Applied Physics, Vol. 62, No. 11, December 1987, S.4579-4586.

[147] ARMON, E.; ZVIRIN, Y.; HILL, M: *Metal drilling with a CO_2 laser beam. II. Analysis of aluminum drilling experiments*. Journal of Applied Physics, Vol. 65, No. 12, 15 June 1989, S.5003-5006.

[148] WESTER, R: *Laserinduziertes Abdampfen als Basisprozess des Bohrens, Fräsens und Schneidens*. Laser und Optoelektronik 23 (4)/1991, S.60-63.

[149] DICKMANN, K.; von ALVENSLEBEN, F.: *Bohren mit Laserstrahlung: Nd:YAG-Laser setzen sich im Mikrobereich durch*. Technische Rundschau, Heft 37, 1991, S.68-72.

[150] DICKMANN, K.; von ALVENSLEBEN, F.: *Feinbohren von CrNi-Stahl mit Laserstrahlung*. Blech Rohre Profile 38 (1991) 9, S.685-691.

[151] KAR, A; ROCKSTROH, T.; MAZUMDER, J.: *Two-dimensional model for laser-induced materials damage: Effects of assist gas and multiple reflections inside the cavity*. Journal of Applied Physics, Vol. 71, No. 6, 15 March 1992, S.2560-2569.

[152] BOLEY, C. C.; EARLY, J. T.: *Computational model of drilling with high radiance pulsed lasers*. In: Proc. Materials processing ICALEO '94, Vol.79, Laser Institute of America, S.499-508.

[153] KAR, A; MAZUMDER, J.: *Two-dimensional model for material damage due to melting and vaporization during laser irradiation*. Journal of Applied Physics, Vol. 68, No. 8, 15 October 1990, S.3884-3891.

Anhang

Die Arbeiten zum Bohren sind nach dem zeitlichen Erscheinen sortiert und stellen so die zeitliche Entwicklung des Bohrens von mehr als 30 Jahren dar. Neben der Untersuchungsmethode, Theorie (T) und/oder Experiment (E), sind die Dimension des Wärmeflusses (Wf), die Art des Materialabtrags (Ma), die Materialart und Angaben über den Lasertyp mit Pulsenergie, Pulsdauer und Fokusdurchmesser wiedergegeben.

Autor(en)	Literatur	Methode	Wf	Ma
Ready	[52]	T: Zeitliches Energiegleichgewicht: Laserenergie = Wärmeleitungsverluste + Latente Energie der Verdampfung E: Einzelpulsbohren; Messung der Lochtiefe	1D	V
Afanas'ev Krokhin Sklizkov	[54], [139]	T: Gasdynamische Gleichungen	1D	
Anisimov Bonch-Bruevich El'yashevich Imas	[85]	T: 1D Wärmeleitungsgleichung ohne flüssige Phase; Berechnung des Dampfjets und des -drucks. E: Aufzeichnung des Bohrprozesses mit Hochgeschwindigkeitskamera 10 µs/Bild, Messung des Gewichtsunterschiedes (vor/nachher) und des Ablenkwinkels.	1D	L V
Rykalin, Uglov, Makarov	[55]	T: Einfluß der Peakstruktur in einem Laserpuls auf die Erwärmung des Materials.	—	—
Anisimov	[56]	T: Lösung der kinetischen Gleichung in der Diskontinuitätsregion mit Hilfe der Tamm/Mott-Smith Methode.	1D	V
Chun, Rose	[43]	T: Gesamte Energiebilanz. E: Messungen der Reflexion, der Masse des gesamten abgetragenen Materials, der Masse des geschmolzenen Materials, der kinetischen Energie des abgetragenen Materials, der Abstrahlung, der Streuung und der Transmission.	—	L V
Andreev, Kulikov, Neverov	[140]	E: Messung der Zeit: 1.)mit einem Puls ein Loch zu bohren (t); 2.)Entstehung von Plasma(t); Berechnete minimal Zeit für die Verdampfung(t')	—	V
Kocher Tschudi Steffen Herziger	[57]	T: Gesamte Energiebilanz. E: Untersuchung mit Hochgeschwindigkeitskamera für Einzelpulsbohren; Messung des transmittierten und reflektierten Lichtes.	1D	V
Paek, Gagliano	[59]	T: Lösung der Wärmeleitungsgleichung für eine bewegte Punktquelle mit Radius a im halbendlichen und endlichen Körper, Spannungs-Dehnungs-Beziehung. E: Einzelpuls- und Perkussionsbohren mit max. 4 Pulsen bei 0.16 Hz, Messung der Lochtiefe, Aufnahmen mit der Hochgeschwindigkeitskamera (90.9 µs/Bild).	3D	L V
Dabby, Paek	[60]	T: Energiebilanz an der Fläche Dampf/Festkörper und Wärmeleitungsgleichung mit Verdampfung für eine bewegte, gleichmäßig verteilte Quelle von konstanter Intensität.	1D	V
Duley, Gonsalves	[141]	E: Messung der Lochtiefe und des Durchmessers in Abhängigkeit von der Leistung; Temperaturmessungen mit dem Pyrometer.	—	L V
Duley, Young	[86]	E: Seitliche Beobachtung des Bohrprozesses mit einer Kamera durch Projektion mit einer Bildwiederholrate von 9 oder 18 Bilder/s; Messung der Lochtiefe.	—	L V

Ergebnis	Material	Laser	Jahr
T: Berechnung der Temperaturprofile und Lochtiefen für verschiedene Laserpulsformen mit/ohne Phasenänderung. E: Lochtiefen geringer als mit Berechnung (außer Messing).	Al, Cu, Ni, Stahl, Messing	Q-Switch u. gepulster Nd:Glas Laser; τ_H=0.6 ms τ_H=44÷176 ns	1965
T: Temperaturprofil, Ausdehnungsgeschwindigkeit, optische Transparenz des Gases.	—	Q-Switch	1966
E: 3 stufiger Bohrprozeß: Erwärmung, Verdampfung, energiereicher Dampf verursacht "Sekundäreffekte"; Schockwellen im Dampfjet, Dampfdruck in der Bohrung zwischen 10 und 100 MPa; dadurch verläßt der Dampfjet die Bohrung mit Ultraschallgeschwindigkeit; Dampfjet enthält auch Schmelzanteile.	Messing, Stahl, Al, Mg, Sn	Gepulster Nd:Glas Laser Q_{max}=300 J	1967
T: Für dünne Materialien folgt die Oberflächentemperatur der Veränderung der Intensität in einem Lichtpuls. Ab wann ein Puls als konstant angesehen werden kann, hängt von den thermophysikalischen Eigenschaften des Materials und der Dicke ab.	—	Festkörperlaser	1967
T: Geschwindigkeit der Verdampfungsfront, Oberflächentemperatur vom Metall, Temperatur und Geschwindigkeit vom Dampf, Rückstoßmoment.	—	Nd:Glas Laser $I=10^9 \div 10^{10}$ W/cm^2	1968
E: Materialaustrieb als Schmelze und Dampf, Bestimmung des Anteils der Schmelze; starke Abnahme der Reflexion innerhalb von ca. 100 µs für alle Materialien, die wesentlich durch die Lochform bestimmt wird; mit zeitlicher Zunahme nimmt der Anteil am geschmolzenen Material zu.	Al, Cu, Ni, Mo	Q-Switch und gepulster Nd:Glas Laser Q=1÷30 J	1970
E: Zunahme des Zeitunterschiedes zwischen t und t' mit größerer Intensität bei gleichzeitiger Verkürzung von t; Ursache: Plasmaabschirmung.	0.1–1.4 µm Al	Nd:Laser mit τ_H=30 ns d_F=356 µm	1972
T: 1D Temperaturprofil, zeitabhängiger Absorptionskoeffizient und Temperatur. E: 1. Spike muß eine Intensität $I>I_{th}$ haben, um das Material in den absorbierenden Zustand zu bringen; die Bohrgeschwindigkeit ist während des Pulses konstant; sie muß so groß sein, daß die Wärmeleitung keine Rolle spielt.	0.3 mm Saphirscheibe	Gepulster Nd:YAG Laser τ_H=0.08 ÷ 1 ms	1972
T: Berechnung des Temperaturprofils und des Lochprofils, Verteilung der thermischen Spannungen. E: Analyse der Lochform, Aufbau von Spannungen, Untersuchung der Rißbildung.	0.75 mm gebrannte Al_2O_3	Gepulster Rubin- und CO_2-Laser; Q-Switch Nd:YAG Laser	1972
T: Höchste Temperatur unterhalb der Fläche Dampf/Festkörper bei hohen Intensitäten durch Kühlwirkung des Dampfes; explosionsartiger Abtrag des Materials; höhere Bohrgeschwindigkeit als bei reiner Verdampfung.	—	—	1972
E: Dampftemperatur von Quarzglas ist 2300 ±100 K unabhängig von der Laserleistung; Lochtiefe und Geschwindigkeit sind linear abhängig von der Laserleistung; numerische Vorhersage der notwendigen Laserleistung beim Bohren für feuerfeste Materialien.	4.7/50.8 mm Quartzglas (SiO_2)	20 ÷ 200 W cw CO_2-Laser	1972
E: Bohrprozeß: Anfangs schnelle Verdampfung, mit größerer Lochtiefe werden die Lochwände steiler; dadurch entstehen Mehrfachreflexionen die zur Selbstfokussierung führen; Abnahme der Intensität ⇒ nur noch Schmelzen möglich ⇒ Lochtiefe variiert.	6 od. 50 mm Quarzglas	300 W cw CO_2-Laser Gaußprofil	1973

Autor(en)	Literatur	Methode	Wf	Ma
Batanov, Fedorov	[91]	T: Reaktion der Schmelze auf Dampfdruckgradient E: Messung der Lochtiefe für den Intensitätsbereich $0.5 \div 1.3\times10^7$ W/cm^2.	1D	L V
Prokhorov, Batanov, Bunkin, Fedorov	[107], [66]	T: Modell basiert auf Phasenübergang flüssig-gasförmig; Energie- und Massenerhaltung; näherungsweise Lösung der Clapeyron-Clausius Gleichung für den Sättigungsdruck. E: Messung des Materialabtrags und des Rückstoßimpulses in Abhängigkeit von der Intensität, Plasmauntersuchung, Plasmageschwindigkeit in Abhängigkeit von der Intensität.	—	V
Bar-Isaac, Korn	[92]	T: Lösung der Green's-Funktionen mit einer bewegten Verdampfungsfront in Form einer runden Scheibe. E: Messung der Bohrzeit und der maximalen Bohrtiefe	3D	—
Bar-Isaac, Korn	[142]	E: Dynamische Messungen des Temperaturfeldes mit Thermoelementen	—	—
Gagliano Paek	[87]	E: Experimenteller Beweis für die Theorie von 1972. Untersuchung des Bohrvorgangs beim Einzelpuls mit einer Hochgeschwindigkeitskamera (25.000 bis 830.000 Bilder/s).	—	L V
Wagner	[58]	T: Finite-Elemente-Programm über den Temperaturverlauf in den einzelnen Elementen im Stab mit Strahlungsverlusten.	1D	L V
Robin, Nordin	[143]	T: Ermittlung des Geschwindigkeitsprofils der Schmelzschicht während einer kontinuierlichen Laserstrahlung durch Lösung der Navier-Stokes-Gleichung für stetige und konstante Eigenschaften.	—	L
Robin, Nordin	[135]	T: Bestimmung der Kriterien für den Materialaustrieb beim Bohren mit einem cw-Laserstrahl, der von einem Laserpuls überlagert ist, mittels der Impuls- und Massenerhaltung.	—	L V
Hamilton, James	[67]	E: Perkussionsbohren mit einer linearen Beziehung zwischen der Anzahl der Pulse und der Lochtiefe.	—	L V
Hettche, Tucker, Schriempf, Stegman, Metz	[68]	E: Messung des Druck-Zeit Verlaufs mit einem Laserinterferometer; Messung des Rückstoßimpulses mit einem ballistischen Pendel; Ermittlung des thermischen Kopplungskoeffizienten α über Temperaturmessungen mittels Thermoelementen.	1D	—
v. Allmen	[61], [96]	T: Gesamte Energiebilanz; kinetische Energie der ausgetriebenen Schmelze, Absorption im Dampf und seitliche Wärmeverluste werden vernachlässigt. E: Messung der Lochtiefe in Abhängigkeit der Pulsdauer für verschiedene Intensitäten.	1D	L V

Ergebnis	Material	Laser	Jahr
T: Physikalischer Mechanismus des Flüssigkeitsaustriebs aus dem Bohrloch durch die Reaktion auf den Dampfdruckgradienten; eindimensionaler Fall da gilt: Lochdurchmesser >> Lochtiefe.	Al	Pulslänge 1 ms	1973
E: Temperatur an der Metalloberfläche in Abhängigkeit von der Intensität. Umwandlung der Schmelze in eine transparente, flüssige Dielektrikumsschicht; Anstieg der Schichtdicke mit der Zeit, transparente Welle, Dampfrate ist begrenzt durch eine I_{cr}, Veränderung der Reflexion.	Al, Pb, Bi, Fe, Hg	Gepulster Nd:Glas Laser	1973
T: Bewegung der Verdampfungsfront, Bestimmung des Temperaturprofils.	Al, Cu, Blei	Rubin-Laser	1973
E: Temperaturprofil, thermische Breite der Verdampfungsfront, Bohrgeschwindigkeit.	0.5 mm Kupfer	Rubin-Laser	1974
E: Explosionsartiger Materialaustrieb ab einer bestimmten Intensität bzw. ab einer bestimmten Größe des dimensionslosen Absorptionskoeffizienten B; Partikel- und Plasmageschwindigkeit; Explosionen sind auch nach Ende des Laserpulses vorhanden.	Al_2O_3, Kupfer; 1 mm Al 1100 und Stahl 1020	Gepulster Rubin und Nd:YAG Laser I=0.7 ÷ 7×10^7 W/cm^2 τ_H=0.1 ÷ 1.5 ms	1974
T: Lochtiefe und Lochform können an Hand der gemessenen Verteilung der Energiedichte vorhergesagt werden. Beschreibung des Materialabtragsprozesses für den Gauß'schen Strahl; konische Lochform wird durch Schmelzfluß verursacht. E: Energieverteilung im Strahl.	0.65 mm Al_2O_3 mit/ohne Goldschicht von 1000 Å	Gepulster Rubin-Laser mit τ_H=0.5 ms	1974
T: Durchschmelzen von einem dicken Stab erfolgt schneller, wenn die Fläche parallel der Gravitationsrichtung ist.	—	—	1975
T: Bestimmung des minimalen Impulses für das Entfernen einer bestimmten Schmelzschicht. Für dünne Materialien genügt ein Puls, während für dickere Materialien ein Pulszug benötigt wird.	—	—	1976
E: Optimale Pulsleistung I_{Peak} für Stahl: 5×10^8W/cm^2; bei größeren Pulsleistungen blockiert die LSD-Welle den Bohrprozeß, während eine geringe Pulsleistung einen geringeren Materialabtrag bewirkt; explosionsartiger Materialabtrag bei Kupfer.	7.9 mm Stahl; Kupfer und Perspex	TEA CO_2-Laser P_H=3.8×10^7 ÷ 4.3×10^9 W/cm^2	1976
E: Dampfdruck nimmt mit steigender Intensität bis zu einer kritischen Intensität zu, gleichzeitig verkürzt sich die Zeit zwischen Laserpuls und Druckentstehung; Druckzunahme = 2/3 Laserintensität; gute Übereinstimmung mit 1D hydrodynamischer Beziehung; Rückstoßimpuls steigt unterhalb bzw. fällt oberhalb der LSD Intensitätsschwelle mit steigender Intensität; Absorptionskoeffizient fällt mit zunehmender Intensität auf Grund des Plasmas.	0.25 mm reines Aluminium, 1 mm Ti6Al4V	Gepulster Nd:Glas Laser τ_H=1 ÷ 100 µs Q_{max}=125 J	1976
T: Bestimmung der Austriebsrate von Dampf und Schmelze in Abhängigkeit der Oberflächentemperatur. Berechnete Bohreffizienz für verschiedene Intensitäten mit einer Einteilung in 3 Bereiche. E: Berechnung der Bohrgeschwindigkeit mittels der Lochtiefe und Pulsdauer.	Kupfer	Gepulster Nd:YAG Laser τ_H=0.1 ÷ 100 µs bis 10^8 W/cm^2	1976

Autor(en)	Literatur	Methode	Wf	Ma
Uglov, Kokora, Orekhov	[88]	E: Aufnahme des Perkussionsprozesses mit einer Hochgeschwindigkeitskamera von oben und unten mit einer Bildwiederholrate von 32 µs.	—	L V
Harrach	[136]	T: Näherungslösung der Wärmegleichung durch die Integralmethode für das Wärmegleichgewicht.	1D	V
v. Allmen Blaser Affolter Stürmer	[82]	E: Messung des reflektierten Laserlichtes; mikrografische Untersuchung der Metalloberfläche; Bestimmung der Plasmageschwindigkeit mit einem Spektrometer und einem Fotoverstärker; Messung des abgetragenen Lochvolumens.	—	L V
Roos	[99]	E: Vergleich zwischen einem normalen 200 µs Puls und einem "Pulszug" von 0.5 µs Spikes im Abstand zwischen 3 bis 7µs mit einer Gesamtdauer von 200 µs; verschiedene Pulsenergien für beide Pulstypen.	—	L V
Anthony	[89]	E: Perkussionsbohren mit 1000 Pulsen pro Loch für zwei Pulsleistungen P_H: 3 und 4.5 kW; Bestimmung der Geschwindigkeit der Dampfwolke mit Hochgeschwindigkeitskamera. Einzelpulsbohren als Vergleich: Q=5 J bzw. P_H=10 kW.	—	L V
Anthony, Lindner	[144]	T: Abschätzung des Intensitätsbereichs für vorwärts, rückwärts und nicht bohren. E: Bohren mit "Pulszug": 15 Pulse à 200 ns, f_p=3k Hz; Saphir einseitig poliert; Position des Saphirs auf einer Aluminiumplatte, in 625 µm zum Aluminiumplatte und ohne Aluminiumplatte.	—	L V
Cingolani, Ferrara, Lugara	[93]	E: Einzelpulsbohren mit verschiedenen Lasern; Messung der Bohrtiefe für verschiedene Intensitäten; Reflektivitätsmessung als Funktion der Intensität.	—	L V
Matsunawa, Yoshida, Katayama	[71]	E: Optische Ausmessung der Plasmaflamme mittels eines Spektrometers während eines Laserpulses für verschiedene Umgebungsdrücke; gleichzeitig Analyse der transmissiven Eigenschaften der Plasmaflamme mit einem HeNe-Laser; kalorimetrische Messung des Wärmeinhalts im Material und der Plasmaflamme; Messung der 90° Streustrahlung.	—	L V
Treusch, Herziger, Poprawe	[72], [145], [108]	T: Berechnung des Bohrungsdurchmessers als Funktion des Strahlradius unterhalb der Plasmaschwelle; Bestimmung der Dicke der Schmelzablagerung. E: Streakaufnahmen während des Bohrvorgangs; Schliffbilder als Funktion der Bearbeitungsdauer; Ermittlung der Bohreffizienz; Bohren mit modulierten Pulsen.	1D	L V
Hugenschmidt	[62]	T: Gesamte Energiebilanz. E: Perkussionsbohren, Temperaturmessungen und Beobachtungen des Materialauswurfs mit einer Cranz-Schardin-Kamera.	1D	L V

Ergebnis	Material	Laser	Jahr
E: Dynamischer Entstehungsprozeß eines Durchgangsloches; Schmelzbewegung; starker Einfluß der thermischen Eigenschaften des Materials auf die Schmelze.	0.35 mm Keramik; 0.35 und 0.05 mm	Gepulster Nd:Glas Laser $I = 0.5 \div 5\times10^7$ W/cm^2	1976
T: Temperaturverteilung, Geschwindigkeit der Dampfphase, Verdampfungs-, Diffusions- und Durchbrennzeit.	Al, Stahl, Phenolharz	$I=10^2\div10^7$ W/cm^2	1977
E: 1.Phase: Aufheizung des Metalls mit leicht abnehmender Reflektivität nach Drude-Zener Theorie. 2.Phase: Ab einer kritischen Temperatur Zündung einer LSC-Welle durch Ionisation des Dampfes und als Folge ein starker Abfall der Reflektivität. 3. Phase: 80% Absorption durch stationäre Plasmaschicht; Übertragung der Wärme durch Wärmeleitung.	1 mm Cu; Al, Ni, Fe	Nd:YAG Laser TEM_{00}-Mode moduliert mit Pockelszelle	1978
E: Mit normalem Puls ist kein offenes Loch möglich, nur mit Pulszug; Grund: zu große Wärmeleitung bei dem normalen Puls ⇒ großes Schmelzvolumen; ähnliches Verhalten bei Kupfer u. Stahl; bei Al_2O_3 kein Unterschied.	0.1 mm Aluminium, Kupfer, Stahl, Al_2O_3	Nd:YAG Laser gepulst, TEM_{00} τ_H=200 µs, d_F=20 µm	1980
E: Verschiebung des Austritts gegenüber dem Eintritt; Ursache für die Verschiebung ist die räumliche Inhomogenität des Laserstrahls, die interne Reflexion und eine Schärfentiefe geringer als die Materialdicke; Verstärkt wird die Verschiebung durch eine größere Anzahl von Laserpulsen.	0.33 mm SOS Wafer	Q-Switch Nd:YAG Laser frequenzverdop. τ_H=0.1 ÷ 0.11 µs und gepulsten Nd:YAG Laser τ_H=0.5 ms	1980
T: Definition des Intensitätsbereichs, Erklärung für das Rückwärtsbohren; Brechungsindex. E: Bohrungen werden entgegen dem Laserstrahl gebohrt; min. 9 Pulszüge notwendig; beste Bohrrate mit Alu, aber Schmutz ⇒ Kompromiß Abstand.	0.325 mm Saphir Wafer	Q-Switch Nd:YAG Laser d_F=75 µm	1980
E: Experimenteller Beweis für die theoretischen Überlegungen von Prokhorov et al. 1973.	0.2–1.5 mm Al, Cu, Messing	Q-Switch Rubin, Nd:YAG, TEA CO_2-Laser; gepulsten CO_2-Laser	1982
E: Ein Metalldampfplasma entsteht nur kurze Zeit zu Beginn des Laserpulses und ist auch nur schwach ionisiert. Die Zeit zur Entstehung des Dampfes als auch die Dampfgeschwindigkeit sind im Fokus am kürzesten bzw. am höchsten. Mit niedrigerem Umgebungsdruck werden die Materialpartikel kleiner, und die Streu- und Absorptionsverluste werden vermindert.	1.5 und 3 mm Titan	Gepulster Nd:YAG Laser τ_H=0.65 ÷ 10 ms	1984
T: Bohrungsdurchmesser gute Übereinstimmung mit Experiment; Schmelzablagerung um Faktor 2 zu klein. E: Plasmaenergiedichte bzw. Abschirmung nimmt ab infolge verstärkter Wechselwirkung mit den Lochwänden ab einem Verhältnis Lochtiefe = Lochdurchmesser; Verschiebung der höheren, kritischen Intensitäten für LSD-Welle; plasmaunterstützter Materialabtrag ergibt kleinen Austrittsdurchmesser; Schmelzablagerungen verursachen kleinere Durchmesser bei zu langem Puls.	rostfreier Stahl	Gepulster Nd:YAG Laser	1986
T: Gekoppelte thermo-mechanische Effekte. E: Zeitliche Entwicklung der Temperatur während der anfänglichen Aufheizphase, Mechanismus des Flüssigkeitsaustriebs.	1 und 4 mm Aluminium	Gepulster TEA CO_2-Laser τ_H=10 µs	1986

Autor(en)	Literatur	Methode	Wf	Ma
Yilbas	[73]	E: Untersuchung der Plasmawolke beim Bohren im Zeitintervall von 25 µs mit einem HeNe-Laser; Schlierenfotografie des Plasmas; Bohruntersuchung in unterschiedlichen Umgebungsdrücken 760÷200 torr.	—	L V
Yilbas, Yilbas	[74]	T: Berechnung der Elektronendichte und -temperatur in der Plasmajet-Zone. E: Untersuchung der Elektronendichte und -temperatur als Funktion des Umgebungsdrucks; Messung des Zeitunterschiedes τ_d zwischen Laserpuls und Plasma mittels einer Langmuir-Sonde.		L V
Yilbas	[97]	E: Bohren von Durchgangslöchern im Vakuum; metallographische Analyse der Bohrungen bezüglich wiedererstarrtem Material, Konizität, Parallelität, Einzugskonus, Austrittskonus, Oberflächenverschmutzung, mittlerer Lochdurchmesser und Gesamtqualität. Auswertung mittels F-Test.	—	L V
Chan, Mazumder	[146]	T: 1D stetiges Modell zur Beschreibung des Materialaustriebs für zwei bewegte Phasengrenzen: Lösung fest-flüssig als Stefanproblem, Lösung flüssig-dampfförmig über die Knudsenschicht mit Diskontinuitäten in Temperatur, Dichte und Druck; Annahme einer dünnen Schmelzschicht ⇒ analytische Lösung für Temperatur- und Geschwindigkeitsverteilung; Lösung für Abtragsrate durch ein System nichtlinearer, algebraischer Gleichungen.	1D	L V
Yilbas	[94]	E: Einzelpulsbohren; Messung der Bohrzeit von Durchgangslöchern; Ermittlung der Bohrgeschwindigkeit an Hand der Zeit und der Materialdicke.	—	L V
Armon	[83], [147]	T: Wärmeleitungsproblem mit 2 Phasenübergängen und temperaturabhängigen Werkstoffeigenschaften; Lösung durch die Crank-Nicholson Methode mit 2 Variablen: Temperatur und Enthalpie. Lösung der Knotengleichung für jeden Zeitschritt nach der Gauß-Seidel Methode.	3D	—
Wester	[148]	T: Beschreibung des Verdampfungsprozesses über die Clausius-Clapeyron Formel, eine Näherungslösung für die Nichtgleichgewichtsdampfrate und die Energiebilanz.	1D	V
Dickmann, Alvensleben, Friedl	[100], [149], [150],	E: Perkussionsbohren von Durchgangslöchern mit Q-Switch Nd:YAG Laser. Einzelpulsbohren von Durchgangslöchern mit gepulsten Nd:YAG Laser.		

Ergebnis	Material	Laser	Jahr
E: Beste Bohrergebnisse bei 200torr. Plasmaeinteilung in 3 Zonen: Lichtzone: Diese Zone ist abhängig von der Laserleistung, der Fokuslage und der Materialart. Sie besitzt einen großen Einfluß auf die Lochgeometrie. Jetzone: Niedrigere Plasmadichte als in der Lichtzone. Verzögerungszone: Höhere Elektronendichte im Plasma als in der Jetzone aber kaum Einfluß auf die Lochgeometrie.	0.88 mm Titan	Gepulster Nd:Glas Laser τ_H=1.45 ms Q=10 ÷ 30 J	1986
E: Der Zeitunterschied τ_d ändert sich mit Druck in Abhängigkeit der thermischen Eigenschaften des Materials und dem Verhältnis von Druck und eingestrahlter Intensität; die Elektronendichte ist umgekehrt proportional der Elektronentemperatur; beste Bohrergebnisse bei 200torr mit kleinster Elektronendichte.	0.88 mm Titan	Gepulster Nd:Glas Laser τ_H=1.48 ms Q=10 ÷ 30 J	1986
E: Oberflächenverschmutzung: steigt mit Zunahme der Laserenergie, nimmt ab mit Abnahme d. Gasdrucks. Einzugskonus: wird mit Zunahme der Laserenergie, kleinerer Strahltaille und größerer Dicke größer. Parallelität: verbessert sich mit Druckabnahme und verschlechtert sich mit Zunahme d. Materialdicke. Austrittskonus: vergrößert sich mit Druckzunahme und verkleinert sich mit kleinerer Strahltaille. Lochdurchmesser: vergrößert sich mit der Energiezunahme, der Druckabnahme und kleinerer Materialdicke.	0.6, 0.8, 1.0,1.2 mm Titan		1987
T: Oberflächentemperatur, Temperaturverteilung, Schmelzschichtdicke, Machzahl, Verdampfungsrate, Rate für Flüssigkeitsaustrieb und gesamte Materialabtragsrate als Funktion der Laserleistung. Der Dampf an der Oberfläche wird überhitzt. Die Schmelzschichtdicke ist sehr dünn und nimmt mit Zunahme der Laserleistung ab. Die Verdampfungsrate steigt stetig mit der Laserleistung, während die Rate für den Flüssigkeitsaustrieb durch ein Maximum geht. Die gesamte Abtragsrate und die Machzahl nehmen linear mit steigender Pulsenergie zu und mit steigender Pulslänge ab.	Aluminium, Superalloy, Titan	τ_H=1 ms P_H=10 ÷ 60 kW d_F=1 mm	1987
E: Die Bohrgeschwindigkeit wird von folgenden Parametern maßgeblich beeinflußt: Materialeigenschaften und -dicke, Fokusposition, Pulslänge und -energie.	0.5, 0.75, 1.0 u. 1.25 mm Ni, Tantal, Ti, EN58B	Gepulster Nd:YAG Laser τ_H=1 ÷ 3.5 ms Q=10÷20 J	1988
T: Lochform, Bearbeitungszeit, Einfluß der Oxidation, Bestimmung des Energie- und Massengleichgewichts und der Keyhole-Grenzen in Raum und Zeit, Wärmeeinflußzone; Beschreibung des räumlichen Intensitätsprofils und der Abschwächung im Metalldampf.	0.5 und 1 mm Aluminium	Gepulster CO_2-Laser; d_F=0.25 mm; f_L=100 mm; τ_H=5 und 50 ms	1989
T: Sättigungsdampfdichte aus der Clausius-Clapeyron Formel. Näherungsausdruck für die Abdampfrate als Funktion der Oberflächentemperatur. Temperatur, Dampfdruck, -dichte, -geschwindigkeit und Abtragsgeschwindigkeit als Funktion der Intensität.	Aluminium, Eisen	—	1991
E: Geringste Pulszahl bei 10kHz; mit steigender Pulszahl Vergrößerung der Bohrungsdurchmesser; Eintrittsdurchmesser um Faktor 1.3 bis 4 größer als Austrittsdurchmesser. Zunehmende Pulsenergie ergibt größerer Durchmesser; höherer Gasdruck geringere Gratbildung; Eintrittsdurchmesser um Faktor 1.5 größer als Austrittsdurchmesser.	CrNi-Stahl: X 5 CrNi 18 9 0.4 und 0.6 mm	Q-Switch Nd:YAG Laser TEM_{01} τ_H=100 ÷ 700 ns und gepulsten Nd:YAG Laser	1991

Autor(en)	Literatur	Methode	Wf	Ma
Nowak Pryputniewicz	[84]	T: 2 Modelle: 1.) geschlossene Form einer symmetrischen Punktquelle; 2.) gemischte Finite Differential Methode mit temperaturabhängigen thermischen Materialeigenschaften. E: Bestimmung der Strahleigenschaften; Quantitative Analyse der Bohrungen (Lochdurchmesser, Konizität, etc.); Mikrostruktur Effekte.	3D	L V
Olson, Swope	[101]	T: Lösung der Wärmeleitungsgleichung mit der Euler'schen Methode; Energieerhalt während der Berechnung; Material in Gitterzellen von $1\times2\ \mu m^2$ aufgeteilt; Verdampfungstemperatur enthält Absorption. E: Einzelpulsbohrungen von Sacklöchern; Anschliff in der Lochachse; Vergleich zwischen Theorie und Experiment.	1D	—
Basu, DebRoy	[95]	T: Lösung der Energie- und der Massenerhaltungsgleichung ⇒ Temperaturverteilung; Rückstoßimpuls > Oberflächenspannung ab einer T_{cr}. E: Einzel- und Perkussionsbohren; Vermessung der Lochtiefen für verschiedene Pulszeiten und Frequenzen.	1D	L
Tam, Yeo, Jan, Lau, Lim, Yang, Noor	[103]	E: Bohren von Durchgangslöchern mit einem, zwei od. drei Puls(en), wobei die gesamte Einstrahlzeit konstant bleibt. Analyse d. Experimente mit d. Taguchi Methode. Messung der Bohrzeit für die Parameter: Pulsenergie, -dauer u. -form, Fokuslage, Gasdruck u. -art.	—	L V
Kar, Mazumder	[102], [151]	T: Das Modell beruht auf der Energieerhaltung, worin die Phasengrenzen fest-flüssig und flüssig-gasförmig an bestimmten Punkten als eine Stefan Bedingung behandelt werden. Diese Bedingung beinhaltet sowohl die Krümmung der Phasengrenzen als auch den Schmelzfluß. Der Effekt der Krümmung der Phasenlinien wird numerisch mit der Runge-Kutta Methode gelöst. Plasmaeinflüsse werden vernachlässigt. Absorption = 85 %	2D	L V
Murthy, Mueller, Semak, McCay	[90]	E: Beobachtung des Bohrvorgangs beim Einzelpulsbohren mit einer Hochgeschwindigkeitskamera Imacon 790 mit 1×10^4 bis 2×10^7 Bilder/s. Für die Beobachtung wird eine Glasplatte auf das Werkstück gebracht und der Nd:YAG Strahl wird auf die Schnittstelle fokussiert. Die Schnittstelle wird mit einem Argon-Ionen Laser beleuchtet bzw. die Reflexionen werden mit der Kamera aufgenommen.	—	L V
Boley, Early	[152]	T: 1D Modell zur Beschreibung des Wärmetransports unterhalb des Lochbodens, der hydrodynamischen Ausdehnung des Dampfes und der verdichteten Luft und der Laserlichtausbreitung im Dampf. Die Absorption der Laserstrahlung im Dampf geschieht durch Photoionisation und inverse Bremsstrahlung. Temperatur im Festkörper und Flüssigkeit wird durch 1D Wärmeleitungsgleichung bestimmt. Bestimmung d. Drucks u. d. Energiedichte im Dampf über "Saha" Gleichung; Bestimmung d. Fließgeschw. u. Dichte in komprimierter Luft über den Druck nit d. Rankine-Hugoniot Beziehung.	1D	L V

Ergebnis	Material	Laser	Jahr
T: Lochform hängt von Strahlform ab; hoher Druck unterhalb der Oberfläche; beide Modelle gute Ergebnisse des Lochquerschnitts; geschlossene Form nur für Gauß'schen Strahl gültig; numerische Lösung ist empfindlich bezüglich der relativen Absorptionstiefe. E: Materialabtrag auf Energie/Puls logarithmisch.	2 × 2 × 0.75 mm^3 Al_2O_3	Gepulster Nd:YAG Laser τ_H=0.65÷4 ms	1992
T: Komplette Simulation d. Entstehung eines Loches m. Temperaturprofil; Lochform wird von der Strahlposition, der Strahldivergenz, der Pulsenergie und der Materialparameter beeinflußt. E: Eintrittsdurchmesser wird weniger durch Strahlparameter beeinflußt; gute Übereinstimmung mit Modell.	ungebrannte Al-Keramik	Gepulster CO_2-Laser τ_H=200 µs im TEM_{00}	1992
T: Ab einer kritischen Temperatur T_{cr} existiert Schmelzaustrieb; Beschleunigung der Schmelze um so schneller je größer die Differenz T_0-T_{cr}; dimensionsloser Beschleunigungsfaktor. E: Lochtiefe steigt nicht linear mit der Frequenz.	Blei, Titan, rostfreier Stahl	CO_2-Laser im TEM_{00}-Mode τ_H=0.05÷1 ms d_F=0.32 mm	1992
E: Großen Einfluß auf die Bohrzeit besitzt die Pulsform, -energie, -dauer und das Zusammenspiel von Pulsdauer und -energie. Mit der Taguchi Methode ist es möglich, optimale Parameter rechnerisch zu bestimmen ohne diese vorher im Experiment getestet zu haben.	25 mm Stahl Inconel 718	Gepulster Nd:YAG Laser τ_H=1.8, 2.4 und 3.0 ms; I=6.5 ÷ 16.1×10^9 W/cm^2 d_F=1.0 mm	1993
T: Mit Zunahme der Intensität steigt die Lochtiefe und werden Mehrfachreflexionen mit berücksichtigt steigt die Lochtiefe noch mehr. Mit Zunahme der Intensität wird die Schmelzschicht geringer bzw. unter Berücksichtigung von Mehrfachreflexionen noch geringer. Auch die Zylindrität steigt mit der Intensität und wird durch Mehrfachreflexionen noch verbessert. Schmelzfluß hat keine großen Auswirkungen auf die Lochtiefe bzw. Schmelzdicke, da die Verdampfungsrate um einige Größenordnungen höher ist.	Stahl Inconel-718	Gepulster Laser im TEM_{00} mit zeitlich und räumlich dreieckiger Pulsform. (1 ms 10 Hz)	1994
E: Bohrgeschwindigkeit nimmt von einem Anfangswert zwischen 10 bis 14 m/s innerhalb von 100 bis 125 µs auf 1 bis 1.5 m/s ab. Danach existieren konstante Bedingungen im Bohrprozeß. Die Austriebsgeschwindigkeit der Schmelze beträgt ungefähr 10 m/s, was einer radialen Geschwindigkeit von 0.6 m/s entspricht.	3 mm Ti 6Al 4V	Gepulster Nd:YAG Laser mit Fiberoptik Q=2.4 J τ_H=0.5 ms d_F=400 µm	1994
T: Oberhalb von 3×10^8 W/cm^2 wird ein großer Teil des Laserlichtes durch den Dampf absorbiert. Die Abtragsrate steigt generell mit der Laserintensität, wobei ab 3×10^9 W/cm^2 der thermische Elektronenfluß den Photonenfluß übertrifft. Vergleiche mit experimentellen Werten zeigen, daß die theoretische Abtragsrate bei hohen Laserleistungen um Faktor 5 zu klein ist.	rostfreier Stahl	Kupfer Laser I=10^8 bis 4×10^{10} W/cm^2 τ_H=120 ns	1994

Tabelle 7: Zusammenfassung früherer Arbeiten zum Bohren.

Danksagung

Die vorliegende Arbeit entstand während meiner Tätigkeit als wissenschaftlicher Mitarbeit in der Forschungs- und Entwicklungsabteilung bei der Firma LASAG AG in Thun/Schweiz.

Herrn *Professor Dr.-Ing. habil. H. Hügel* danke ich für seinen fachlichen Rat und die wohlwollende Unterstützung, ohne dies die Durchführung der Arbeit nicht möglich gewesen wäre.

Bei Herrn *Professor Dr.-Ing. F. Aßmus* möchte ich mich für die Übernahme des Korreferats und das mir entgegengebrachte Interesse bedanken.

Mein Dank gilt auch Herrn *Dr. rer. nat. habil. F. Dausinger* für seine hilfreichen Hinweise.

Herrn *A. Fiechter*, Geschäftsführer der Firma LASAG, danke ich für die jederzeit gewährte Unterstützung.

Mein ganz besonderer persönlicher Dank gilt Herrn *Dr. U. Dürr* von der MERIDIAN AG für seine zahlreichen fachlichen Anregungen und wertvollen Diskussionen.

Bedanken möchte ich mich auch bei Herrn *Dr. T. Sidler* von der EPFL Lausanne für die vielen Informationen und Diskussionen über Slablaser.

Dank gebührt auch Herrn *Dr. P. Verboven* für seine Unterstützung und nützlichen Ratschläge während seiner Tätigkeit bei der Firma LASAG.

Bei allen *Mitarbeitern* der Firma LASAG möchte ich mich für die kooperative Zusammenarbeit und die freundliche Atmosphäre während meiner Promotion herzlich bedanken.

Weiterhin gilt mein Dank Herrn *A. Rupp* und Herrn *F. Schmid* von der EMPA in Thun für die Anfertigung der metallographischen Schliffe.

Ganz besonders bedanken möchte ich mich bei meinen Eltern, die meinen beruflichen Werdegang mit dieser Ausbildung ermöglicht haben, sowie bei meiner Frau *Gerlinde*, die mit großer Geduld die Entstehung der Arbeit begleitet hat.